U0340426

职业教育改革与创新系列教材

UG NX 6.0应用项目教程
——机械零件的造型与加工

■ 主　编　刘明慧
副主编　崔　刚　张小娃
参　编　林本涛　袁正辉　黄剑亮
赵里宏　陈玉清

机 械 工 业 出 版 社

本书采用项目教学和案例教学相结合的思路进行编写，全书共6个项目，内容涉及UG NX 6.0的入门操作、曲线操作、草图绘制、实体建模、曲面造型和数控加工。每个项目都通过实例引导和有针对性的训练，帮助读者掌握UG NX 6.0软件的各主要模块，并使读者具备独立的产品建模、造型设计和数控加工的能力。同时，在本书的实训练习中，非常注意对读者的学习习惯和创新能力的培养。

本书可作为广大UG初、中级读者的入门读物，同时也可作为职业学校、技工学校机械类专业的教材及相关的社会培训教材。

图书在版编目（CIP）数据

UG NX 6.0应用项目教程：机械零件的造型与加工/刘明慧主编．—北京：机械工业出版社，2012.8（2016.1重印）
职业教育改革与创新系列教材
ISBN 978-7-111-39222-4

Ⅰ.①U… Ⅱ.①刘… Ⅲ.①机械元件-计算机辅助设计-应用软件-高等职业教育-教材 Ⅳ.①TH13-39

中国版本图书馆CIP数据核字（2012）第169431号

机械工业出版社（北京市百万庄大街22号 邮政编码100037）
策划编辑：王佳玮 责任编辑：王佳玮 版式设计：纪 敬
责任校对：纪 敬 封面设计：陈 沛 责任印制：乔 宇

北京玥实印刷有限公司印刷
2016年1月第1版第4次印刷
184mm×260mm · 13.5印张 · 328千字
5501—7000册
标准书号：ISBN 978-7-111-39222-4
定价：29.00元

凡购本书，如有缺页、倒页、脱页，由本社发行部调换

电话服务	网络服务
社服务中心：（010）88361066	教材网：http：//www.cmpedu.com
销售一部：（010）68326294	机工官网：http：//www.cmpbook.com
销售二部：（010）88379649	机工官博：http：//weibo.com/cmp1952
读者购书热线：（010）88379203	**封面无防伪标均为盗版**

前　言

UG NX 6.0 是 Unigraphics Solutions 公司（简称 UGS）并入 SIEMENS 公司后，推出的新版本 UG NX 软件，是当前世界上最先进、最流行的工业设计软件之一，广泛应用于航空、机械、汽车、钣金、模具等行业的产品设计、分析和制造。UG NX 6.0 的功能是靠各功能模块实现的，而且支持其强大的三维功能。本书通过对 UG NX 6.0 各功能模块的讲解，使读者具备独立的产品建模、造型设计和数控加工的能力，同时，本书的编写模式注重对读者的学习习惯和创新能力的引导。

本书具有以下主要特色：

1. 采用项目教学和案例教学相结合的编写思路，使读者在实例操作的同时掌握基础知识。

2. 加强实践教学的环节，充分体现“教学合一”的思想，让读者“从做中学”。各种工具的功能介绍本着“必需、够用”的原则，实例中用到什么就介绍什么，加深学生对功能的理解，变被动接受为主动使用。

3. 项目内容结合了编者多年的实践工作和教学经验，将分析与操作相结合，实例典型实用，各项目重点突出、深入浅出、通俗易懂。

本书由刘明慧主编，崔刚、张小娃任副主编，林本涛、袁正辉、黄剑亮、赵里宏、陈玉清参加了本书的编写。

由于时间仓促，编者水平有限，书中纰漏之处在所难免，望广大读者、同仁批评指正。

编　者

目　录

项目一　UG NX 6.0入门操作

在开始学习 UG NX 6.0 软件之前，我们先来认识一下它。UG NX 6.0 是 SIEMENS 公司旗下 UGS PLM 软件公司推出的集 CAD/CAE/CAM 功能于一体的三维参数化软件，它为工程设计人员提供了非常强大的应用工具，而这些工具能对产品进行设计、工程分析、绘制工程图、数控加工等操作。随着 UG NX 6.0 功能的扩充，软件的应用范围也得到极大的扩展，并成为面向专业化和智能化方向发展的，高级、实用的 CAD/CAM/CAE 系统软件。本项目将通过实例训练了解 UG NX 6.0。

知识目标

- 了解 UG NX 6.0 的基本功能
- 掌握 UG NX 6.0 的界面与使用环境的定制
- 熟悉 UG NX 6.0 的基本操作
- 掌握 UG NX 6.0 建模的基本方法

技能目标

- 具备设置 UG NX 6.0 的运行环境的技能
- 具备进行 UG NX 6.0 文件操作的技能
- 具备建模工艺分析的技能
- 具备应用旋转和拉伸基础操作创建基本模型的能力

任务　销的绘制

实例分析

图 1-1a 所示为本次任务要完成零件的实体图，通过训练，我们将能初步领略 UG NX 6.0 强大的模型功能。

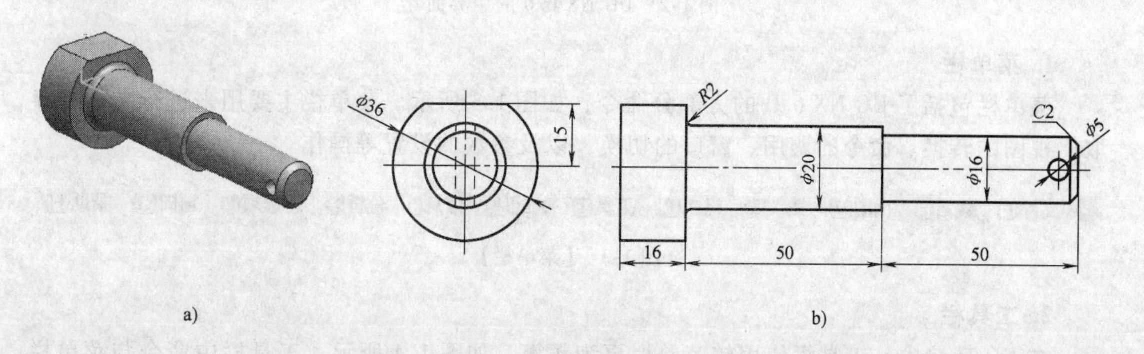

图 1-1　轴销
a）实体图　b）零件图

如图 1-1 所示，零件主体为三阶回转轴，另有防转平面、倒角、倒圆、孔等特征结构。绘制时，可以先通过拉伸或旋转的方法创建主体的三阶回转轴，再通过差值的方法创建防转平面和孔，最后进行倒圆和倒角的修饰。

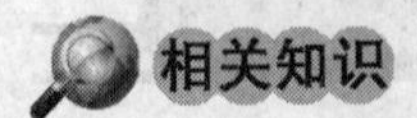

一、UG NX 6.0 界面介绍

UG NX 6.0 的工作环境是十分人性化的，人机交互界面友好。在创建一个部件文件后，进入 UG NX 6.0 的主界面，如图 1-2 所示。

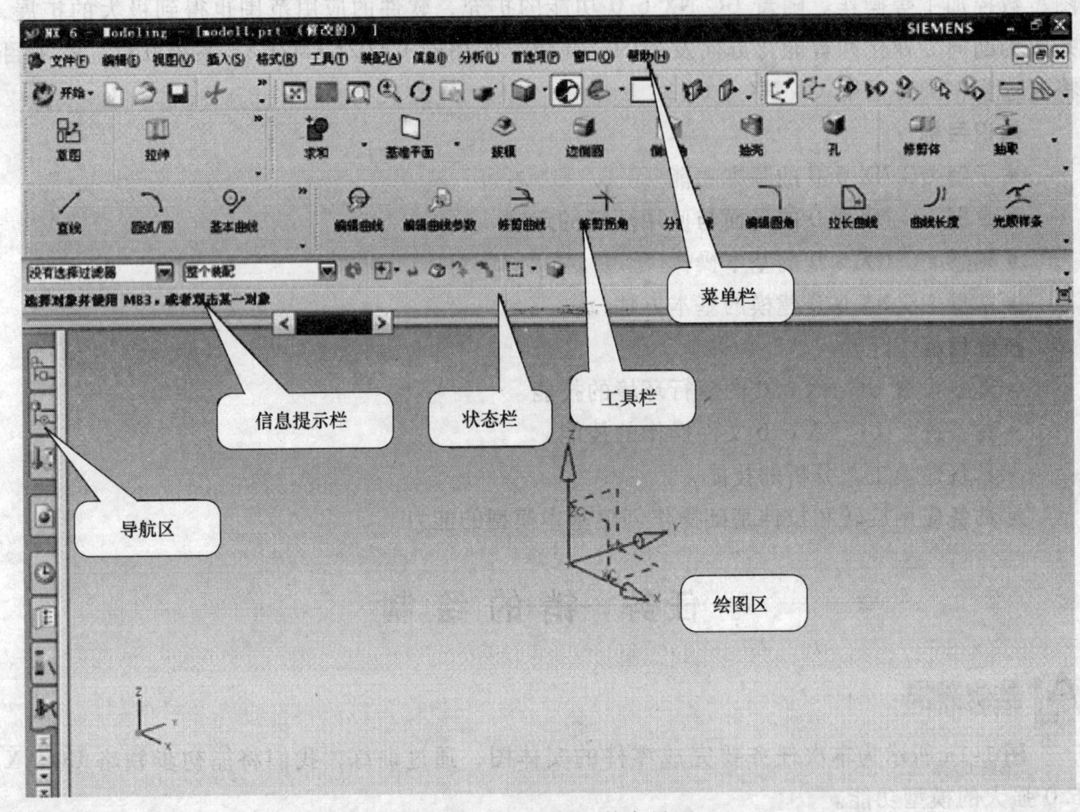

图 1-2　UG NX 6.0 的主界面

1. 菜单栏

菜单栏包括了 UG NX 6.0 的大部分命令，如图 1-3 所示。菜单栏主要用来进行文件的存取、视图的转换、命令的调用、窗口的切换，以及参数的设置等操作。

文件(F)　编辑(E)　视图(V)　插入(S)　格式(R)　工具(T)　装配(A)　信息(I)　分析(L)　首选项(P)　窗口(O)　帮助(H)

图 1-3　【菜单栏】

2. 工具栏

在 UG 环境中，工具栏使用较菜单栏更为频繁，如图 1-4 所示。工具栏中命令与菜单栏中相对应，但更加直观、快捷。对初学者而言，建议打开按钮图标下的文字说明，以便于了解相关功能。命令按钮图标右侧带小三角的表示还有其他类似命令。

图 1-4　【工具栏】

光标在工具栏区域的任何位置时单击鼠标右键，系统将弹出如图 1-5 所示【工具栏】设置快捷菜单。用户可以根据自己的工作的需要，设置界面中显示的工具栏，以方便操作。设置时只需在相应功能的工具栏选项上单击，使前面出现一个对钩即可。要取消设置，不想让某个工具栏出现在界面上时，可单击该选项，去掉前面的对钩即可。每个工具栏上的按钮和菜单栏上相同命令前的按钮图标一致。用户可以通过菜单栏执行操作，也可以通过工具栏上的按钮执行操作。但有些特殊命令只能在菜单栏找到。

用户可以通过工具栏右上方的按钮来激活【添加或移出按钮】，通过选择来添加或去除该工具栏内的图标，如图 1-6 所示。

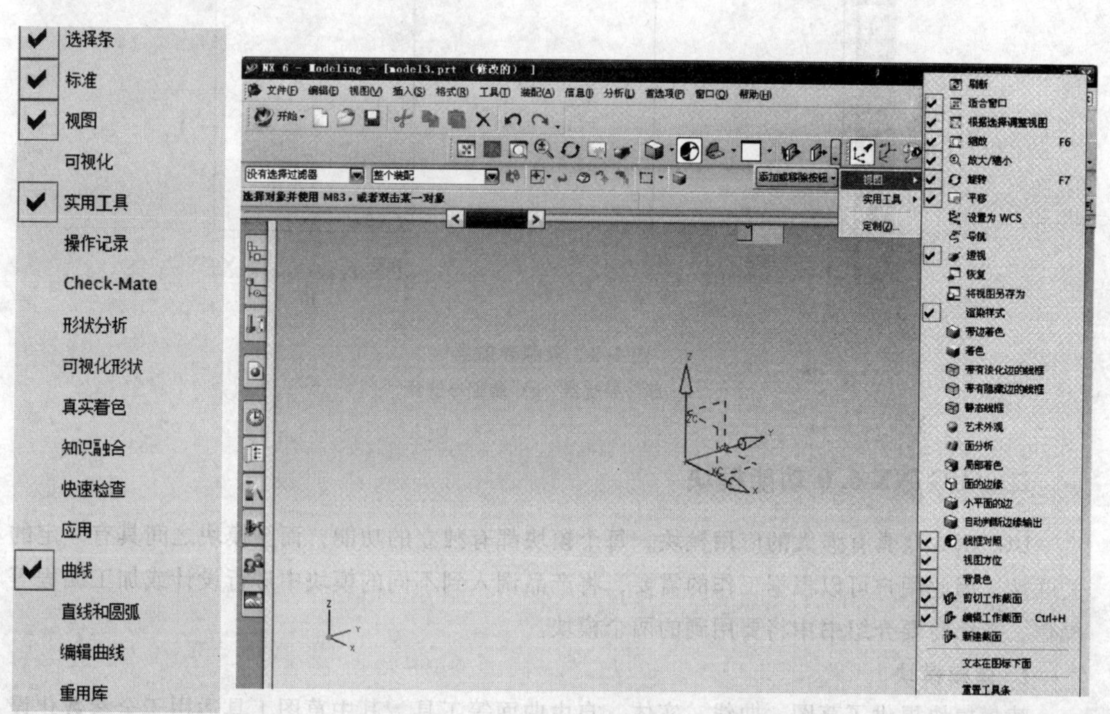

图 1-5　【工具栏】设置快捷菜单

图 1-6　新的工具栏设置方式

3. 信息提示栏

信息提示栏如图 1-7 所示，是用户和计算机信息交互的主要窗口之一。很多系统信息都在这里显示，包括操作提示、各种警告信息、出错信息等，因此要养成随时浏览系统信息的习惯。

选择对象并使用 MB3，或者双击某一对象

图 1-7　信息提示栏

4. 资源导航器

资源导航器如图1-8所示，主要作用是浏览及编辑已创建的草图、基准平面、特征、历史记录等。通过选择资源导航器上的图标可以调出部件导航器（图1-8a）、装配导航器（图1-8b）、历史、培训、浏览器、收藏夹等。

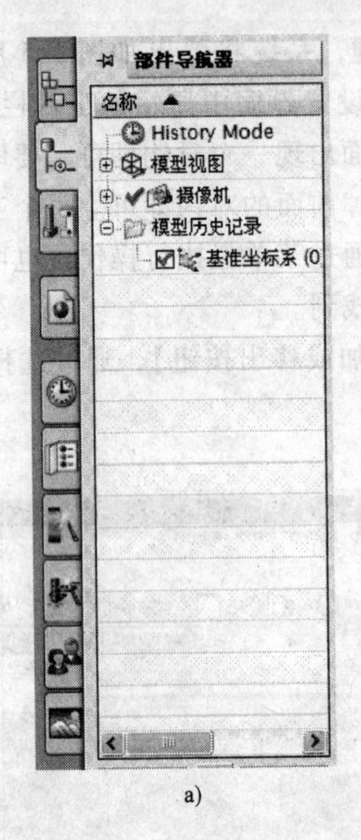

a)

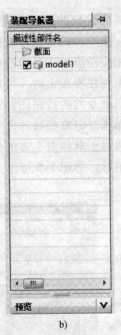

b)

图1-8 资源导航器

a）部件导航器 b）装配导航器

二、UG NX 6.0 功能模块

UG NX 6.0具有强大的应用模块，每个模块都有独立的功能，而且模块之间具有一定的关联性，因此用户可以根据工作的需要，将产品调入到不同的模块中进行设计或加工编程等操作，下面简要介绍书中将要用到的两个模块。

1. 建模模块

建模模块提供了草图、曲线、实体、自由曲面等工具。其中草图工具适用于全参数化设计；曲线工具的参数化功能虽然不如草图工具，但用来构建线框图更为方便；实体工具完全整合基于约束的特征建模和显示几何建模的特性，因此可以自由使用各种特征实体、线框架构等功能，进行工程设计工作，并由实体建模工具创建实体模型。

另外，建模模块中提供的自由曲面工具可创建复杂的外形机构特征。该工具在创建复杂外形和内部结构时融合了实体建模，以及曲面建模技术基础之上的超强设计工具，从而能够设计出更为复杂的曲面外形。

2. 加工模块

使用加工模块可根据建立起的三维模型编辑数控代码，用于产品的加工，其后处理程序支持多种类的数控机床。

加工模块提供众多的基本模块，如车削、固定轴铣削、可变轴铣削、切削仿真、线切割等。

用户可以在图形方式下观察刀具沿轨迹运动的情况并可对其进行图形化修改，如对刀具轨迹进行延伸、缩短或修改等。

三、UG NX 6.0 的图层管理

图层类似于透明薄膜，每个图层可以安放不同类型的对象。图层用于组织部件文件的数据，在每个部件文件中可以包含 1 ~256 个层。

用户可根据实际需要和习惯设置自己的图层标准，通常根据对象类型设置图层和图层类别，表 1-1 列出了常用的图层规范，供参考。

表 1-1 常用的图层规范

图层号	对象	类别名
1 ~20	实体	Solid
21 ~40	草图	Sketches
41 ~60	曲线	Curves
61 ~80	参考对象	Datums
81 ~100	片体	Sheets
101 ~120	工程图对象	Draf
121 ~140	装配组件	Components

所有的图层操作命令都位于菜单栏的【格式】选项中，以及【实用工具】工具栏上，如图 1-9 所示。

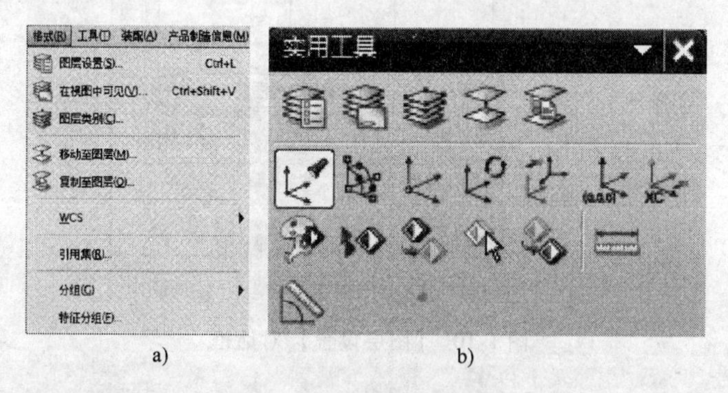

图 1-9 图层操作命令位置

a）菜单【格式】选项 b）【实用工具】工具栏

各图层功能选项作用见表 1-2。

表 1-2 图层功能选项

选项	作用
图层设置	设置各个层的状态
在视图中可见	控制一特定图层的显示状态(个别的层屏蔽)
移动至图层	将对象从一层移动到另一层上
复制至图层	将对象从一层复制到另一层上

1. 图层设置

图层设置就是设置工作层、可见和不可见图层，并定义图层的类别名称。

选择【格式】|【图层设置】命令，或者按快捷键“Ctrl + L”，弹出如图 1-10 所示的【图层设置】对话框。可以通过勾选【图层】选项区的图层选项复选框来控制图层的可见性，还可通过【图层控制】选项卡中的管理功能来设置工作图层、图层的可见性等。

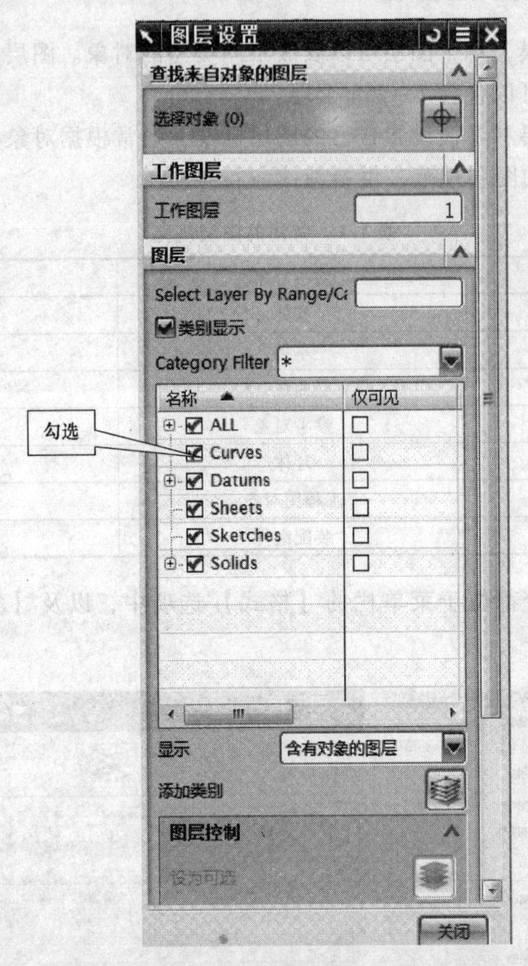

图 1-10 【图层设置】对话框

2. 图层在视图中可见

该命令用于控制在某一视图中图层的可见性。选择【格式】|【在视图中可见】命令或单击【实用工具】工具栏上的【图层在视图中可见】按钮，随即出现如图 1-11 所示的对话框。在列表中选择需要的视图，单击【确定】按钮，随即弹出新的【视图中的可见图层】对话框，如图 1-12 所示，在该对话框中的【图层】列表中选取需设置的图层，此时，用位于对话框下方的【可见】或【不可见】按钮可以将选中的图层设置为可见或不可见。

3. 移动或者复制至图层

移动或者复制至图层命令可以将对象从一层移动或者复制到另一层上，在建模中十分有用。【复制至图层】和【移动至图层】的操作过程基本一致，不同的是前者将所选对象复制

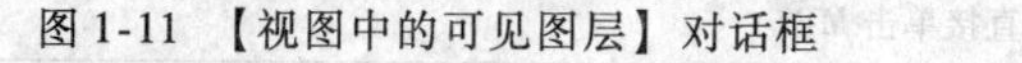

图 1-11　【视图中的可见图层】对话框

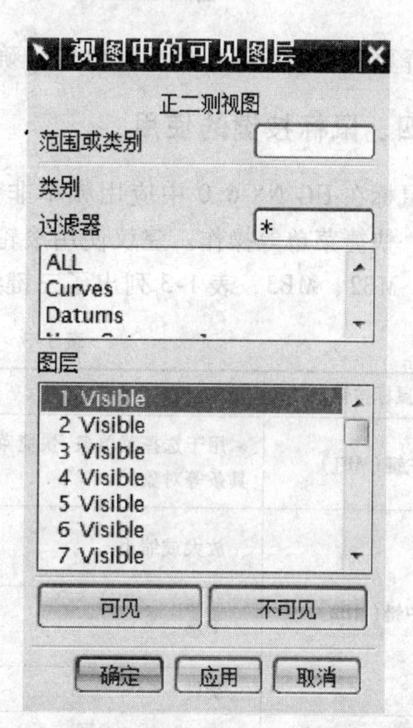

图 1-12　新的【视图中的可见图层】对话框

到另外的图层，原对象还在原来的图层内；后者是将所选对象移出所在的图层而移动到另外图层中。这里仅介绍“移动至图层”，其操作步骤如下：

选择【格式】|【移动至图层】命令或者单击【实用工具】工具栏上的【移动至图层】按钮，系统首先弹出如图 1-13 所示的【类选择】对话框，利用该对话框选择要移动的对象后，单击【确定】按钮。随即弹出如图 1-14 所示的【图层移动】对话框。在该对话框

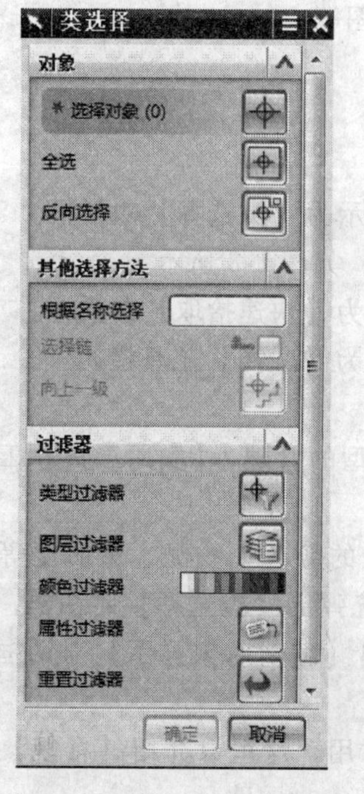

图 1-13　【类选择】对话框

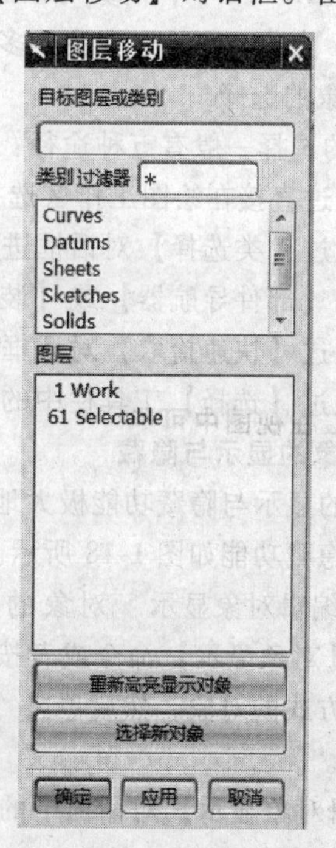

图 1-14　【图层移动】对话框

中选择要移动的图层，然后再单击【确定】按钮，完成对象在图层之间的移动。

四、鼠标按键的使用

鼠标在 UG NX 6.0 中应用频率非常高，而且功能强大，可以实现对象的平移、缩放、旋转、快捷菜单等操作。建议使用滚轮鼠标，鼠标上的左、中、右键分别对应 UG 软件中的 MB1、MB2、MB3，表 1-3 列出了三键滚轮鼠标的功能应用。

表 1-3　三键滚轮鼠标的功能应用

鼠标按键	作　用	操作说明
左键(MB1)	用于选择菜单条、快捷菜单和工具条等对象	直接单击 MB1
中键(MB2)	放大或缩小	按下 Ctrl + MB2 或者 MB1 + MB2 并移动光标，或者滚动 MB2 可将模型放大或缩小
	平移	按下 Shift + MB2 或者 MB2 + MB3 并移动光标，即可将模型按鼠标移动的方向平移
	旋转	按下 MB2 保持不放并移动光标，即可旋转模型
右键(MB3)	弹出快捷菜单	直接单击 MB3
	弹出推断式菜单	选择任意一个特征单击 MB3 并保持
	弹出悬浮式菜单	在绘图区空白处单击 MB3 并保持

五、对象的显示与操作

在 UG NX 6.0 中，对象可以泛指所有的元素。对象的操作主要包括对象的选择、显示、显示编辑、隐藏、删除、变换、多视图显示和动态截面视图等。

1. 对象的选择

对象的选择一般有五种途径：

1）通过直接在绘图工作区选择。

2）通过【类选择】对话框进行类型筛选。图 1-15 所示为【类选择】对话框。

3）在【部件导航器】或【装配导航器】中单击选择，如图 1-8 所示。

4）通过【快速拾取】对话框进行选择。图 1-16 所示为【快速拾取】对话框。

5）通过【选择】工具栏中的选项选择。图 1-17 所示为【选择】工具栏。

2. 对象的显示与隐藏

对象的显示与隐藏功能极大地方便了用户对视图及模型的管理，【实用工具】工具栏上的显示与隐藏功能如图 1-18 所示。

（1）编辑对象显示　对象的显示编辑可以改变对象的颜色、线型、透明度等。选择【编辑】|【对象显示】命令或者按快捷键“Ctrl + J”，系统弹出【类选择】对话框，选择要编辑显示方式的对象，然后单击【确定】按钮，随即弹出【编辑对象显示】对话框，如图 1-19 所示。

【编辑对象显示】对话框中的【常规】选项组比较常用，这里只介绍【常规】选项组中各参数的含义。

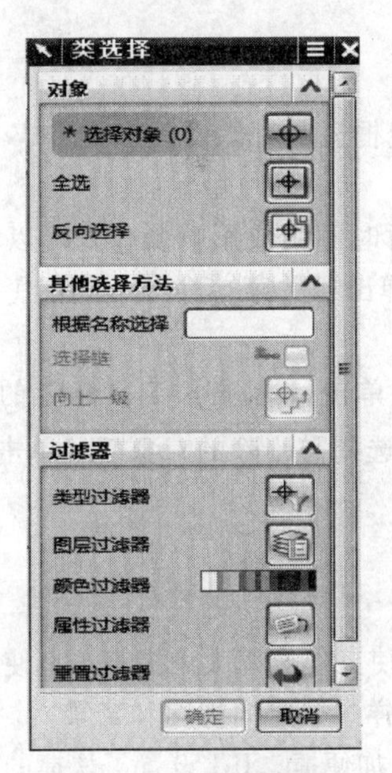

图 1-15 通过【类选择】对话框进行类型筛选

图 1-16 【快速拾取】对话框

图 1-17 【选择】工具栏

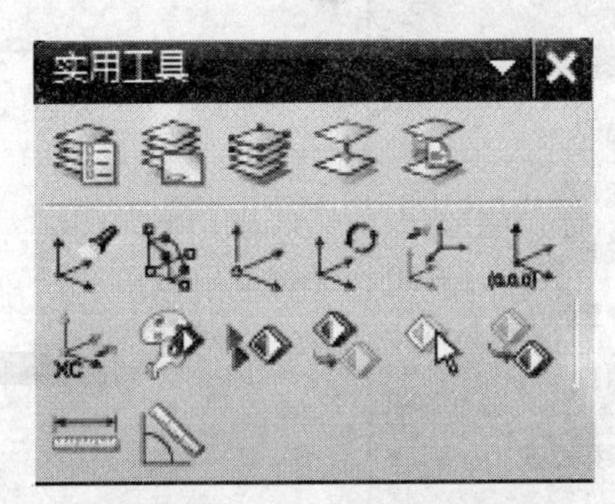

图 1-18 【实用工具】工具栏

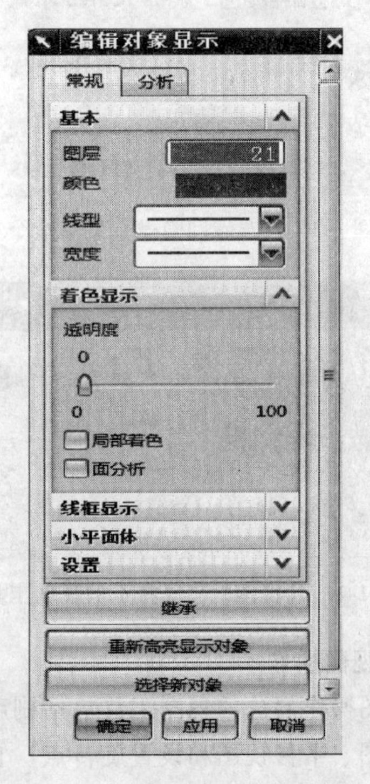

图 1-19 【编辑对象显示】对话框

1)【基本】选项组各选项含义如下：

【图层】：设置要放置对象的图层。

【颜色】：指定对象的颜色。

【线型】：指定对象轮廓线的线型。

【宽度】：指定对象轮廓线的宽度。

2)【着色显示】选项组各选项含义如下：

【透明度】：设置对象的透明度。在需要观察装配体内部结构时，十分有用。

【局部着色】：可对所选对象进行部分着色。

【面分析】：可对所选对象进行面分析。

3）【线框显示】选项组的用法是当实体或片体以线框显示时，设置U向和V向的栅格数量。

（2）对象的隐藏　在建模过程中，有些对象可能暂时不用或影响操作，可以将其暂时地隐藏起来。选择【编辑】|【显示和隐藏】命令，将弹出相关菜单命令，如图1-20所示。隐藏的快捷键为“Ctrl + B”，这有助于提高作图效率。

（3）对象的删除　选择【编辑】|【删除】命令或单击【标准】工具条上的【删除】按钮，将弹出【类选择】对话框，如图1-15所示，选择需删除的对象后，单击【确定】按钮删除对象。

六、视图工具

用户在建模过程中，利用视图工具来操作视图，可使工作效率大大提高，也使得设计过程顺利进行。视图工具大致分为3类：视图操作、渲染样式、定向视图和背景。【视图】工具栏上的各视图工具如图1-21所示。为了使视图操作更加便捷，UG设置了快捷的屏幕右键弹出菜单，如图1-22所示。

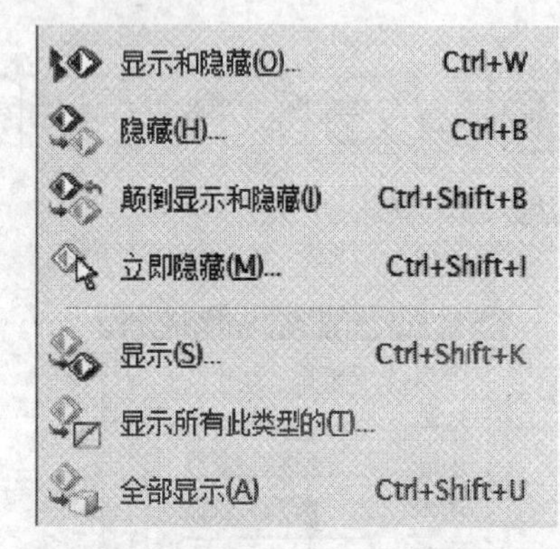

图1-20 【显示和隐藏】菜单命令

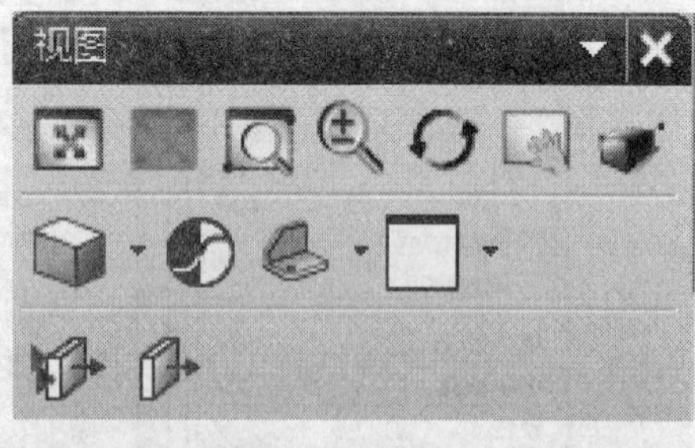

图1-21 【视图】工具栏上的视图工具

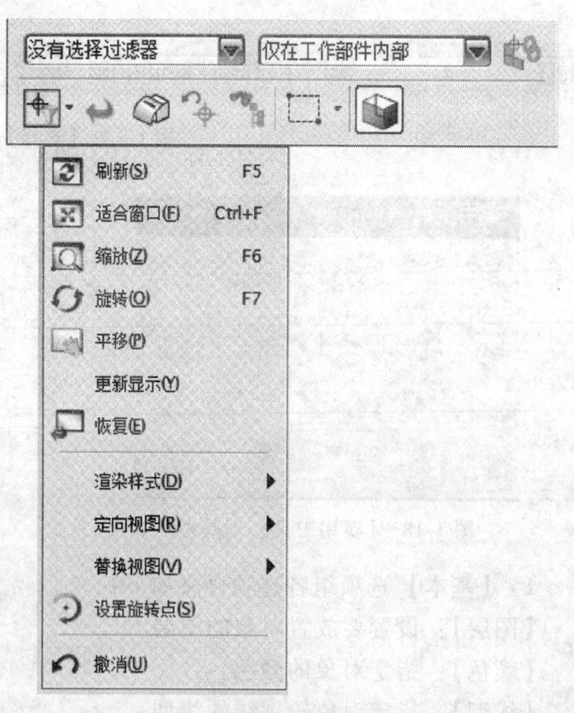

图1-22 右键菜单中的视图工具

1. 视图操作

视图操作部分的视图工具包括刷新、适合窗口、根据选择调整视图、缩放、放大/缩小、旋转视图、平移视图和设置旋转点。它们的主要作用是调整视图及视图中模型的大小。

（1）刷新　在建模过程中，【刷新】工具主要用于擦除视图中的临时显示对象，使得视图更加清晰明了。这些临时对象有参考点、虚线、矢量等。

(2) 适合窗口 在菜单中选择【视图】|【操作】|【适合窗口】命令或单击【视图】工具条上【适合窗口】按钮，将立即显示模型中所有的对象。

(3) 根据选择调整视图 单击【视图】工具条上【根据选择调整视图】按钮，则在视图中选择装配模型的一个小部件进行单独放大。

(4) 缩放 (F6 键) 在菜单中选择【视图】|【操作】|【缩放】命令，打开如图 1-23 所示【缩放视图】对话框，系统会按用户指定的数值，缩放整个模型，且不改变模型原来的显示方位。或单击【视图】工具条上【缩放】按钮，按住鼠标左键 (MB1) 并在模型上希望放大的区域处画一个矩形，然后松开，矩形区域内的模型立即被放大。

图 1-23 【缩放视图】对话框

(5) 放大/缩小 单击【视图】工具条上【放大/缩小】按钮，按住鼠标左键 (MB1) 并在模型中上、下、左、右地移动鼠标，即可将模型放大或缩小。

(6) 旋转视图 (F7 键) 单击【视图】工具栏上【旋转】按钮，按住鼠标左键 (MB1) 并在模型中移动鼠标，即可将模型绕屏幕中心旋转。

(7) 平移视图 单击【视图】工具条上【平移】按钮，按住鼠标左键 (MB1) 并在模型移动鼠标，模型将随鼠标的移动而在屏幕中心移动。

(8) 设置旋转点 设置旋转点就是用户自行设置一个旋转点，使视图围绕旋转点进行任意角度的旋转。旋转点的设置可通过执行右键菜单的【设置旋转点】命令或者按住鼠标滚轮 (MB2) 延迟几秒后自动创建一旋转点的方式进行。

如图 1-24 所示，执行右键菜单的【设置旋转点】命令，然后在视图中选择一位置作为旋转点位置，随后程序在该位置上自动创建一旋转点。

2. 渲染样式

【渲染样式】工具是针对模型而言的。【渲染样式】工具可使模型着色显示、呈边框显示、局部着色显示等。【渲染样式】工具包括带边着色、着色、带有淡化边的线框、带有隐藏边的线框、静态线框、艺术外观、面分析和局部着色等。

(1) 带边着色 【带边着色】是指用光顺着色并辅以自然光渲染，且显示模型面的边。

(2) 着色 【着色】是指用光顺着色并辅以自然光渲染，且不显示模型面的边。

(3) 带有淡化边的线框 【带有淡化边的线框】是指旋转视图时，用边缘几何体（只有边的渲染面）渲染（渲染成黄色）光标指向的视图中的面，使模型的隐藏边淡化并动态更

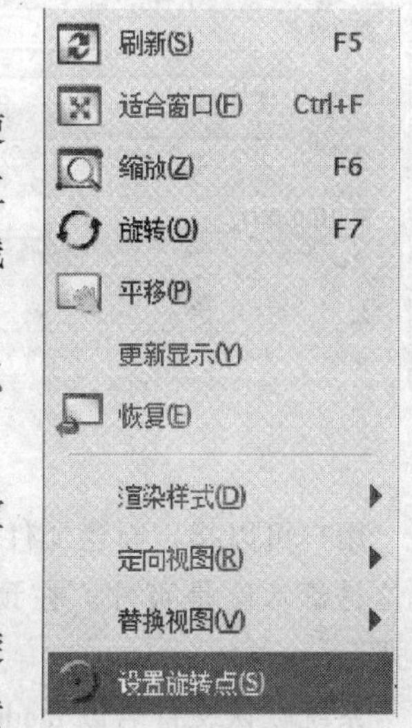

图 1-24 右键菜单

新面。

（4）带有隐藏边的线框　【带有隐藏边的线框】是指仅渲染面边缘且不带隐藏边的模型显示。

（5）静态线框　【静态线框】是指用边缘几何体渲染模型上的所有面。

艺术外观、面分析、局部着色不再阐述，读者可自行尝试其渲染效果。

七、文件的操作

1. 新建与打开文件

（1）新建文件　在菜单中选择【文件】|【新建】命令或单击【标准】工具栏上的【新建】　按钮，将弹出【新建】对话框，如图1-25所示。

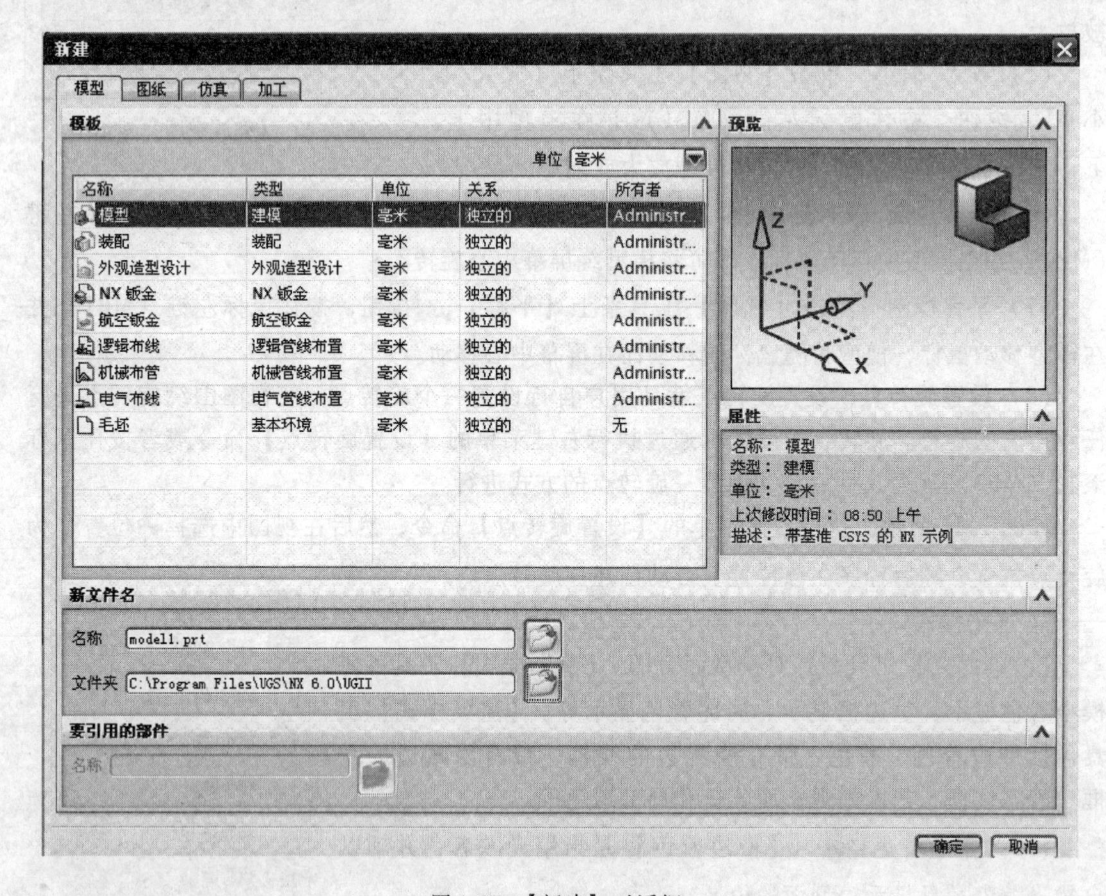

图1-25　【新建】对话框

用户可以指定新建文件的名称与所在的文件夹，并且可以在【单位】下拉列表中选择单位是毫米还是英寸。在预览窗口中可以观察使用不同的模板创建的不同零部件的显示样式。

系统默认文件名以modell.prt开始，之后创建的文件会在文件名后加数字，且数字依次递增。当然用户可以直接修改新建的文件名称。

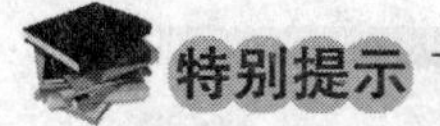

特别提示

在 UG NX 各个版本中，文件名称都不能含有中文字符，文件的保存路径中也不能包含中文。

（2）打开文件　在菜单条中选择【文件】|【打开】命令或单击【标准】工具条上的【打开】按钮，将弹出【打开】对话框，如图 1-26 所示。

对话框中列出了当前工作目录下的所有文件。可以直接选择打开的文件，或者在【查找范围】下拉列表框中指定文件所在的路径，然后单击 OK 按钮。另外，对话框中还有两个复选框，它们的意义如下：

【预览】复选框：默认情况下，此复选框被选中，如果要打开的文件在上一次存盘时保存了显示文件，那么可以在复选框上方预览文件的内容。

【不加载组件】复选框：默认情况下，此复选框不被选中，如果选中此复选框，则在打开一个装配体文件时，将不调用其中组件的文件。

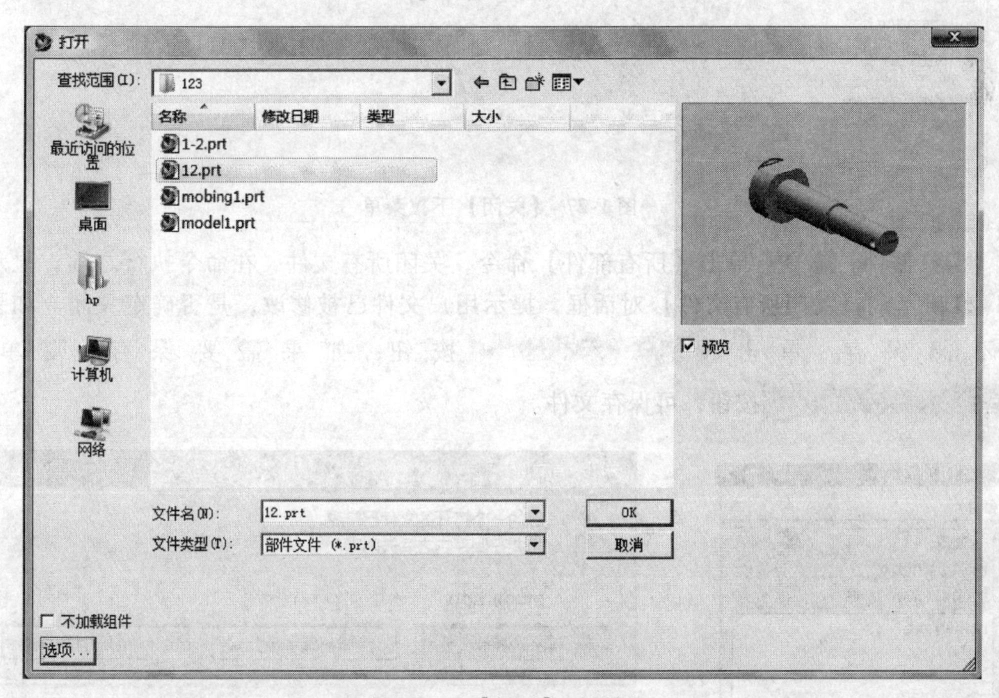

图 1-26　【打开】对话框

还可以选择菜单命令【文件】|【最近打开的部件】来打开最近打开过的文件。当把鼠标指针指向【最近打开的部件】命令后，系统展开子菜单，其中会列出最近打开过的文件，选择希望打开的一个即可。

（3）关闭文件　可以通过选择菜单命令【文件】|【关闭】来关闭文件，如图 1-27 所示。各子菜单说明如下。

【选定的部件】命令：选择该命令，弹出如图 1-28 所示的【关闭部件】对话框，选定要关闭的文件，单击【确定】按钮即可关闭指定文件。

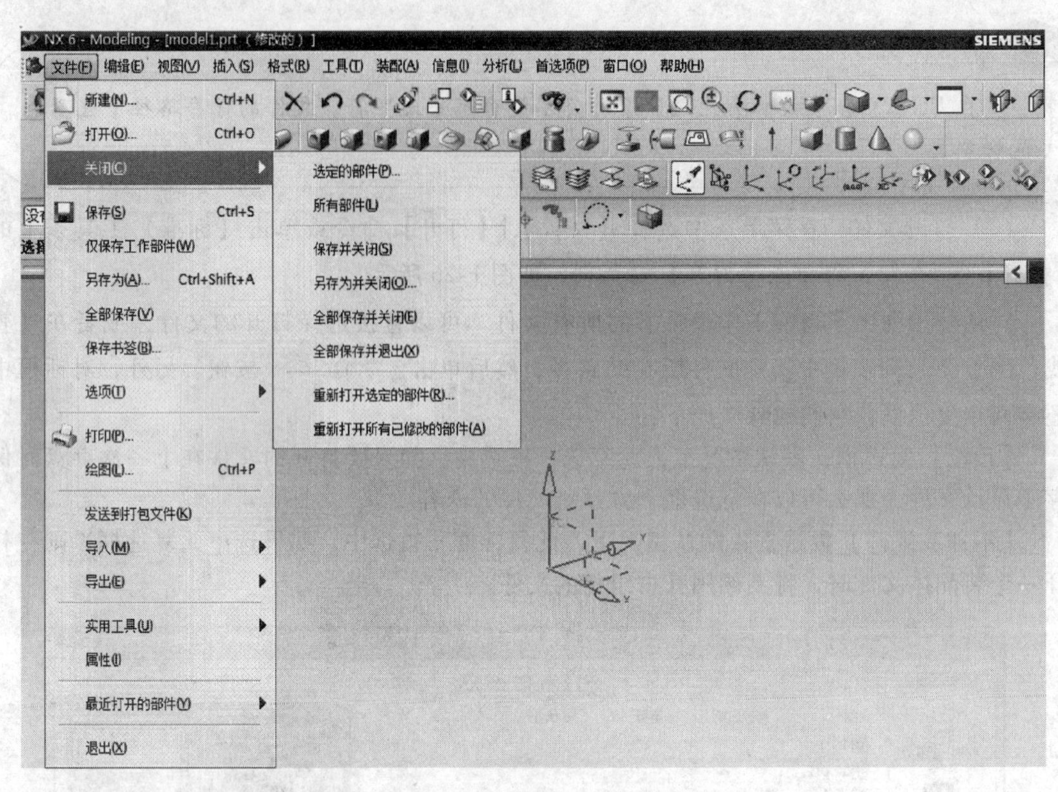

图 1-27 【关闭】下拉菜单

【所有部件】命令：单击【所有部件】命令，关闭所有文件，在命令执行之前，显示如图 1-29 所示的【关闭所有文件】对话框，提示用户文件已被修改，是否确定关闭。如果用户不想保存，单击 否 - 关闭(N) 按钮；如果需要保存，则单击 是 - 保存并关闭(Y) 按钮，可保存文件。

图 1-28 【关闭部件】对话框

图 1-29 【关闭所有文件】对话框

（4）导入导出文件　知名的 CAD/CAM/CAE 软件都有与其他软件交换数据的功能。UG NX 6.0 既可以把建立的模型数据输出，供 SolidWorks、Pro/E、AutoCAD 等软件使用，又可以输入这些软件制作的模型数据供自己使用，所有这些操作都是通过选择【文件】下拉菜单中的【导入】和【导出】命令来实现的。

1）导入文件。选择菜单命令【文件】|【导入】，弹出如

图 1-30 所示的【导入】子菜单，菜单上列出了可以输入的各种文件格式，常用的有部件（UG 文件）、Parasolid（SlidWorks 文件）、VRML（网络虚拟现实格式文件）、IGES（Pro/E 文件）和 DXF/DWG（AutoCAD 文件）。

2）导出文件。选择菜单命令【文件】|【导出】，弹出如图 1-31 所示的子菜单，菜单上列出了可以输出的所有文件格式，选择命令后，显示相应的对话框供用户操作。

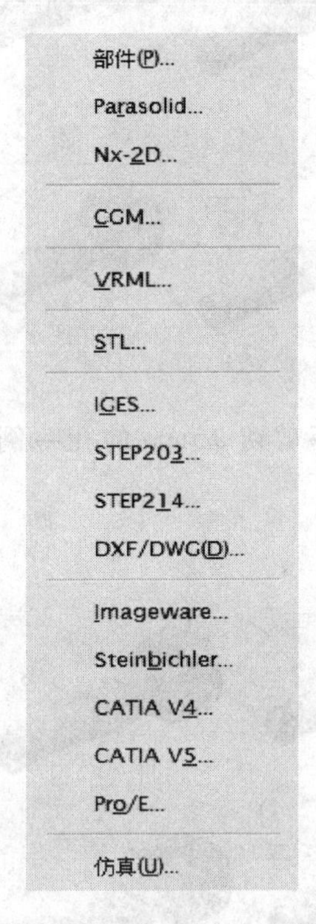

图 1-30　【导入】子菜单

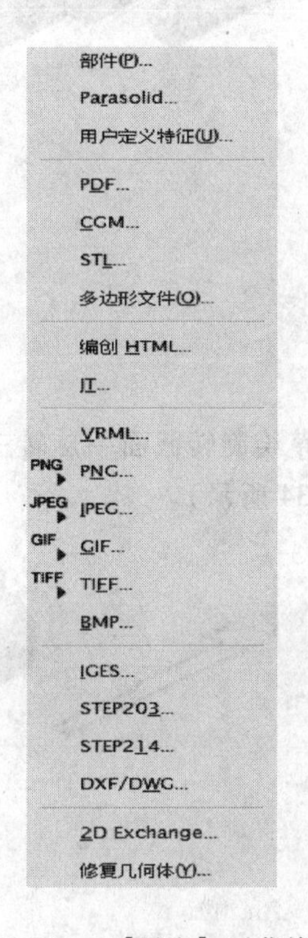

图 1-31　【导出】子菜单

工艺路线

1）拉伸 ϕ20mm 的圆柱体（长 50mm）→拉伸 ϕ36mm 的圆柱体→拉伸 ϕ16mm 的圆柱体→剪切防转平面→剪切 ϕ5mm 的孔→倒圆→倒角（图 1-32）。

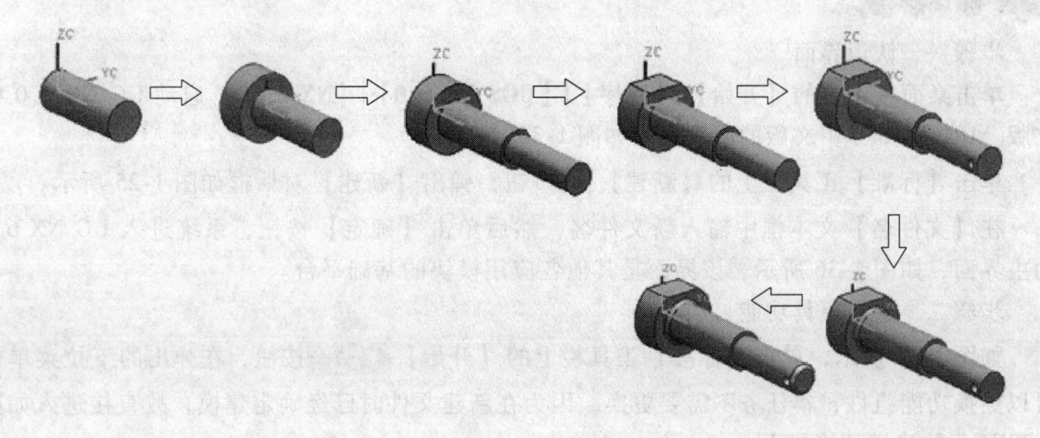

图 1-32　工艺路线 1

2）拉伸 ϕ20mm 的圆柱体（长 100mm）→拉伸 ϕ36mm 的圆柱体→旋转剪切得 ϕ16mm 的圆柱体→剪切防转平面→剪切 ϕ5mm 的孔→倒圆→倒角（图 1-33）。

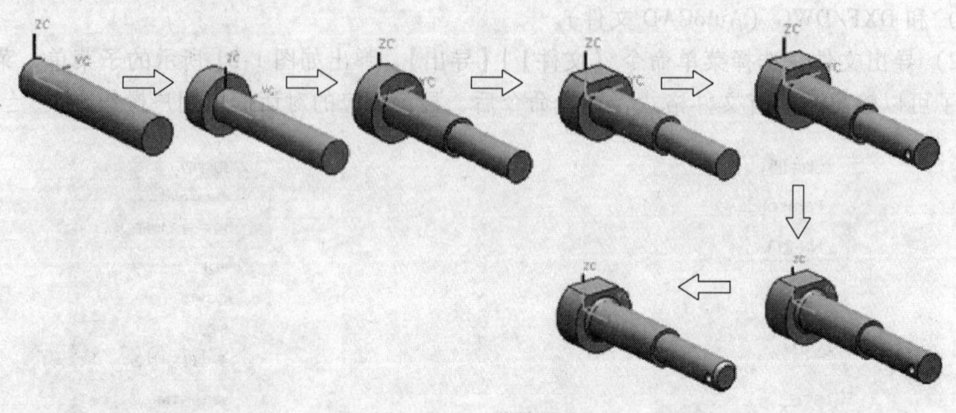

图 1-33　工艺路线 2

3）草绘旋转截面→旋转三阶圆柱体→剪切防转平面→剪切 ϕ5mm 的孔→倒圆→倒角（如图 1-34 所示）。

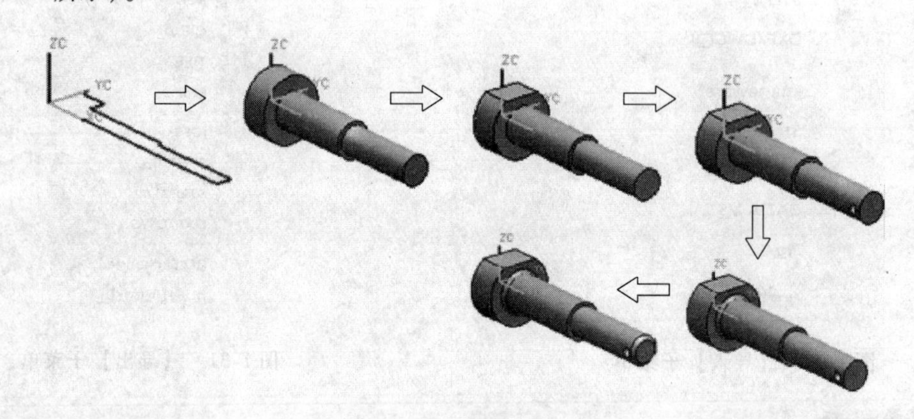

图 1-34　工艺路线 3

经过综合分析，为了便于理解和操作，选择如图 1-34 所示的工艺路线 3。

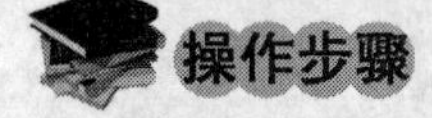

操作步骤

步骤一　认识界面

单击桌面左下方的【开始】|【程序】|【UGS NX 6.0】|【NX 6.0】，启动 UG NX 6.0 中文版。UG NX 6.0 中文版的启动画面如图 1-35 所示。

单击【标准】工具栏上的【新建】按钮，弹出【新建】对话框如图 1-25 所示。

在【文件名】文本框中输入新文件名，然后单击【确定】按钮，系统进入 UG NX 6.0 的主界面，如图 1-36 所示。该界面是其他各应用模块的基础平台。

步骤二　选择模具功能

如图 1-37 所示，单击【标准】工具栏上的【开始】开始按钮，在弹出的下拉菜单中可以更换功能组件，本任务不需要更换，因为在新建文件时已经确定建模，故直接进入如图 1-38 所示的建模环境界面。

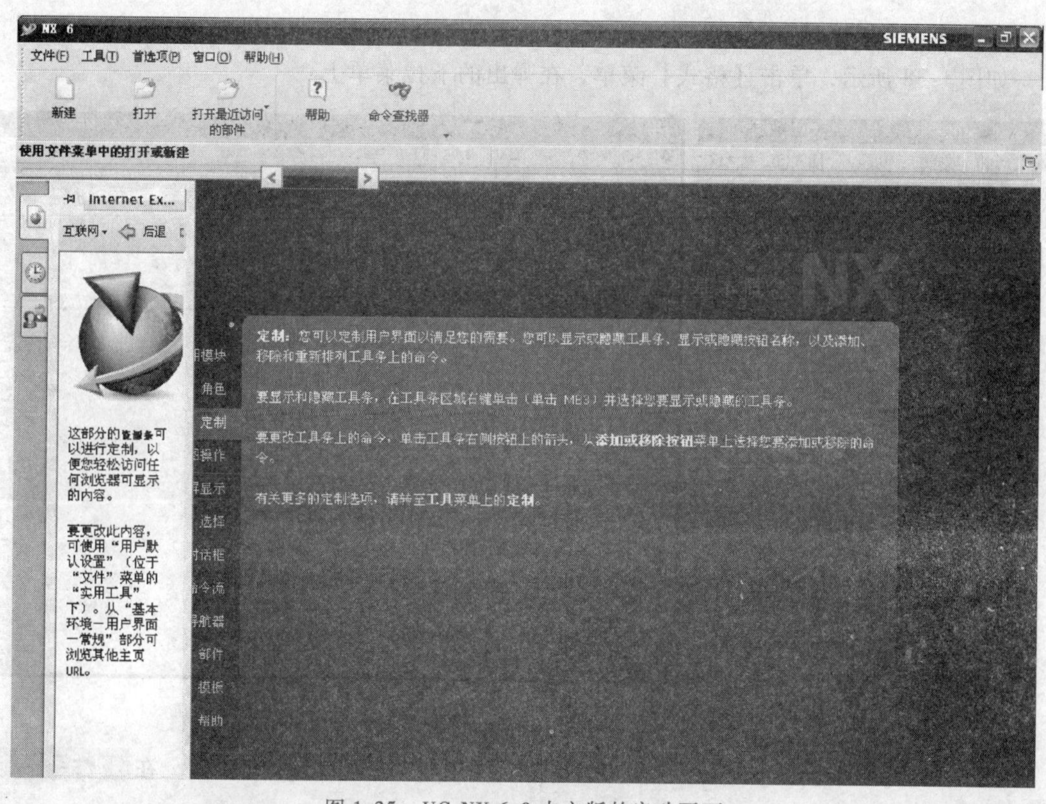

图 1-35　UG NX 6.0 中文版的启动画面

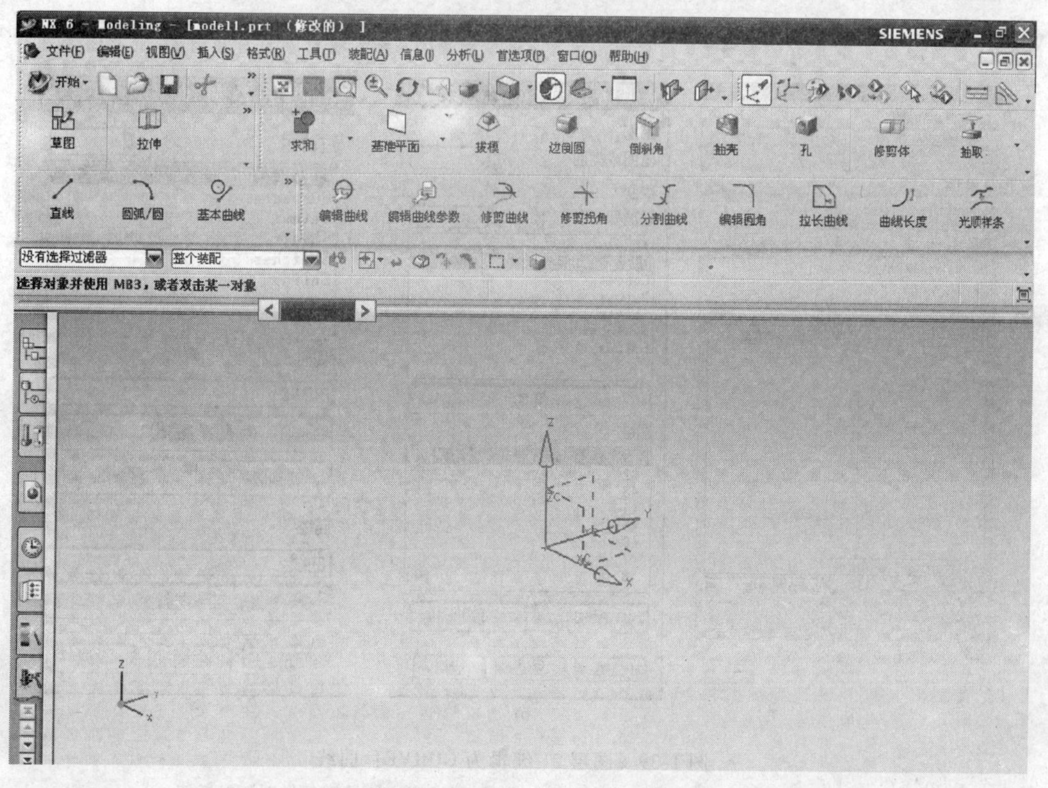

图 1-36　UG NX 6.0 的主界面

步骤三　图层管理

如图 1-38 所示，单击【格式】菜单，在弹出的下拉菜单上：

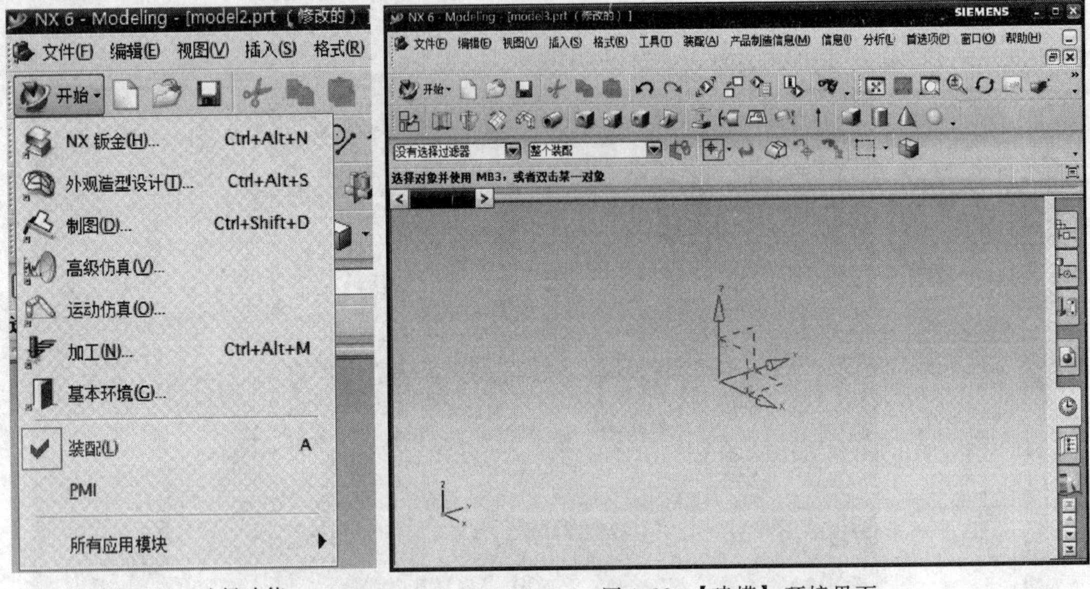

图 1-37　选择功能　　　　图 1-38　【建模】环境界面

1）单击【图层设置】 图层设置(S)... 按钮，弹出【图层设置】对话框，在 工作图层 菜单中输入“41”，则系统自动将该图层设置为当前的工作层，如图 1-39a 所示。

2）单击【图层类别】按钮，弹出【图层类别】对话框，如图 1-39b 所示；在【类

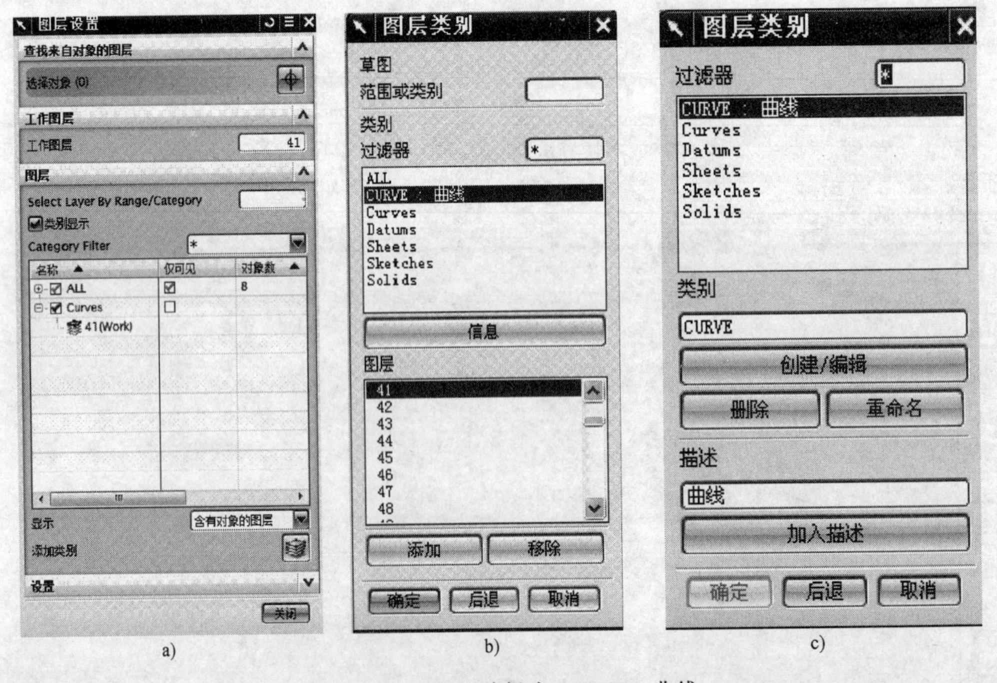

图 1-39　图层 21 编辑为 CURVE：曲线

a)【图层设置】对话框　b)【图层类别】对话框　c)【图层类别】对话框

别】下面的文本框中输入“CURVE”，并单击 **创建/编辑** 按钮，弹出【图层类别】选择图层的对话框，在【图层】中双击选择“41”号图层，单击【确定】按钮；返回【图层类别】对话框，在【描述】下方的文本框中输入“曲线”。并单击 **加入描述** 按钮，发现【过滤器】的文本框中多了一项“CURVE：曲线”。如图 1-39c 所示，该图层可作为后续绘制曲线的工作层。

以同样的操作方法，设置图层 1 为“Solid：实体”图层，设置图层 21 为“Sketch：草图”图层，如图 1-40 所示。

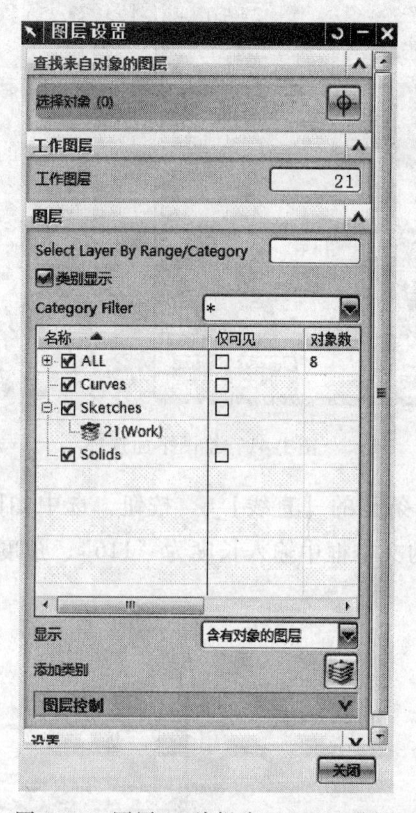

图 1-40 图层 21 编辑为 Sketch：草图

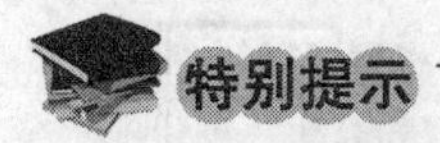

图层管理是将不同的特征或图素放置到不同的图层中，可以通过设置图层中的图素显示或隐藏来管理各种复杂的图形零件。例如，设计复杂的产品时，在有限的绘图区内有过多的几何图素重叠交错，不仅影响绘图区的美观、整齐，还给设计者带来了许多设计上的不便，这时就需要应用软件提供的图层功能。熟悉运用该功能不仅能提高设计速度，而且还能提高模型零件的质量，减少出错的概率。

步骤四 草绘旋转截面

选择菜单命令【格式】|【图层设置】，弹出如图 1-40 所示的【图层设置】对话框，在【名称】下拉列表中选择“21”图层，则 21 图层成为“Work”（工作层），即草图绘制将在 21 图层上进行。

单击【特征】工具条上的【草图】按钮，弹出的如图1-41所示的【创建草图】的对话框将其中的平面选择列表框改为 现有平面，单击【确定】按钮。默认选择XC-YC平面作为绘图平面。

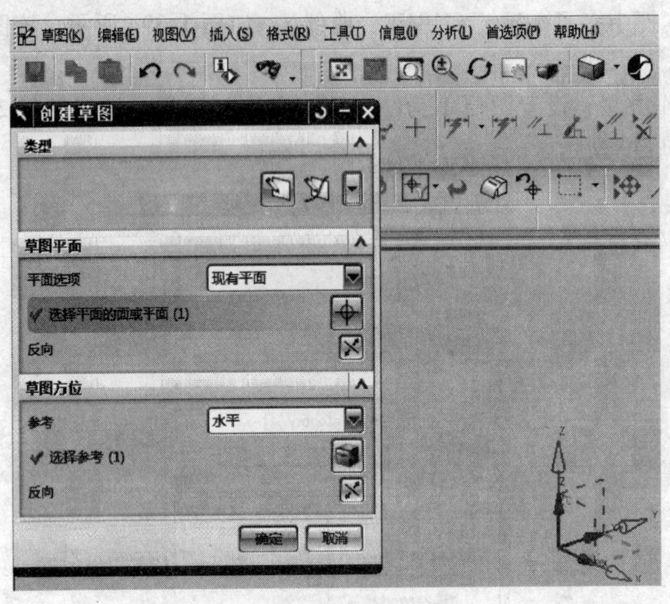

图1-41　绘图平面选择

单击【草图工具】工具条上的【直线】按钮，选中如图1-42所示的坐标原点为起点。接着在如图1-43所示的文本框中输入长度为“116”、角度为“0”，按回车键即建立了长度为“116”的水平线。

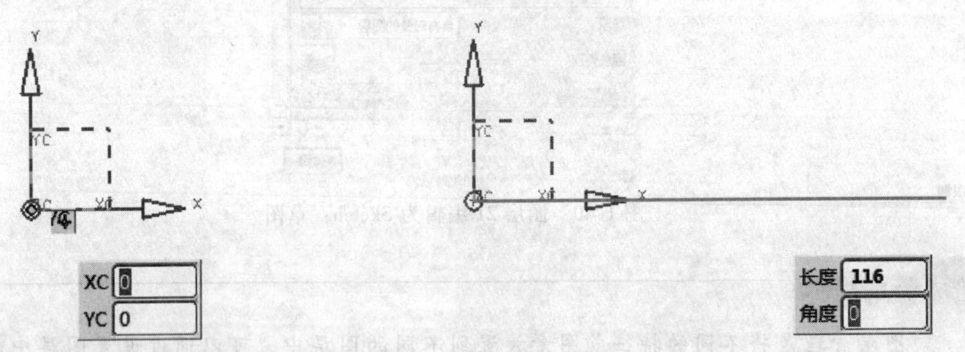

图1-42　选择原点为直线起点　　　　图1-43　输入长度和角度

用同样的方法绘制如图1-44所示的另外7条直线，其中直线的端点为O、A、B、C、D、E、F、G，各点分别为L1、L2、L3、L4、L5、L6、L7直线的起点，单击鼠标左键即能捕捉到，连接G、O点即可完成L8的绘制。

特别提示

绘制直线时，系统会自动捕捉直线端点，此时将鼠标在将要绘制的点略微停留一段时间，则系统将显示捕捉到直线上的端点。

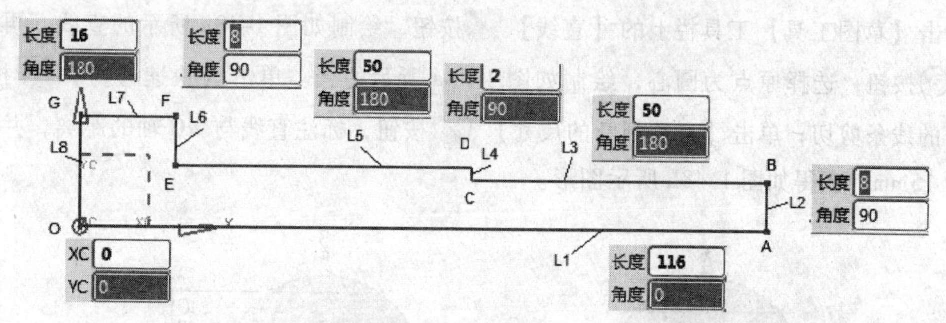

图 1-44　截面草图绘制

单击【草图生成器】工具条上的【完成草图】按钮，得到 1-45 所示的旋转草图截面。

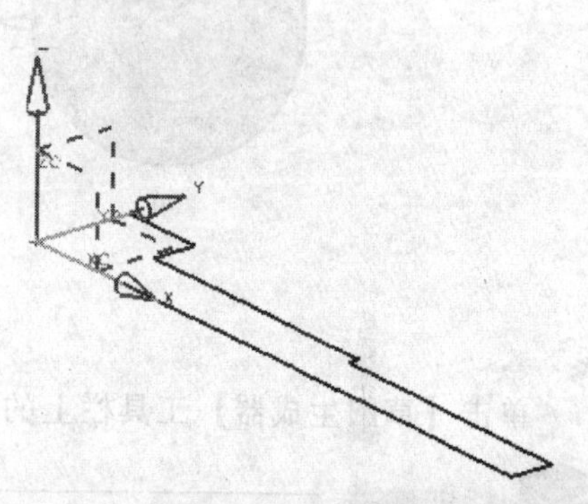

图 1-45　草图截面

步骤五　旋转主体

选择菜单命令【格式】|【图层设置】，弹出【图层设置】对话框，在【名称】下拉列表中选择“1”号图层，则 1 号图层成为“Work”（工作层），即旋转实体在 1 号图层上进行。

单击【特征】工具条上的【回转】按钮，弹出如图 1-46 所示的【回转】对话框。单击【选择曲线】按钮，选择前面绘制的草图截面；单击【指定矢量】按钮，弹出下拉菜单，在其中选择【XC 轴】为旋转轴；单击【指定点】按钮，选择原点为参考点；确定【布尔】选项为【无】，单击【确定】按钮得到如图 1-47 所示的实体。

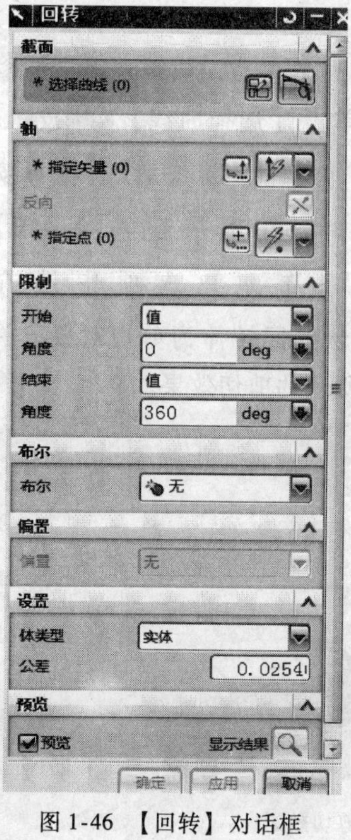

步骤六　剪切防转平面

单击【特征】工具条上的【草图】按钮，在弹出的【创建草图】对话框中【选择平面的面或平面】按钮，在绘图区单击选择 ZC-YC 平面作为绘图平面，单击【确定】按钮，确认选择 ZY 平面作为绘图平面。

图 1-46　【回转】对话框

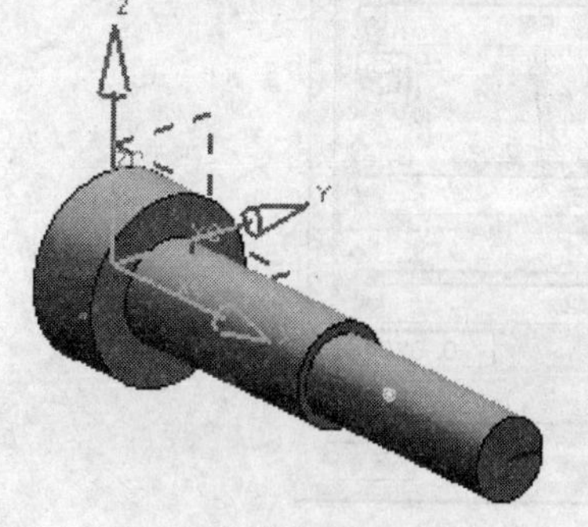

图 1-47　完整实体

单击【草图工具】工具栏上的【直线】按钮，绘制如图 1-48a 所示的直线，再单击【圆】按钮，选择原点为圆心，绘制如图 1-48a 所示的圆。单击【快速修剪】按钮，将多余的线条剪切；单击【自动判断的尺寸】按钮，标注直线与 XC 轴的距离，并将其修改为 15mm，获得如图 1-48b 所示图形。

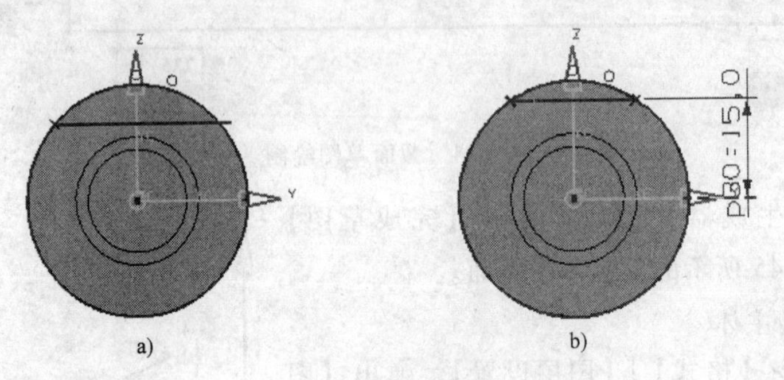

图 1-48 草图截面

a）剪切前 b）剪切后

单击【草图生成器】工具栏上的【完成草图】按钮，完成草图截面。

特别提示

绘制圆时，系统会自动捕捉圆心，此时应该将鼠标在将要绘制的点略微停留一段时间，系统将显示捕捉到圆上的点。

单击【特征】工具栏上的【拉伸】按钮，弹出如图 1-49 所示的【拉伸】对话框。单击【选择曲线】按钮，选择如图 1-48 所示的草图截面；单击【指定矢量】按钮边上的按钮，弹出下拉菜单，在其中选择【XC 轴】按钮为拉伸方向；在【布尔】选项中选择 求差，并接受系统默认的回转体为剪切对象，单击【确定】按钮得到如图 1-50 所示的剪切效果。

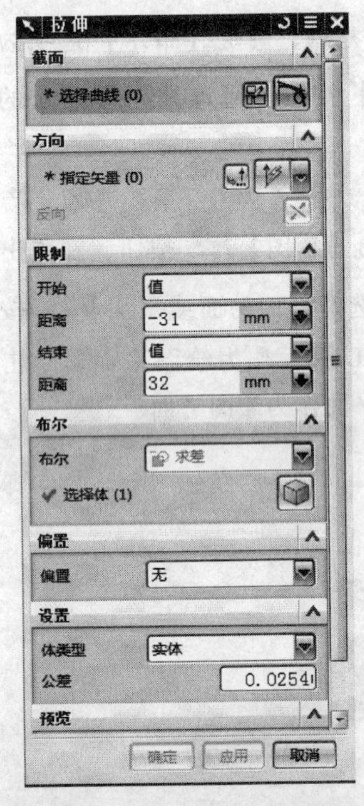

图 1-49 【拉伸】对话框

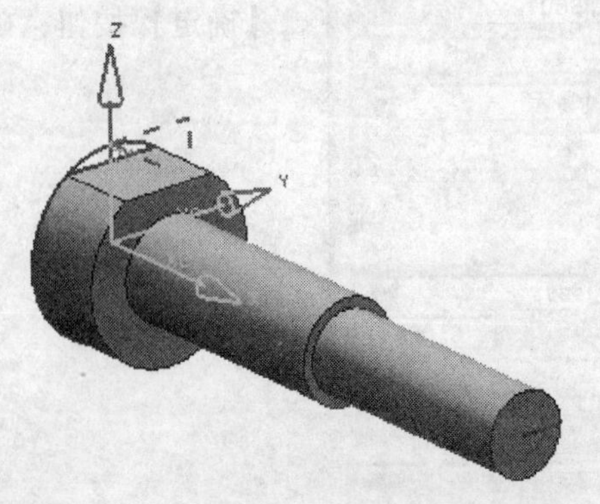

图 1-50 剪切效果

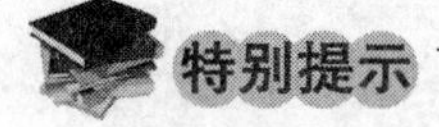

在【拉伸】草图截面前，单击【视图】工具栏中【静态线框】，将视图以静态线框状态显示，作完图后，单击【视图】工具栏中【带边着色】，将视图以带边着色状态显示。

步骤七 剪切 ϕ5mm 的孔

单击【特征】工具栏上的【草图】按钮，选择 ZC-XC 平面作为绘图平面。

单击【视图】工具栏上的【静态线框】按钮，将视图为"静态线框状态"显示。

单击【草图工具】工具栏上的【圆】按钮，在 XC 的文本框中输入"111"，在 YC 的文本框中输入"0"。按回车键，在直径的文本框中输入"5"，绘制如图 1-51 所示圆。

单击【草图生成器】工具栏上的【完成草图】按钮，完成草图截面。

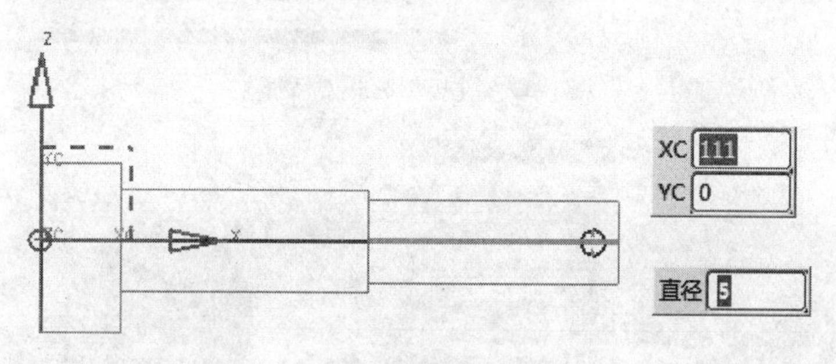

图 1-51 绘制 ϕ5mm 的孔

单击【特征】工具栏上的【拉伸】按钮，选择刚刚绘制的圆作为拉伸截面；在【布尔】中选择求差，此时 ϕ5mm 旋转体显现高亮，即为被剪切对象。将起始值设为"－10"、结束值设为"10"，单击【确定】按钮得到如图 1-52 所示的剪切效果。

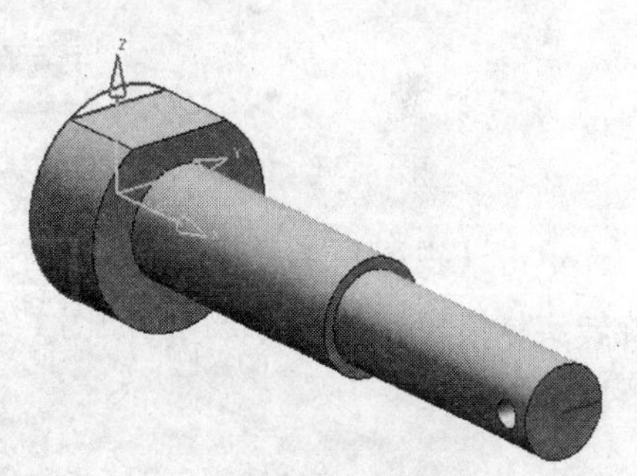

图 1-52 剪切孔

步骤八 倒圆

单击【特征操作】工具栏上的【边倒圆】按钮，在弹出的【边倒圆】对话框中，设置半径为 2mm，选择如图 1-53 所示的边线，单击【确定】按钮，完成倒圆。

步骤九 倒角

单击【特征操作】工具栏上的【倒斜角】按钮，在弹出的如图 1-54 所示的【倒斜角】对话框中，设置半径为 2mm，选择如图 1-54 所示的边线，单击【确定】按钮，得到如图 1-55 所示的效果图。

步骤十 对象显示

选择草图、基准轴、基准面，选择【实用工具】工具栏上的【隐藏】按钮，将草图、基准轴、基准面暂时隐藏起来，则绘图区的实体显示如图 1-56 所示。

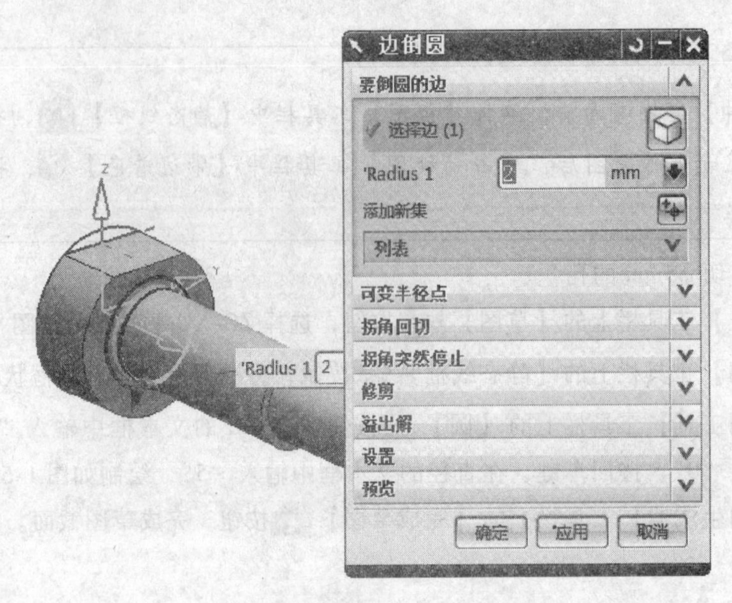

图 1-53 【边倒圆】对话框

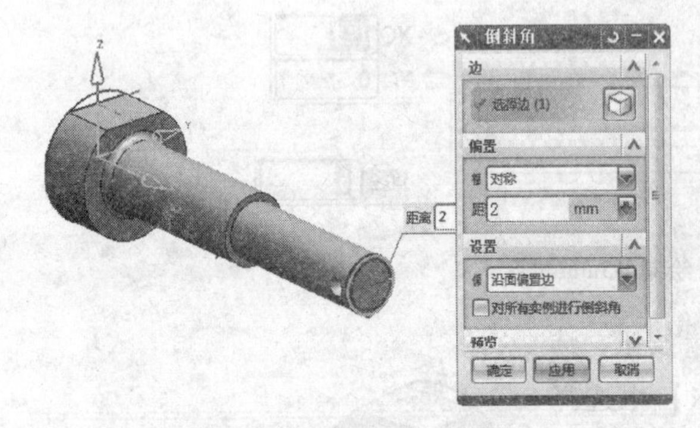

图 1-54 【倒斜角】对话框

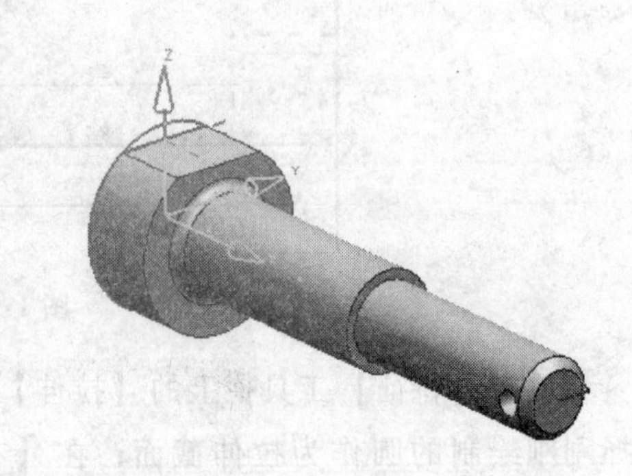

图 1-55 实体效果

单击【视图】工具栏上的【旋转】按钮，按住鼠标左键不松，并拖动鼠标，即可旋转实体模型，可将其转换为如图 1-57 所示形状。

图 1-56 隐藏草绘、基准轴、基准面后实体

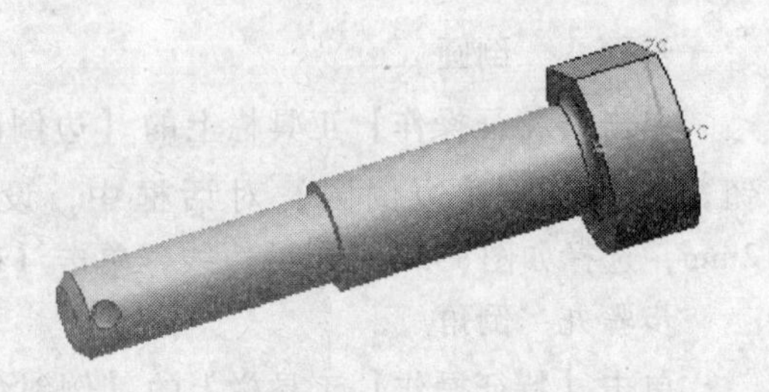

图 1-57 转换方向的实体

步骤十一 创建视图布局

选择菜单命令【视图】|【布局】|【新建】，弹出【新建布局】对话框，如图 1-58 所示。

在名称文本框中输入新布局的名称“LAY1”；在【布置】下拉列表中选择方式，通过改变如图 1-59 所示的视图名称按钮，改变视图方向。单击【确定】按钮，完成视图布局如图 1-60 所示。

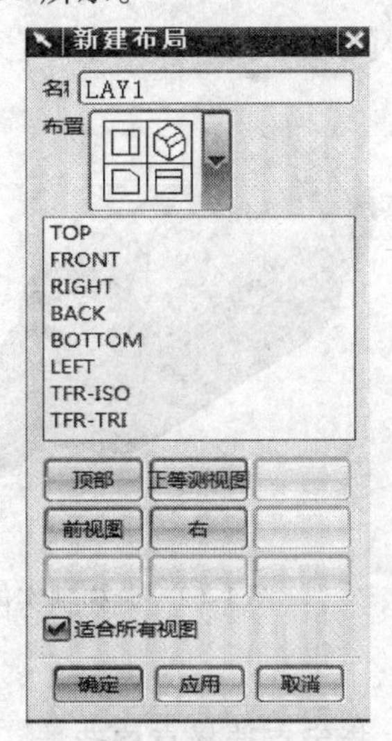

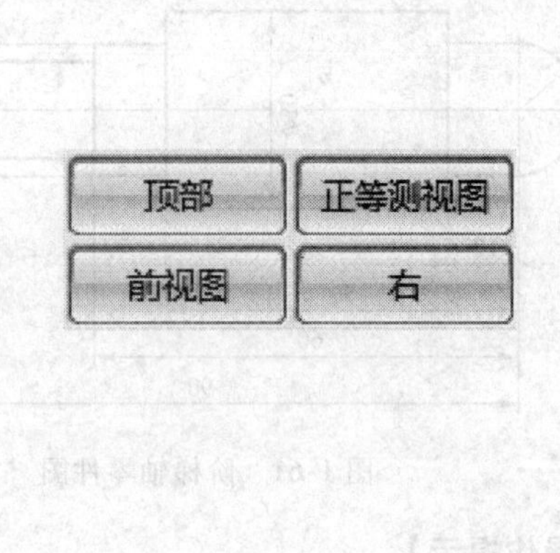

图 1-58　视图名称按钮图　　　　图 1-59　【新建布局】对话框

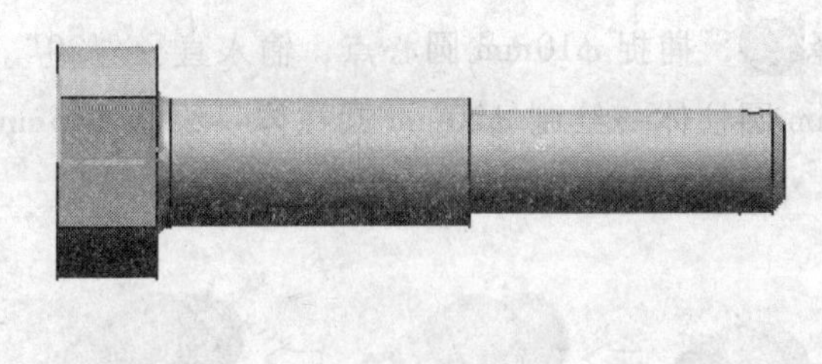

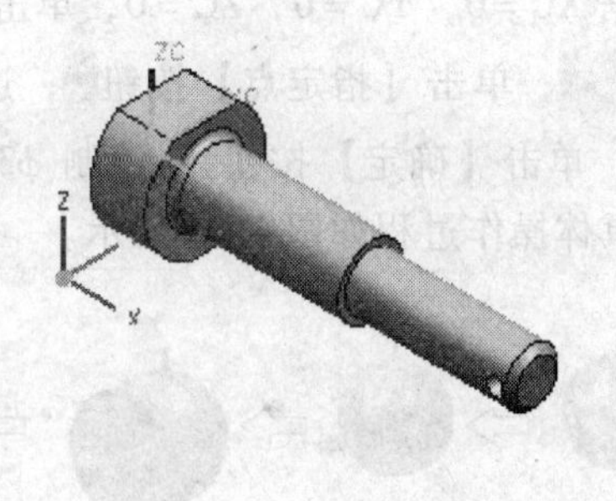

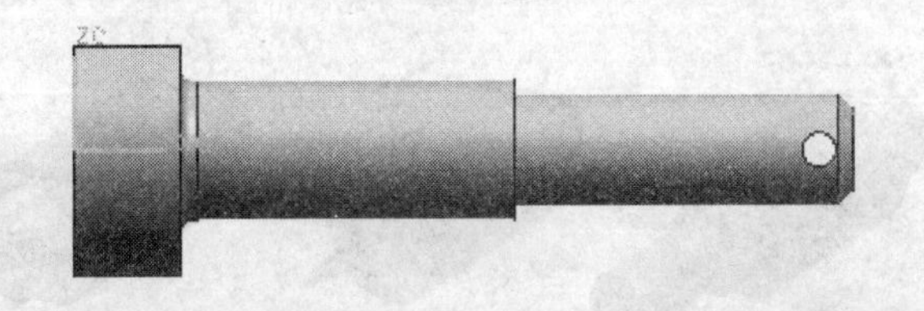

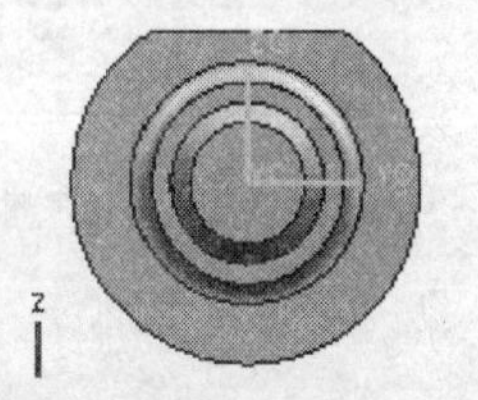

图 1-60　视图布局

步骤十二　保存文件

单击【标准】工具栏上的【保存】按钮或选择菜单命令【文件】|【保存】，保存模型。

实训一　设计阶梯轴

【功能模块】

草图	实体	曲面	装配	制图	逆向
	√				

【功能命令】

绘制圆柱体、球体。

【素材（图1-61）】　　【结果（图1-62）】

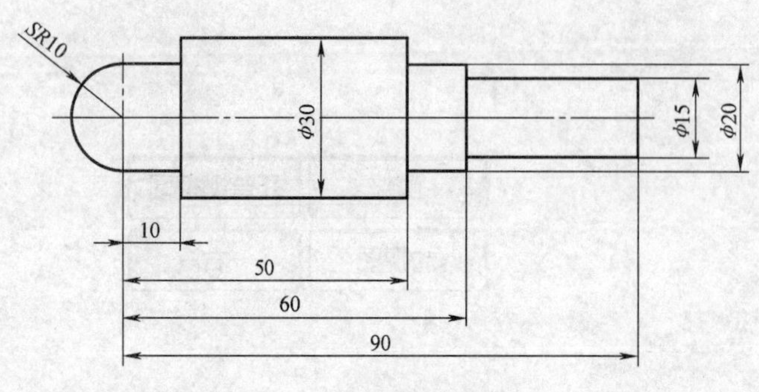

图1-61　阶梯轴零件图

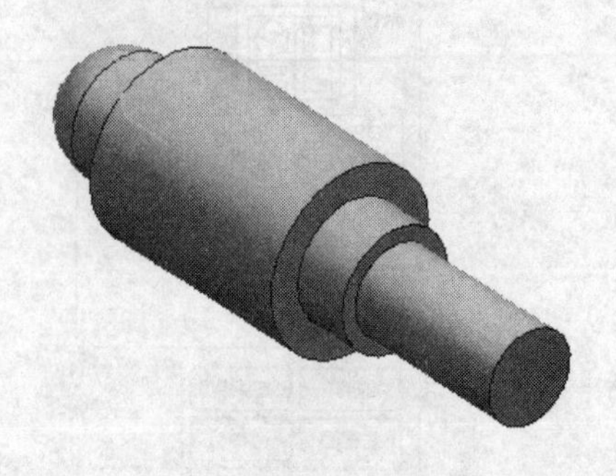

图1-62　阶梯轴实体

【操作提示】

绘制 φ20mm 球体（小提示：指定矢量选择正 XC 轴，指定点选择点构造器，加入如下数据 XC＝0，YC＝0，ZC＝0，单击确定）→绘制 φ20mm 圆柱体（小提示：指定矢量选择 XC 轴，单击【指定点】按钮，选择，捕捉 φ10mm 圆心点，输入直径“20”，高度“10”，单击【确定】按钮）→绘制 φ30mm 圆柱体→绘制 φ20mm 圆柱体→绘制 φ15mm 圆柱体。具体操作过程如图1-63所示。

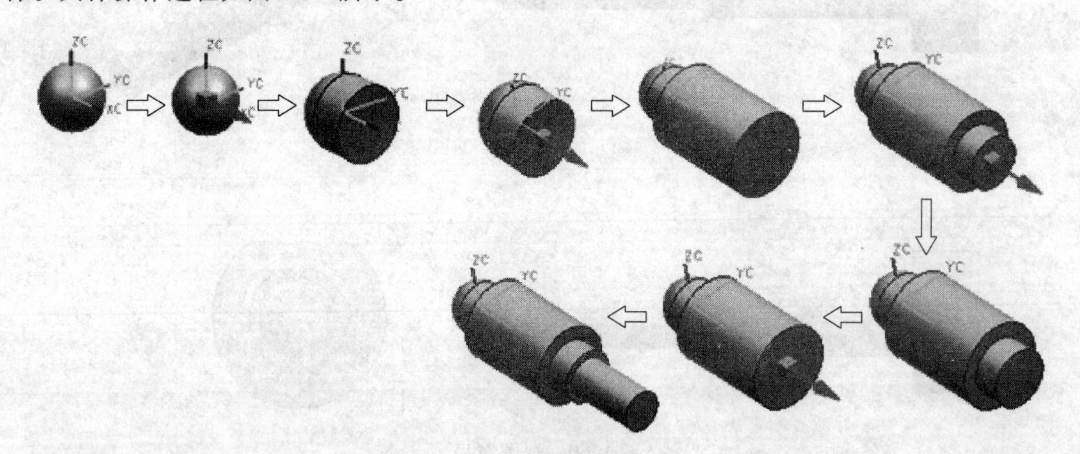

图1-63　阶梯轴操作过程

实训二　设计水筒

【功能模块】

草图	实体	曲面	装配	制图	逆向
	√				

【功能命令】

基本体素（锥体）创建。

【素材（图 1-64）】　　　　【结果（图 1-65）】

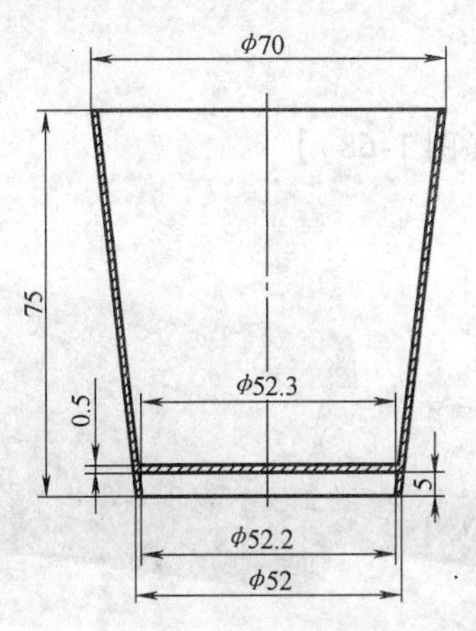

图 1-64　水筒零件图

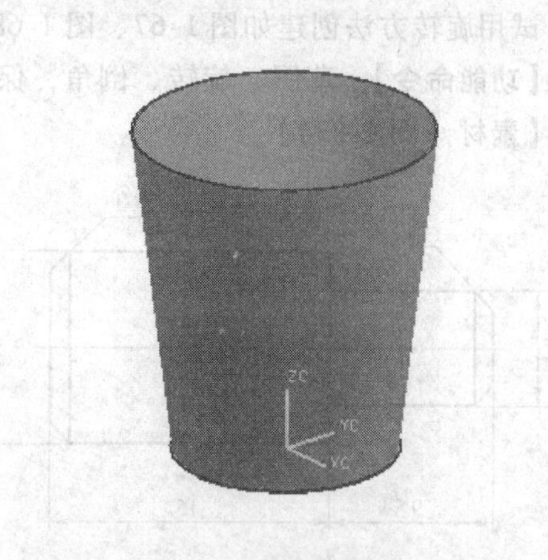

图 1-65　水筒实体图

【操作提示】

绘制锥体：底部直径 × 顶部直径 × 高度 = ϕ52mm × ϕ70mm × 75mm→再画一个锥体：底部直径 × 顶部直径 × 高度 = ϕ51mm × ϕ69mm × 75mm→布尔运算求差（小提示：单击【特征操作】工具栏上的按钮）→再画一个锥体：底部直径 × 顶部直径 × 高度 = ϕ52.7mm × ϕ52.8mm × 0.5mm→布尔运算求和。绘制过程如图 1-66 所示。

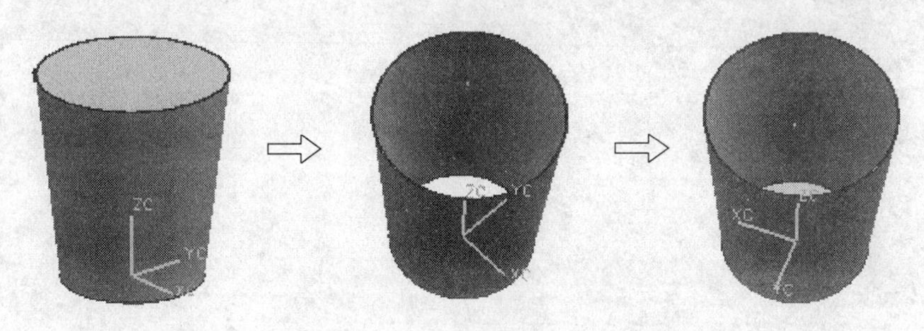

图 1-66　水筒绘制过程

项 目 小 结

本项目主要介绍了 UG NX 6.0 的功能模块、界面操作、图层管理、图素选择、对象的显示与操作、视图布局、基本体素等基础知识。同时，通过项目练习，了解产品建模的基础知识，熟悉 UG 软件的操作。

思考与练习

1. 问答题

（1）三键滚轮鼠标左、中、右键各有什么作用？

（2）什么是图层？图层有什么作用？如何操作？

（3）UG NX 6.0 的图层管理有什么作用？

（4）图素的选择方式有哪几种？

2. 操作题

试用旋转方法创建如图 1-67、图 1-68 所示的销。

【功能命令】 草图、旋转、倒角，保存文件。

【素材（图 1-67）】

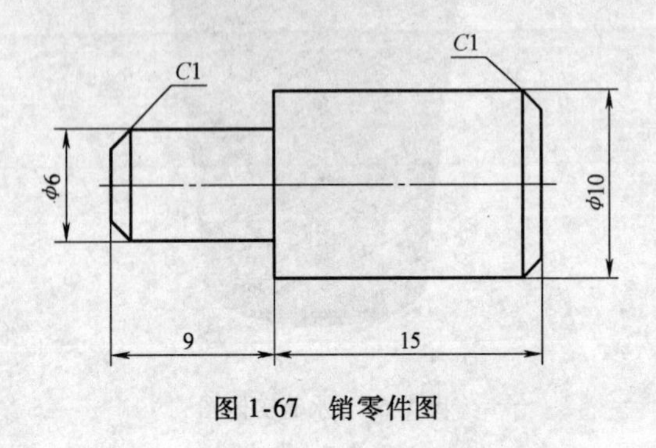

图 1-67 销零件图

【结果（图 1-68）】

图 1-68 销实体

项目二 UG NX 6.0曲线操作

本项目主要介绍有关UG曲线创建与编辑的知识，重点学习和掌握二维曲线的绘制方法、编辑方法和认识二维曲线在三维造型中的地位与作用。

知识目标

- 了解UG NX 6.0二维曲线的功能模组
- 掌握UG NX 6.0二维曲线的绘制和编辑方法

技能目标

- 具备UG NX 6.0二维轮廓图形绘制的步骤设计能力
- 具备UG NX 6.0二维曲线的创建能力
- 具备灵活操作二维图形的能力，为提高三维作图效率作准备

任务一 创 建 箱 体

实例分析

如图2-1所示，整个箱体线框由两部分构成，即直线构成的方形框和圆弧构成的弧形框。可以通过直线、圆弧、点构成命令实现这两部分线框的架构。

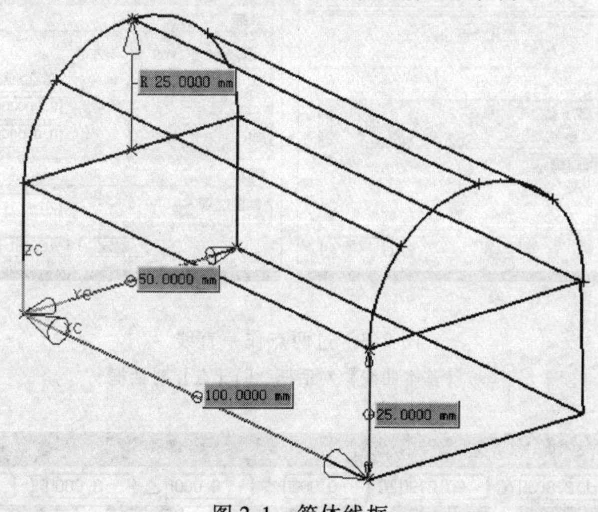

图2-1 箱体线框

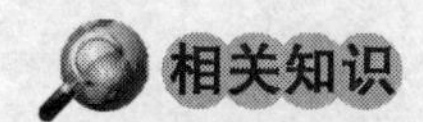

相关知识

一、直线

1. 直线命令的调用

1）选择菜单【插入】|【曲线】|【直线】命令。

2）单击【曲线】工具栏上【直线】按钮。

3）单击【曲线】工具栏上【基本直线】按钮。

4）单击【曲线】工具栏上【直线和圆弧】工具栏按钮，弹出【直线和圆弧】工具栏，如图 2-2 所示，在【直线和圆弧】工具栏中单击【 直线 点-点】按钮。

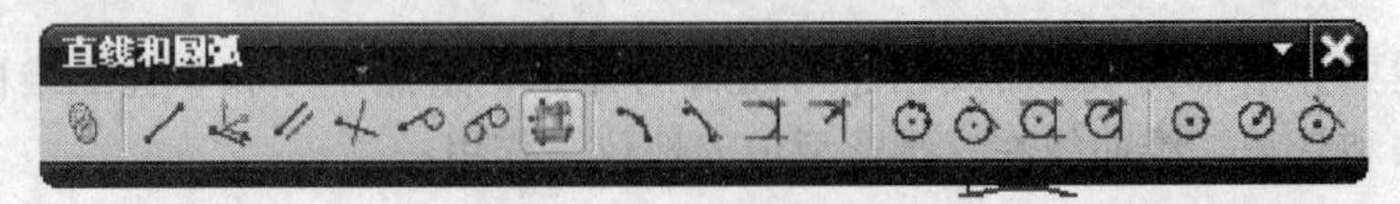

图 2-2 【直线和圆弧】工具条

2. 直线命令的几种常用画法

（1）【基本曲线】按钮作直线方法

1）过两点作一直线。单击【曲线】工具栏上的【基本曲线】按钮，弹出【基本曲线】和【跟踪条】对话框，如图 2-3a 和图 2-4 所示，单击【直线】按钮，单击【点构造器】选项右侧箭头，利用弹出的【点】对话框，如图 2-3b 所示，设定直线的起点和终点，或直接在【跟踪条】对话框输入 XC、YC、ZC 坐标值来设定直线的起点和终点。

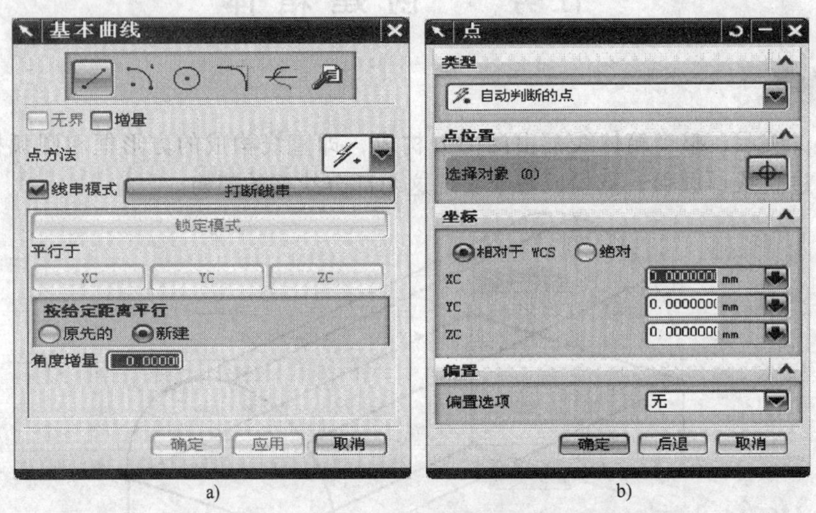

图 2-3 过两点作一直线

a)【基本曲线】对话框 b)【点】对话框

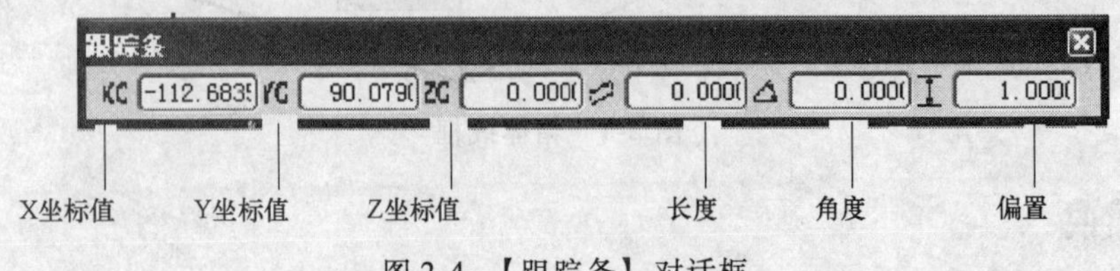

图 2-4 【跟踪条】对话框

2）建立一直线的偏置线。先关闭【基本曲线】对话框的【线串模式】，使【点构造器】选项设定为【自动判断点】，再选择要偏置的直线，然后在【跟踪条】的【偏置】文本框中输入要偏置的距离值后，回车确认。

【特别提示】：

所生成直线的偏置方向规则：光标选择直线时，选择球的圆心偏向哪一边，生成直线就往哪一边偏，如图 2-5 所示。

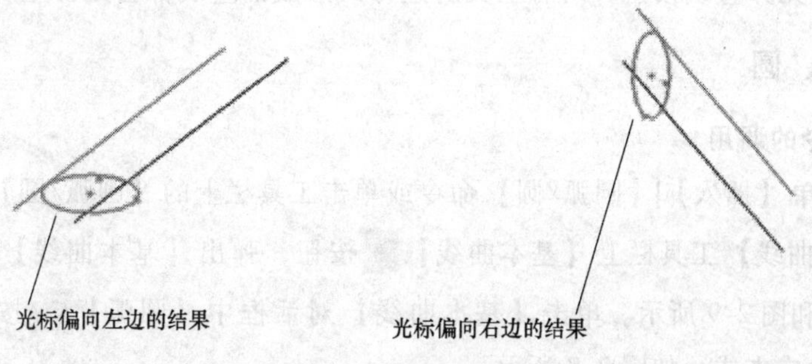

图 2-5　直线偏置

3）建立两条平行直线间的中线。使【点构造器】选项设定为【自动判断点】，在【跟踪条】的【长度】文本框中输入长度值后，分别选择已有的两条平行直线，系统自动落点在两线中间，此时只需选择终点即可。

4）建立两条不平行直线夹角的角平分线。使【点构造器】选项设定为【自动判断点】，分别选择两条不平行直线，移动鼠标捕捉正确方向的角平分线，在设定它的长度值或指定它的终点后，回车确认。

（2）【直线和圆弧】工具栏按钮作直线的方法。【直线和圆弧】工具栏上常用的绘制直线方法如下：

1）【直线 点-点】按钮，用于创建两点之间的直线。

单击【直线和圆弧】工具栏上的【直线 点-点】按钮。弹出【直线 点…】对话框和直线起点坐标的文本框，如图 2-6 所示，在文本框中输入 XC、YC 、ZC 的坐标值分别为“0，0，0”并按回车键确认，接着在如图 2-7 所示的终点坐标文本框中输入值“XC＝0，YC＝0，ZC＝25”并按回车键确认，将得到一条长度为“25”的直线。

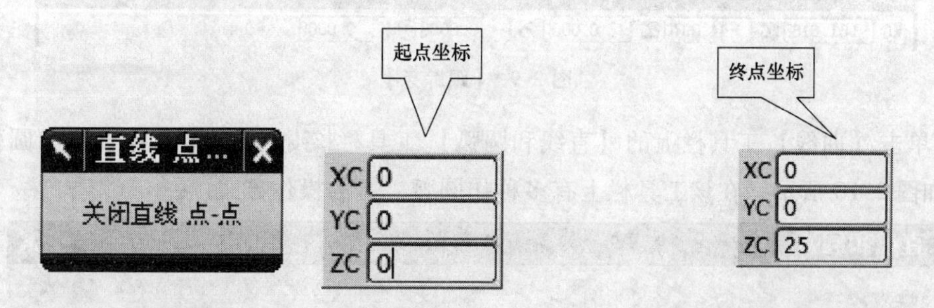

图 2-6　输入直线起点坐标　　　图 2-7　输入直线终点坐标

2）【直线（点-XYZ)】按钮，用于创建从一点出发并沿 XC、YC 或 ZC 方向的直线。

3）【直线（点-平行)】按钮，用于创建从一点出发并平行于另一条直线的直线。

4）【直线（点-垂直)】按钮，用于创建从一点出发并垂直于另一条直线的直线。

5）【直线（点-相切)】按钮，用于创建从一点出发并与一条曲线相切的直线。

6）【直线（相切-相切）】按钮，用于创建与两条曲线相切的直线。

7）【无界直线】按钮，用于确定活动的直线命令是否创建延伸至图形窗口边界的直线。当点击了无界直线按钮，所有上文所述方式形成的直线都会延伸至屏幕边界处。

二、圆弧、圆

1. 圆弧命令的调用

1）选择菜单【插入】|【圆弧/圆】命令或单击工具栏上的【圆弧/圆】按钮。

2）单击【曲线】工具栏上【基本曲线】按钮，弹出【基本曲线】对话框和【跟踪条】，如图2-8和图2-9所示。单击【基本曲线】对话框中【圆弧】按钮，对话框中显示圆弧的各种生成方式，如图2-8所示。

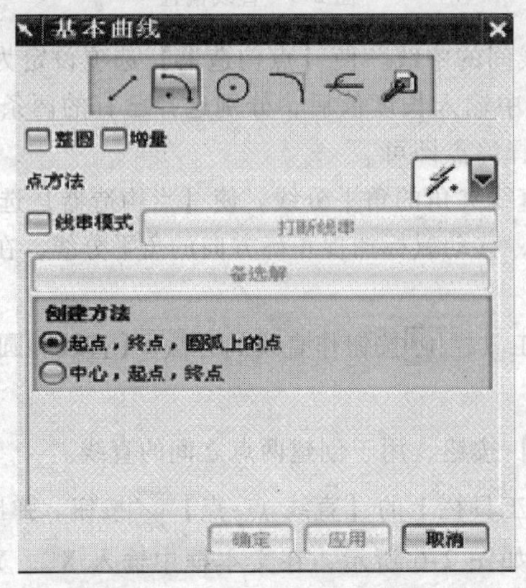

图2-8 【基本曲线】对话框

图2-9 【跟踪条】

3）单击【曲线】工具栏上的【直线和圆弧】工具栏按钮，弹出【直线和圆弧】工具栏，如图2-10所示，在该工具栏上有多种作圆弧、圆的操作方式。

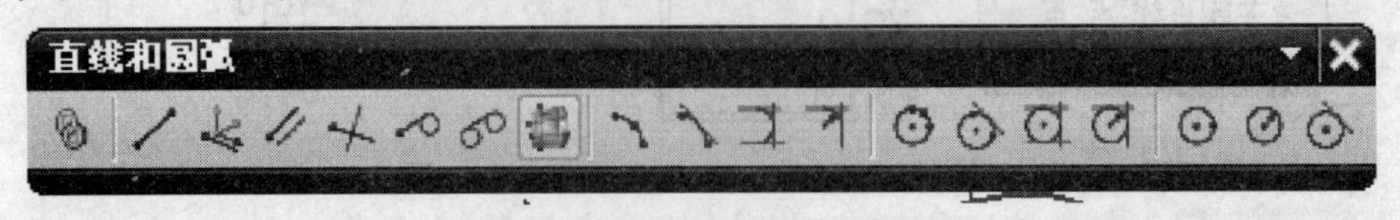

图2-10 【直线和圆弧】工具栏

2. 圆弧命令的几种常用操作方法

（1）单击【圆弧/圆】按钮作圆弧　使用该按钮可使用以下几种方法创建圆弧：

1）通过三点创建圆弧。【圆弧/圆】对话框设置如图2-11所示，依次选择三点，或在坐标文本框内输入该点的具体坐标值。

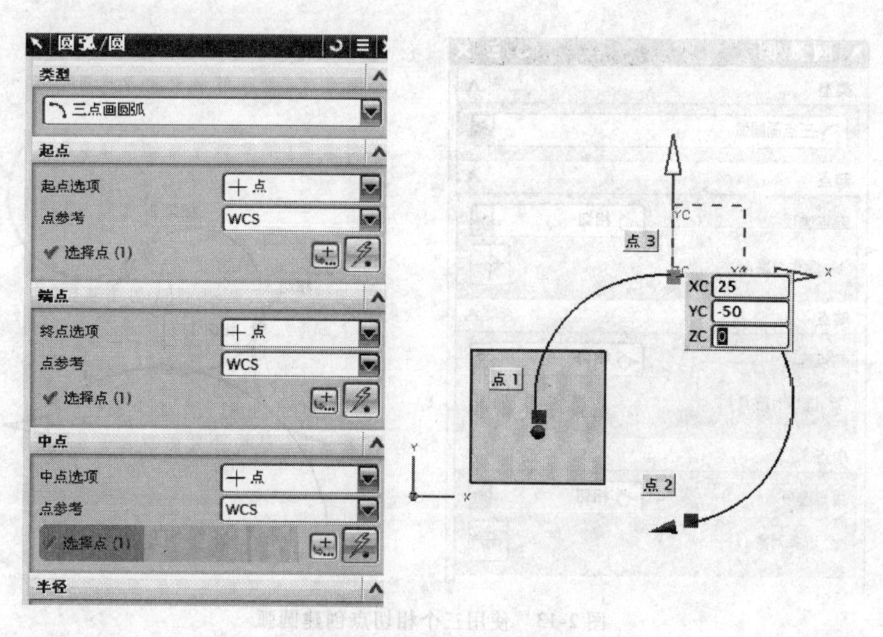

图 2-11 通过三点创建圆弧

2）使用相切点创建圆弧。【圆弧/圆】对话框的设置如图 2-12 所示，依次选择三点，其中中点位置需选择相切对象。

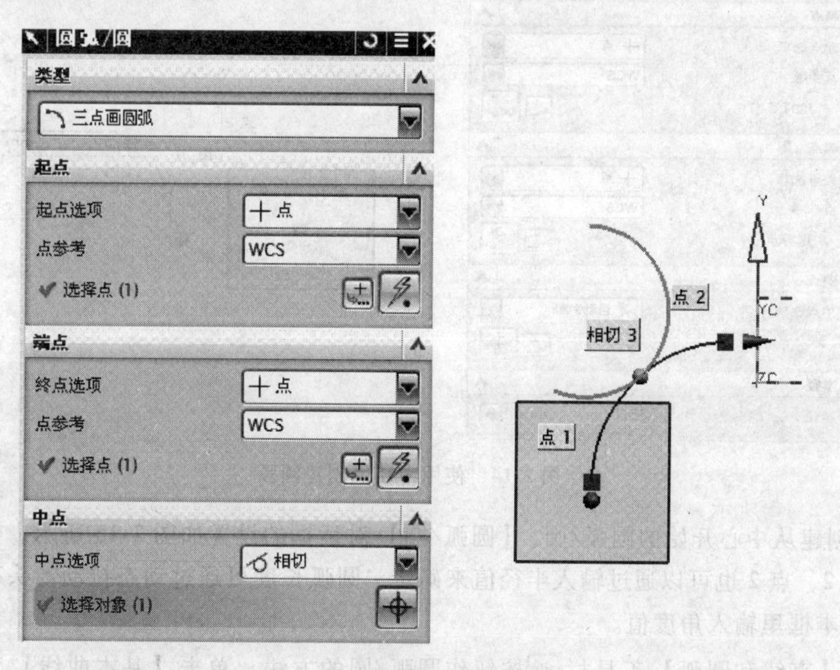

图 2-12 使用相切点创建圆弧

3）使用三个相切点创建圆弧。【圆弧/圆】对话框的设置如图 2-13 所示，依次选择三个相切对象，确定即可。

4）使用半径值创建圆弧。【圆弧/圆】对话框的设置如图 2-14 所示，依次选择点 1 和点 2 后，在“半径”文本框输入半径数值，确定即可。

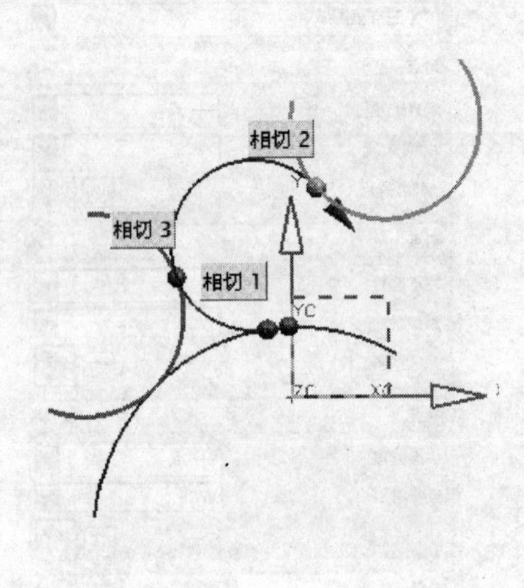

图 2-13　使用三个相切点创建圆弧

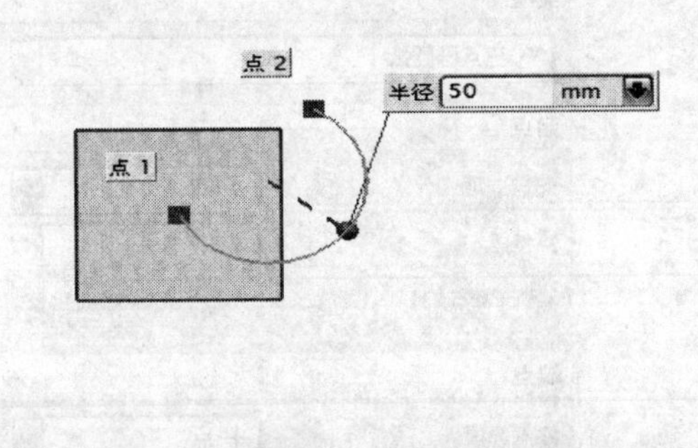

图 2-14　使用半径值创建圆弧

5）创建从中心开始的圆弧/圆。【圆弧/圆】对话框的设置如图 2-15 所示，依次选择中心点和点 2，点 2 也可以通过输入半径值来确定，圆弧长度可通过动态拉动箭头确定，也可在角度文本框里输入角度值。

（2）【直线和圆弧】工具栏按钮作圆弧/圆的方法　单击【基本曲线】工具栏上的【直线和圆弧】按钮，工具栏上常用的绘制圆弧/圆的方法如下：

1）【圆弧（点-点-点）】按钮，用于创建从起点至终点并通过一个中点的圆弧。

2）【圆弧（点-点-相切）】按钮，用于创建从起点至终点并与一条曲线相切的圆弧。

3）【圆弧（相切-相切-相切）】按钮，用于创建与其他三条曲线相切的圆弧。

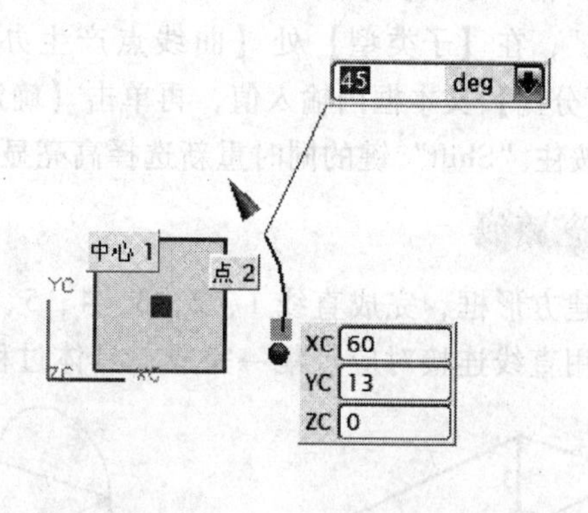

图 2-15 创建从中心开始的圆弧/圆

4) 【圆弧（相切-相切-半径）】按钮，用于创建与其他两条曲线相切并具有指定半径的圆弧。

5) 【圆（点-点-点）】按钮，用于创建通过三点的圆。

6) 【圆（点-点-相切）】按钮，用于创建通过两点并与一条曲线相切的圆。

7) 【圆（相切-相切-相切）】按钮，用于创建与其他三条曲线相切的圆。

8) 【圆（相切-相切-半径）】按钮，用于创建具有指定半径并与两条曲线相切的圆。

9) 【圆（圆心-点）】按钮，用于创建具有指定中心点和圆上一点的圆。

10) 【圆（圆心-半径）】按钮，用于创建具有指定中心点和半径的圆。

11) 【圆（圆心-相切）】按钮，用于创建具有指定中心点并与一条曲线相切的圆。

(3) 圆的画法　单击工具栏上的【基本曲线】按钮，选中圆命令，确定圆心点，然后再输入半径即可。

当需要同时画出多个同半径的圆时，可在基本曲线对话框中的多个位置打上勾，这样可以同时画出多个圆。

三、点集

点集功能用于创建一组与现有几何体相对应的点。在曲线上加点集的操作方法如下：

(1) 在曲线上平均布点　单击【曲线】工具栏上的【点集】按钮，弹出【点集】对话框，如图 2-16 所示，在【类型】处选择“曲线点”和【子类型】处【曲线点产生办法】选择“等圆弧长”，然后选择曲线以创建

图 2-16 【点集】的设置对话框

点集，在【等圆弧长定义】选项区的【点数】文本框内输入值，再单击【确定】按钮。

（2）沿一条或多条曲线在百分比值位置处添加点　在【点集】对话框中【类型】处选择“曲线点”，在【子类型】处【曲线点产生办法】选择“曲线百分比”，然后选择曲线，在【曲线百分比】文本框内输入值，再单击【确定】按钮。在选择曲线时可以同时选择多条，也可以在按住“Shift”键的同时重新选择高亮显示的曲线，从而取消对这些曲线的选择。

工艺路线

创建方形框，完成直线 1、2、3、4、5、6、7、8→创建弧形框，完成圆弧 1、2→创建点集→用直线连接对应点集→完成。具体过程如图 2-17 所示。

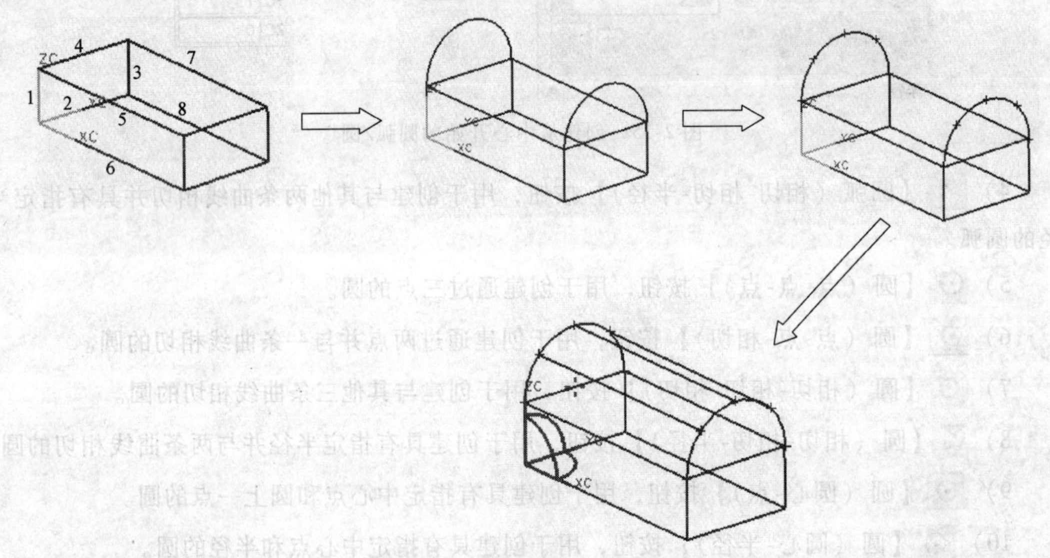

图 2-17　构建箱体工艺路线

操作步骤

步骤一　新建文件

1）选择【文件】|【新建】命令，弹出【新建】对话框。

2）输入文件名称为【XIANGTI】，单位选择【毫米】，单击【确定】按钮。

步骤二　创建方形框

1）单击【曲线】工具栏上的【直线和圆弧】工具栏按钮，弹出【直线和圆弧】工具栏。

2）单击【直线和圆弧】工具栏上的【 直线 点-点】按钮，弹出【直线 点…】对话框和直线起点坐标的文本框，在文本框中输入 XC、YC 、ZC 的坐标值分别为“0，0，0”并按回车键确认，如图 2-18 所示。

3）接着在终点坐标文本框中输入值“XC＝0，YC＝0，ZC＝25”，按回车键确认，如图 2-19 所示，随后直线 1 创建完成。

4）在图形区中选择直线 1 的起点“0，0，0”作为直线 2 的起点，然后在直线终点坐标文本框中输入值“XC＝0，YC＝50，ZC＝0”，按回车键确认，随后完成第 2 条直线的创建，如图 2-20 所示。

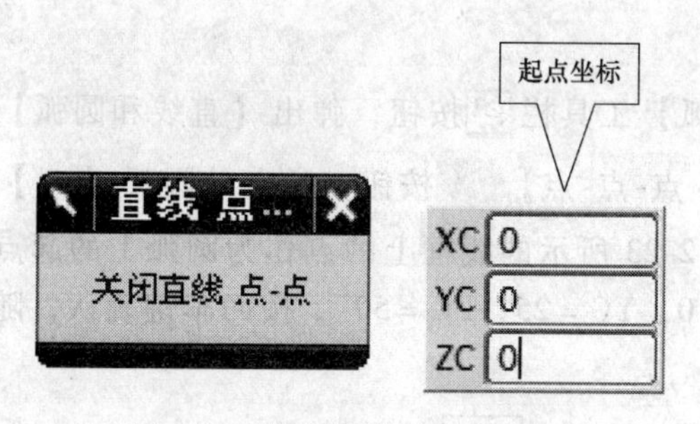

图 2-18　输入直线 1 起点坐标

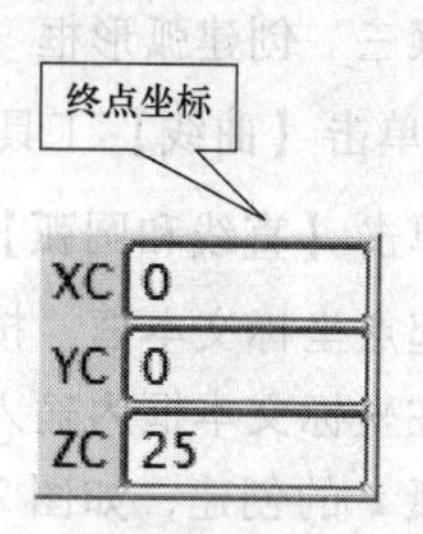

图 2-19　输入直线 1 终点坐标

5）在图形区中选择直线 2 的终点作为直线 3 的起点，然后在直线终点坐标文本框中输入值“XC = 0，YC = 50，ZC = 25”，按回车键确认，完成第 3 条直线的创建，如图 2-21 所示。

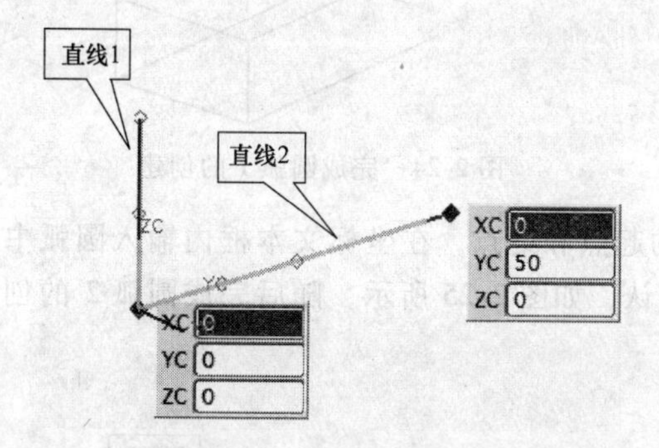

图 2-20　选择直线 2 的起点并输入终点坐标值

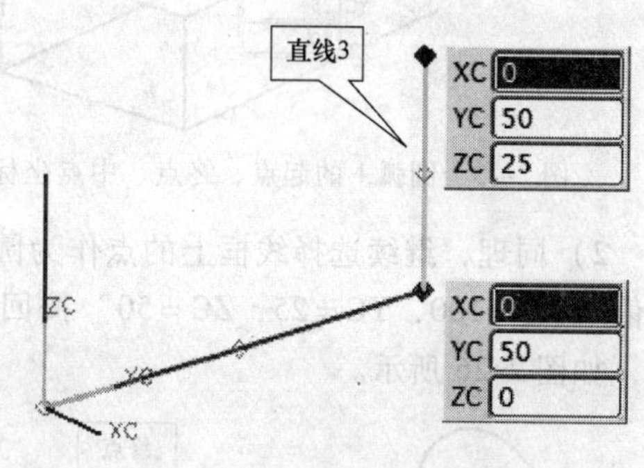

图 2-21　选择直线 3 的起点并输入终点坐标值

6）同理，如图 2-22 所示，按构建直线 1、2、3 的操作方法完成直线 4、5、6、7、8 的构建，最后采用选择起点和终点的方法将直线 5 、6 、7 、8 的终点分别作为最后 4 条线的起点或是终点对应连接，当所有直线创建完成后关闭【直线 点…】对话框，结束操作。各条直线的起点和终点及最终方形框创建结果如图 2-22 所示。

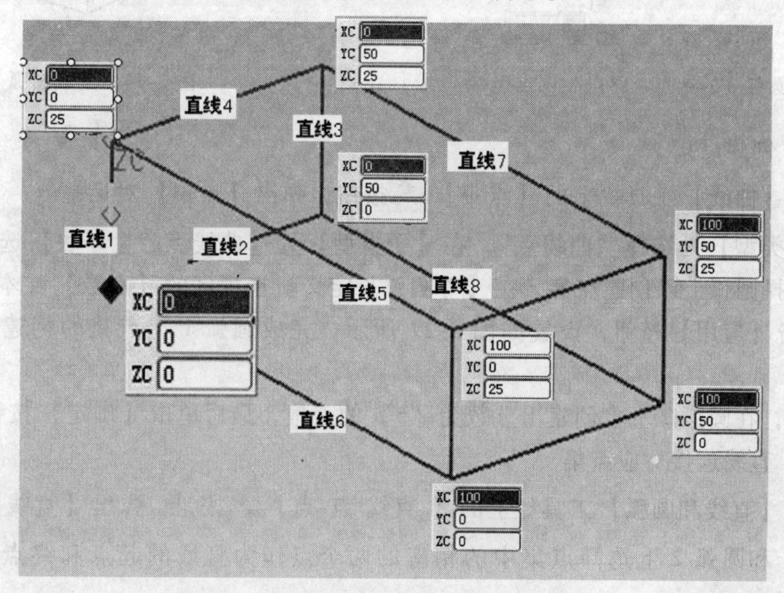

图 2-22　方形框各直线的起点和终点坐标

步骤三　创建弧形框

1）单击【曲线】工具栏上的【直线和圆弧】工具栏按钮，弹出【直线和圆弧】工具栏，单击【直线和圆弧】工具栏上的【圆弧 点-点-点】按钮，弹出【圆弧 点…】对话框的起点坐标文本框。按信息提示选择如图 2-23 所示的线框上的点作为圆弧 1 的起点和终点，在坐标文本框内输入圆弧中点值“XC＝0，YC＝25，ZC＝50”，按回车键确认，随后完成圆弧 1 的创建，如图 2-24 所示。

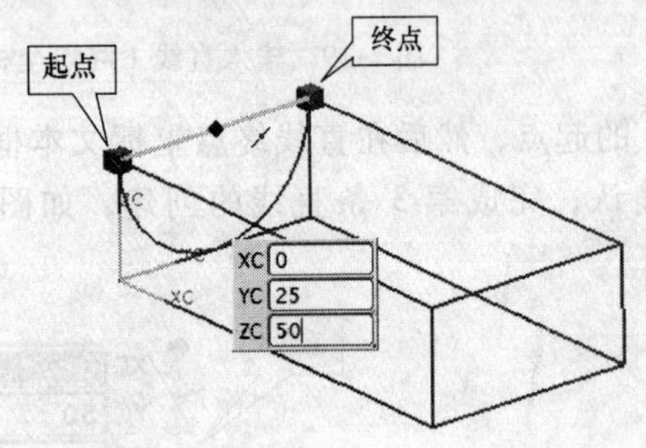

图 2-23　圆弧 1 的起点、终点、中点坐标

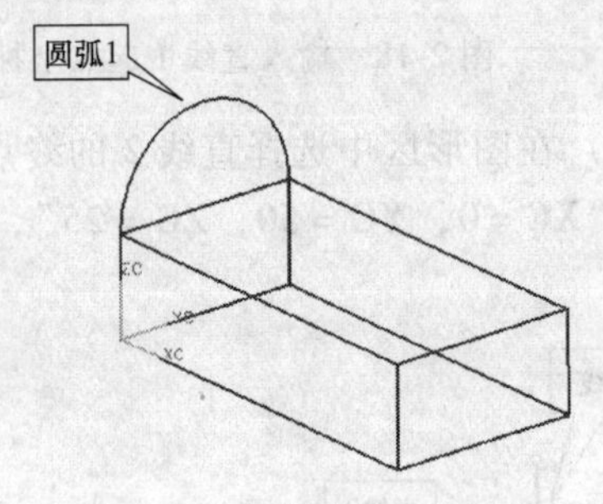

图 2-24　完成圆弧 1 的创建

2）同理，继续选择线框上的点作为圆弧 2 的起点和终点，在坐标文本框内输入圆弧中点值“XC＝100，YC＝25，ZC＝50”按回车键确认，如图 2-25 所示，随后完成圆弧 2 的创建，如图 2-26 所示。

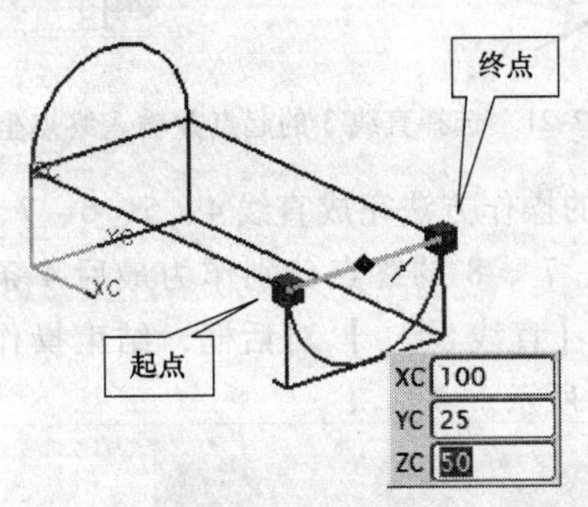

图 2-25　圆弧 2 的起点、终点、中点坐标

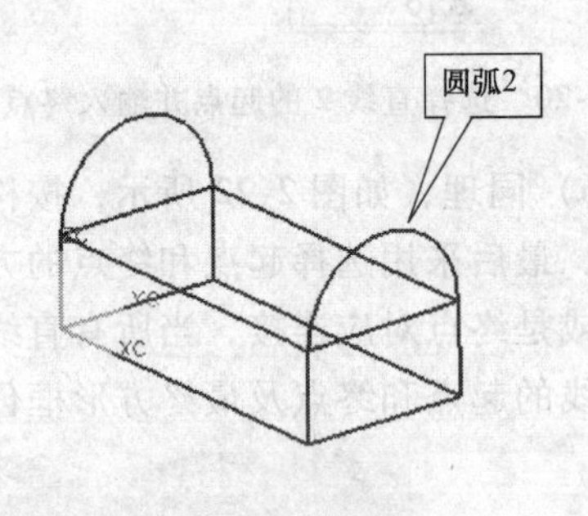

图 2-26　完成圆弧 2

步骤四　创建点集

1）单击【曲线】工具栏上的【点集】按钮，弹出【点集】对话框。

2）在【类型】处选择“曲线点”，在【子类型】处【曲线点产生办法】选择“等圆弧长”，然后选择圆弧 1 以创建点集，在【等圆弧长定义】选项区的【点数】文本框内输入值“5 ”，再单击【应用】按钮，设置如图 2-27 所示，完成圆弧 1 上点集的创建，如图 2-28 所示。

3）同理，在圆弧 2 上也创建出点数为“5”的点集，最后单击【确定】按钮结束操作。

步骤五　直线连接对应点集

1）单击【直线和圆弧】工具栏上的【 直线 点-点】按钮，弹出【直线 点…】对话框，在圆弧 1 和圆弧 2 上选择点集中的相应的两个点作为直线的起点和终点，如图 2-29 所示。

图 2-27　点集的设置

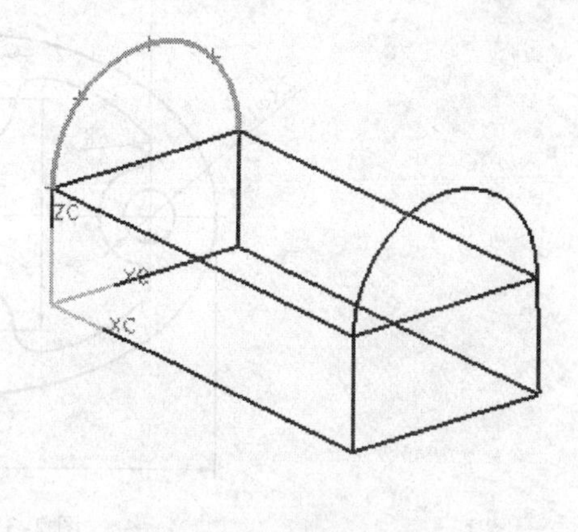

图 2-28　选择圆弧 1 上创建点集

2）同理，完成在圆弧 1 和圆弧 2 上另外两个点的直线连接，最后完成箱体线框的构建，结果如图 2-30 所示。

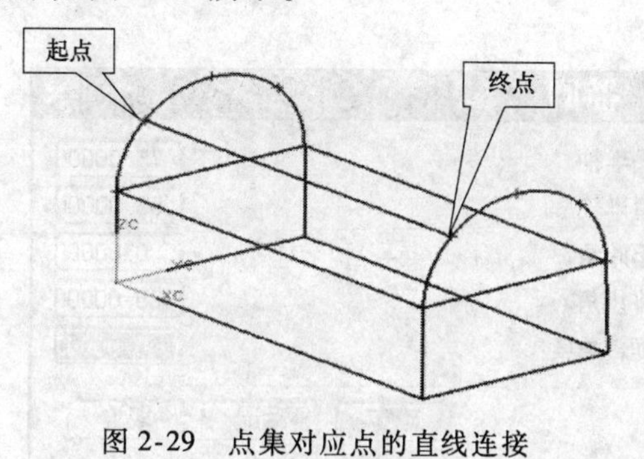

图 2-29　点集对应点的直线连接

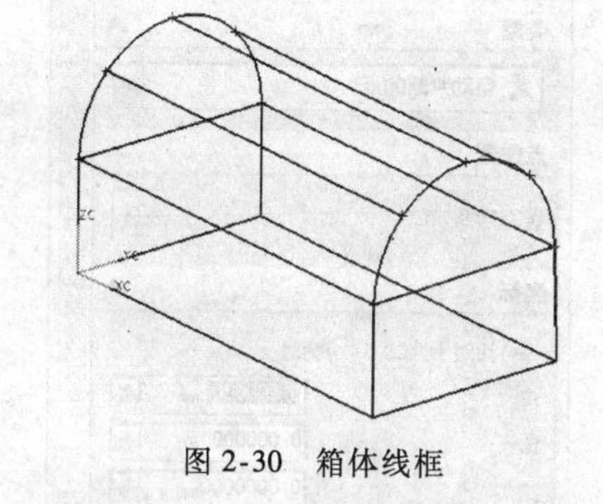

图 2-30　箱体线框

任务二　设计椭圆轮毂轮廓

实例分析

如图 2-31 所示，椭圆轮毂轮廓由椭圆、圆、圆弧和正多边形构成。可通过椭圆、圆、正多边形、倒圆角及修剪等命令实现各造型的构建。

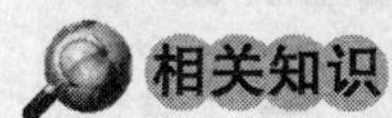

相关知识

一、基本曲线创建

1. 椭圆

椭圆命令是通过指定长、短半轴和扫掠角度来确定椭圆的。

椭圆命令的调用及操作方法如下：单击【曲线】工具栏上的【椭圆】按钮，弹出如图 2-32 所示的【点】对话框，通过点构造器指定椭圆的中心。在指定了中心后，系统会弹

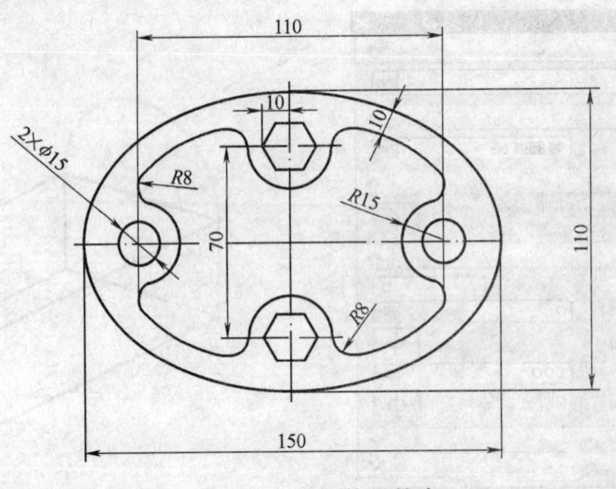

图 2-31　椭圆轮毂轮廓

出如图 2-33 所示的【椭圆】对话框。在对话框中分别设置长半轴、短半轴、起始角、终止角和旋转角度，单击【确定】按钮便可创建椭圆。

图 2-32　【点】对话框

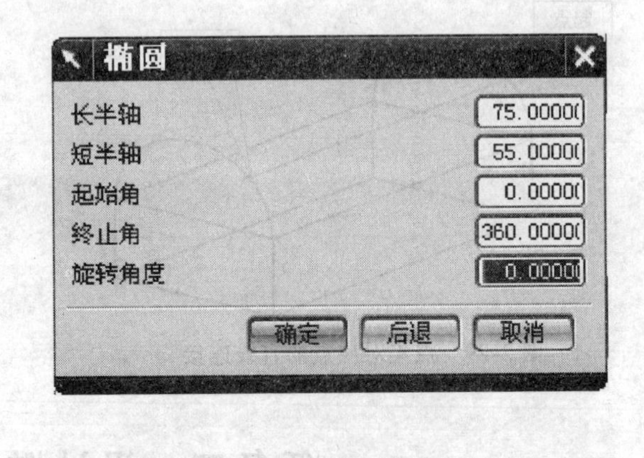

图 2-33　【椭圆】对话框

2. 矩形、多边形

（1）矩形命令的调用及操作方法　单击【曲线】工具栏上的【矩形】按钮，系统弹出【点】对话框，然后利用点构造器指定两点，系统会以指定的两对角点自动生成矩形。

（2）多边形命令的调用及操作方法　单击【曲线】工具栏上的【多边形】按钮，弹出如图 2-34a 所示的【多边形】对话框，在【侧面数】文本框输入侧面数，单击【确定】按钮，弹出如图 2-34b 所示的对话框，其中包含 内接半径 、 多边形边数 、 外切圆半径 三种创建方式。

【内接半径】是通过设置多边形的内接圆半径来确定多边形的。在如图 2-34b 所示对话框中单击 内接半径 按钮，系统会弹出如图 2-35 所示的参数设置对话框。在其中设置【内接半径】、【方位角】，最后单击【确定】按钮，系统会按照设置参数自动生成多边形。

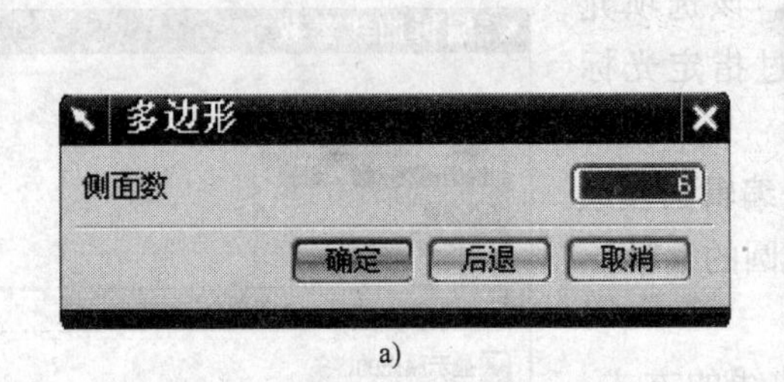

a)

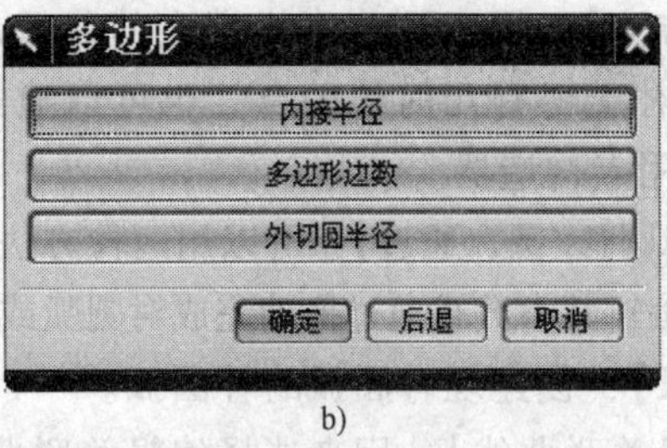

b)

图 2-34 绘制多边形

a）确定侧面数的【多边形】对话框 b）多边形创建方式对话框

【多边形边数】是通过设置多边形的边长来确定多边形的。在如图 2-34b 所示的对话框中单击多边形边数按钮，系统会弹出如图 2-36 所示的参数设置对话框。在其中设置【侧】和【方位角】，最后单击【确定】按钮，系统会按照设置参数生成多边形。

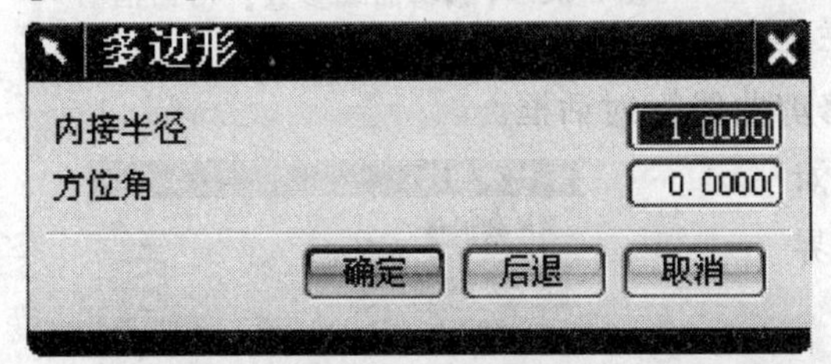

图 2-35 【内接半径】参数设置对话框

图 2-36 【多边形】参数设置对话框

【外切圆半径】是通过设置多边形的外切圆半径来确定多边形的。在如图 2-34b 所示的对话框中单击外切圆半径按钮，系统会弹出如图 2-37 所示的参数设置对话框。在其中设置【圆半径】和【方位角】，最后单击【确定】按钮，系统会按照设置参数生成多边形。

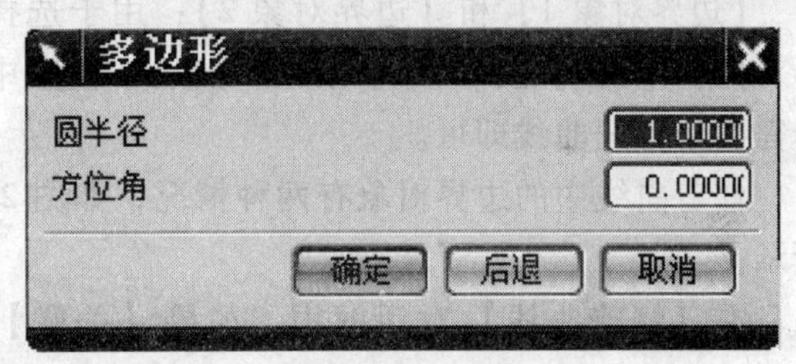

图 2-37 【外切圆半径】参数设置对话框

二、曲线编辑

绘制图形时经常需要对曲线进行编辑，如裁剪、延长、删除等。曲线编辑命令包括编辑参数、修剪、修剪角、分割、圆角、拉长、长度、光顺样条等，这里主要介绍编辑参数、修剪和分割等命令。

1. 编辑参数

用于编辑指定曲线的各种参数，如直线起点和端点的定位，以及长度和高的定位等，当此图标处于活动状态时，选择一条曲线，曲线将自动进入编辑模式。

（1）编辑参数命令的调用 选取菜单命令【编辑】|【曲线】|【参数】，或者单击【编辑曲线】工具栏上的【编辑曲线】按钮，弹出如图 2-38 所示的【编辑曲线参数】对话框。

（2）编辑参数命令的操作方法 在图 2-38 所示的对话框中，主要命令有【点方法】、【编辑圆弧/圆，通过】、【补弧】、【编辑关联曲线】。

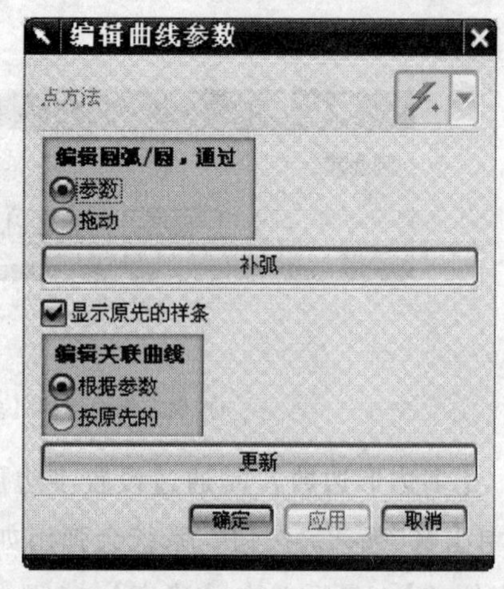

图 2-38 【编辑曲线参数】对话框

【点方法】：用于更改直线端点的位置。该选项允许指定相对于现有几何体的点，也可以通过指定光标位置或使用点构造器。

【编辑圆弧/圆，通过】：可以用两种方法编辑圆弧或圆。通过编辑其参数或通过拖动完成对圆弧或圆的编辑。

【补弧】：创建现有圆弧的补圆弧。

【编辑关联曲线】：用来选择编辑关联曲线的方式。可以用【根据参数】命令来编辑得到，也可以用【按原先的】命令来编辑。

2. 修剪

修剪命令对已创建曲线的多余部分进行修剪。

（1）修剪命令的调用　选择菜单命令【编辑】|【曲线】|【修剪】或者单击【编辑曲线】工具栏上的【修剪曲线】按钮，弹出如图 2-39 所示的【修剪曲线】对话框。

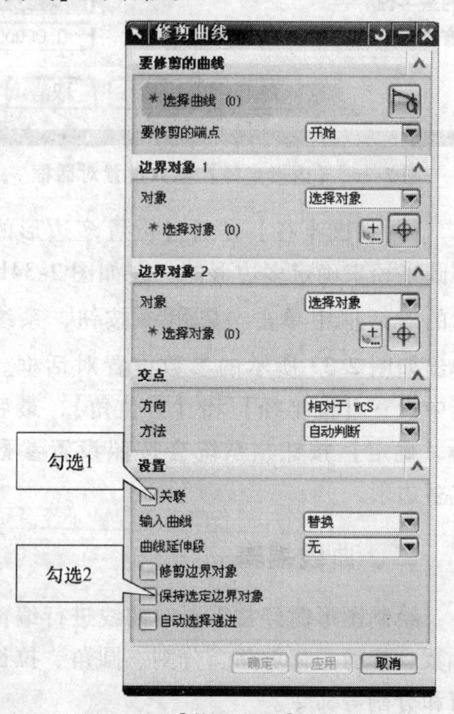

图 2-39 【修剪曲线】对话框

（2）修剪命令的操作方法　图 2-39 所示的对话框中共有 5 栏，分别为【要修剪的曲线】、【边界对象 1】、【边界对象 2】、【交点】和【设置】。

【要修剪的曲线】：用于选择需要修剪的曲线。

【边界对象 1】和【边界对象 2】：用于选择边界对象，单击【选择对象】按钮，然后在模型中选择需要修剪的曲线即可。

修剪曲线中的边界对象有两种情况，如图 2-40 所示。

在【修剪曲线】对话框中，如果【关联】处勾选，如图 2-39 所示，在修剪后就会产生关联。如果在【保持选定边界对象】处勾选，修剪后的边界对象仍然存在，不勾选则没有。

3. 修剪角

修剪角命令可把两条曲线修剪到它们的交点，从而形成一个拐角。当选择曲线进行拐角修剪时，使定位选择球包含两条曲线，选择球偏向较多的一边所涉及的部分将被修剪，如图 2-41 所示。

4. 分割曲线

分割曲线命令用于将现有曲线按一定的规律分割成数段。

操作方法如下：单击【分割曲线】按钮，弹出如图 2-42 所示的分割曲线对话框，在【类型】栏中单击按钮，展开【类型】下拉列表框，里面包含了【等分段】、【按边界对象】、【圆弧长段数】、【在结点处】和【在拐角上】等选项。

【等分段】：是指将指定的曲线或圆弧等分为指定的段数。在如图 2-42 所示对话框的

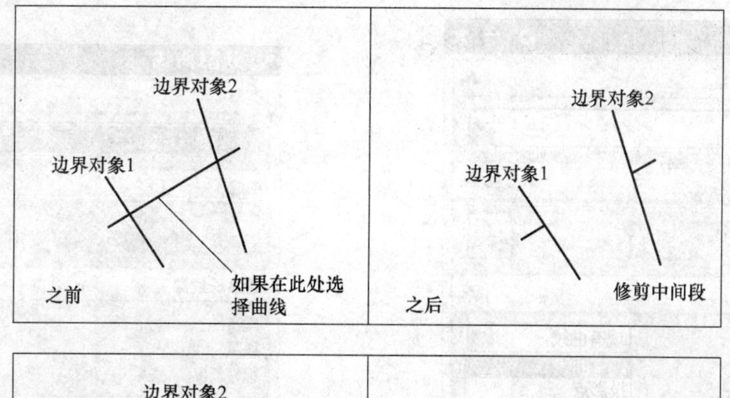

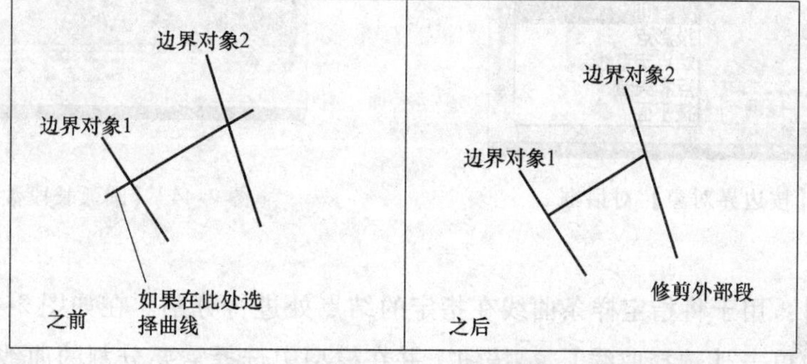

图 2-40 修剪曲线边界的两种情况

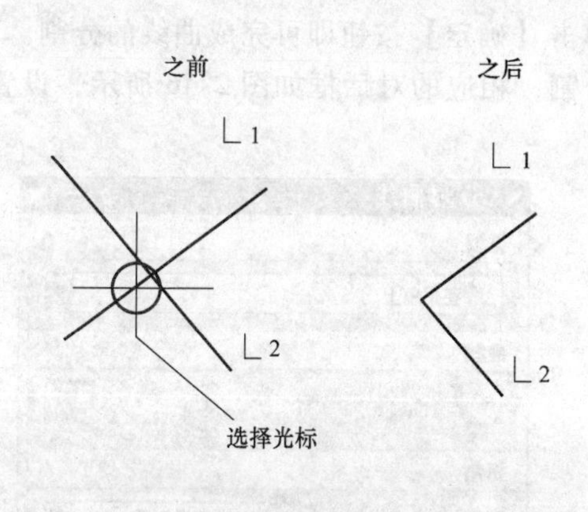

图 2-41 修剪角操作

图 2-42 【分割曲线】对话框

【分段】栏中设置【分段长度】和【段数】，然后在模型中选择需要等分的曲线，单击【确定】按钮即可将该曲线等分分割。

【按边界对象】：用于将指定曲线按照指定的边界对象进行分割。在如图 2-43 所示对话框的【曲线】栏里单击【选择曲线】按钮，并在模型中选择需要分割的曲线，然后在【边界对象】栏中单击【选择对象】，并在模型中选择边界对象，最后单击【确定】按钮即可完成曲线的分割。边界对象共有 5 种类型，分别为【现有曲线】、【投影点】、【2 点定直线】、【点和矢量】和【按平面】五种，可以根据需要选择。

【圆弧长段数】：用于将指定的曲线分割成等长度的数段。在如图 2-44 所示的【曲线】栏中单击【选择曲线】按钮，并在模型中选择需要分割的曲线，然后在【圆弧长段数】栏中设置【圆弧长】的数值，系统会自动计算出【段数】值，最后单击【确定】按钮即可完

图 2-43 【按边界对象】对话框

图 2-44 【圆弧长段数】对话框

成曲线的分割。

【在结点处】：用于将指定样条曲线在指定的结点处进行分割。在如图 2-45 所示对话框的【曲线】栏中单击【选择曲线】按钮，并在模型中选择需要分割的曲线，然后在【结点】栏的【方法】右边单击，打开【方法】下拉列表框，里面有【按结点号】、【选择结点】、【所有结点】几项，可根据需要选择，最后单击【确定】按钮即可完成曲线的分割。

【在拐角上】：是将指定的曲线在拐角处进行分割，相应的对话框如图 2-46 所示，设置和【在结点处】相似。

图 2-45 【在结点处】对话框

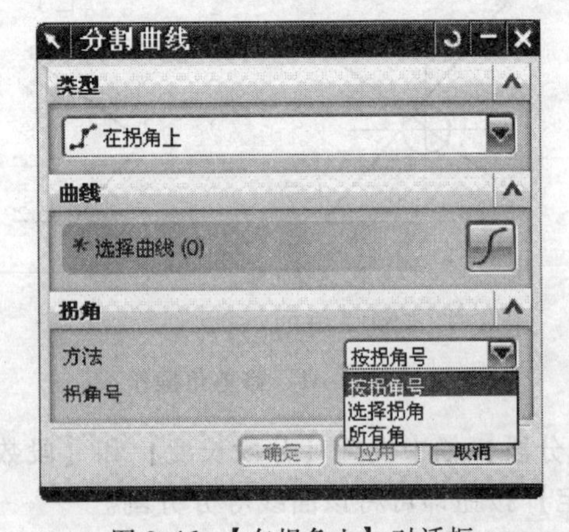

图 2-46 【在拐角上】对话框

5. 倒圆角

倒圆角是指将尖锐的角修剪成半径一定的圆角。

(1) 倒圆角命令的调用　单击【曲线】工具栏上的【基本曲线】按钮，便可打开【基本曲线】对话框，在其中单击【圆角】按钮，便可打开如图 2-47 所示的【曲线倒圆】对话框。

【方法】栏中共列出了 3 种方法，分别为【简单倒圆】、【2 曲线倒圆】和【3 曲线倒圆】。

（2）倒圆角命令的操作方法　各命令的具体操作方法如下：

【简单倒圆】：单击如图 2-47 所示的【简单倒圆】按钮，输入半径，然后选择所要倒圆角的两条线（两条线要在光标的圆内，光标的中心点偏向哪边，哪边就为保留线，其他两边则被修剪），即可完成倒圆角。

【2 曲线倒圆】：单击如图 2-47 所示的【2 曲线倒圆】按钮，选择所要倒圆角的两个对象（以逆时针选择为准），然后确定所要保留的象限（在修剪选项中，可以选择是否修剪，如图 2-47 所示），即可完成倒圆角。

【3 曲线倒圆】：单击如图 2-47 所示的【3 曲线倒圆】按钮，选择所要倒圆角的三个对象（以逆时针选择为准），然后确定所要保留的象限（在修剪选项中，可以选择是否修剪，如图 2-47 所示），即可完成倒圆角。

三种倒圆角的方法归纳如图 2-48 所示。

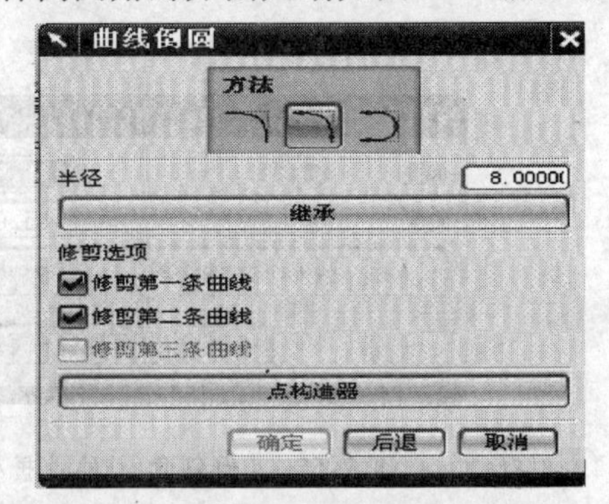

图 2-47　【曲线倒圆】对话框

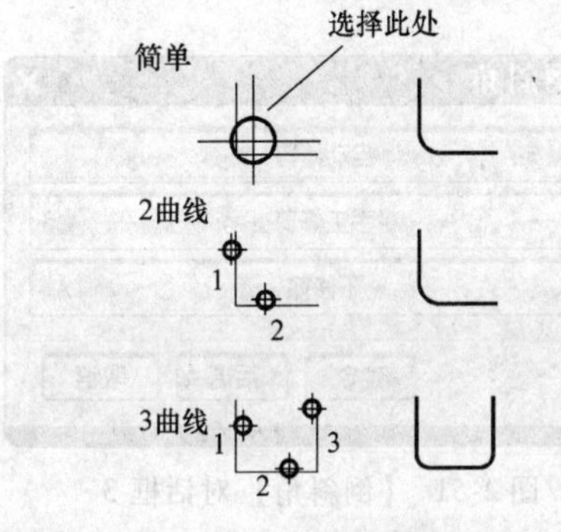

图 2-48　三种倒圆角的方法

总的来说，创建倒圆角的一般步骤是：

1）选择要创建的倒圆角类型。

2）指出希望如何修剪这些对象。

3）输入倒圆角半径。

4）选择对象。

5）指定倒圆角的近似中心点。

6. 倒斜角

倒斜角是指在两条共面且不平行的曲线之间生成倒角连接。

（1）倒斜角命令的调用　单击【曲线】工具栏上的【曲线倒斜角】按钮，便可以打开如图 2-49 所示的【倒斜角】对话框，其中提供了【简单倒斜角】和【用户定义倒斜角】两种方式。

（2）倒斜角命令的操作方法　两种倒斜角方式的操作方法如下：

【简单倒斜角】：是指在两条直线之间生成偏置值相同，且倒角角度为 45°的斜角。在如图 2-49 所示的对话框中单击 简单倒斜角 按钮，系统会弹出如图 2-50 所示的【倒斜角】对话框，在【偏置】文本框中设置偏置值，然后用光标选择球定位在需倒斜角的尖角上，系统就会自动按照设置的偏置值倒斜角。

【用户定义倒斜角】：用于按照用户定义的偏置值和倒角角度在两条曲线之间生成斜角。

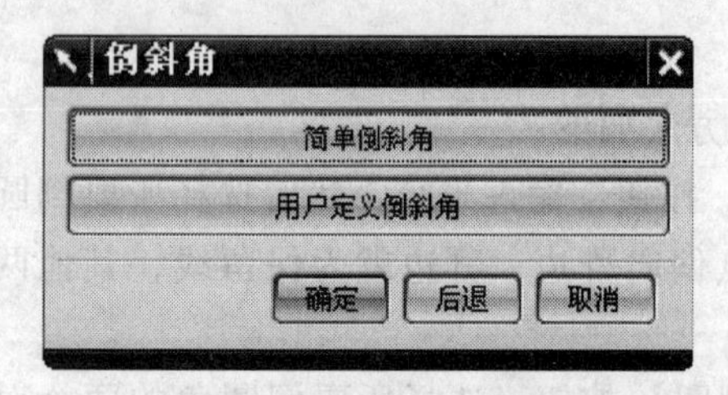

图 2-49 【倒斜角】对话框 1

图 2-50 【倒斜角】对话框 2

单击图 2-49 所示对话框中的 用户定义倒斜角 按钮，系统会弹出如图 2-51 所示的对话框。倒斜角方式共有 3 种，分别为【自动修剪】、【手工修剪】和【不修剪】，用于在倒完斜角后，对原来的尖角是否进行修剪的选择。单击【自动修剪】，系统会弹出如图 2-52 所示的对话框。设置【偏置】和【角度】数据后，单击【确定】按钮，然后在模型中依次选取【曲线 1】和【曲线 2】，并用光标指定斜角生成的大概位置，系统会自动按设置的参数生成斜角。

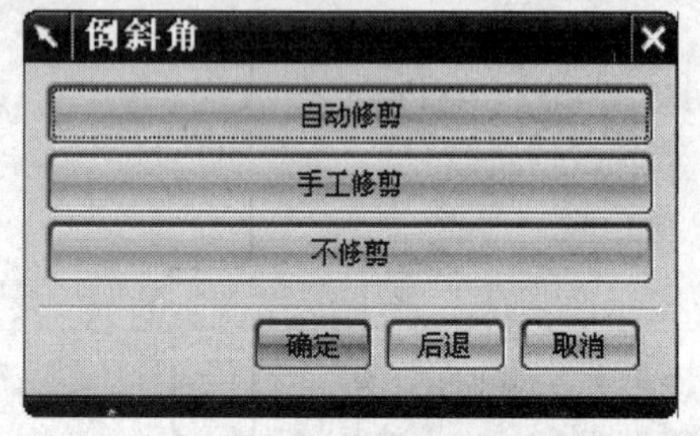

图 2-51 【倒斜角】对话框 3

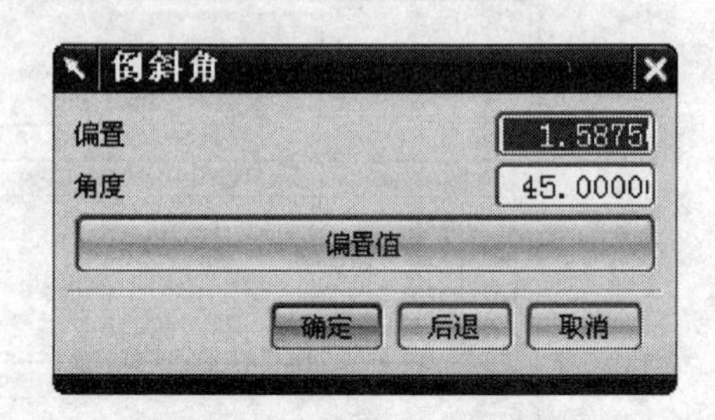

图 2-52 【倒斜角】对话框 4

如果想通过两个偏置值来确定倒角，可在如图 2-52 所示的对话框中单击【偏置值】按钮，系统弹出如图 2-53 所示的对话框，然后分别设置【偏置 1】和【偏置 2】的值，单击【确定】按钮，之后在模型中依次选取【曲线 1】和【曲线 2】，并用光标指定斜角生成的大概位置，系统会自动按设置的参数生成斜角。

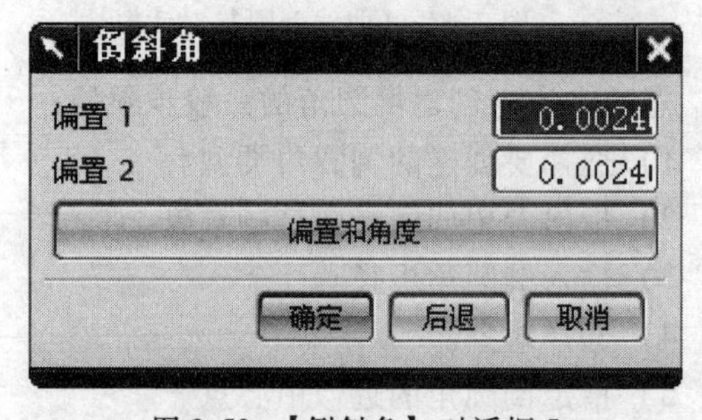

图 2-53 【倒斜角】对话框 5

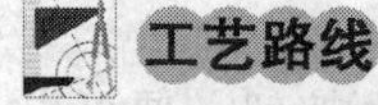

工艺路线

绘制椭圆→绘制两个 $\phi15$mm 的圆→绘制两个 $R15$mm 的圆弧→绘制两个正六边形→绘制两个 $R15$mm 的圆弧→剪切多余线段→倒圆角。具体过程如图 2-54 所示。

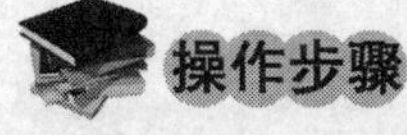

操作步骤

步骤一　新建文件

1）选择【文件】|【新建】命令，弹出【新建】对话框。

2）输入文件名称为“tuoyuan”，单位选择【毫米】，单击【确定】按钮。

步骤二　绘制椭圆

1）绘制外椭圆。单击【曲线】工具栏上的【椭圆】按钮，系统弹出的【点】对话

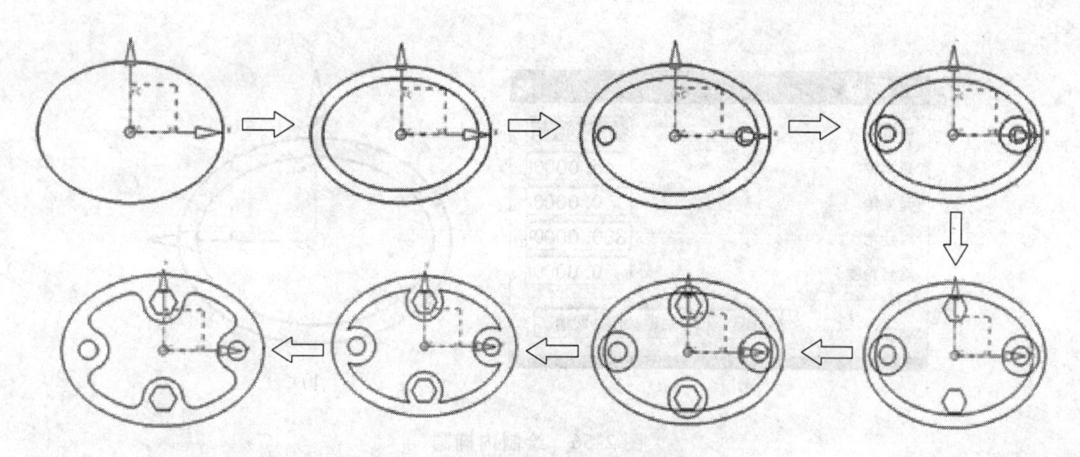

图 2-54　椭圆轮毂轮廓工艺路线

框，确认 XC、YC、ZC 的坐标均为“0”后，单击【确定】按钮，获得椭圆的中心点。在弹出的【椭圆】对话框中输入长半轴为“75”，短半轴为“55”，单击【确定】按钮。在绘图区得到绘制完成的椭圆，如图 2-55 所示。

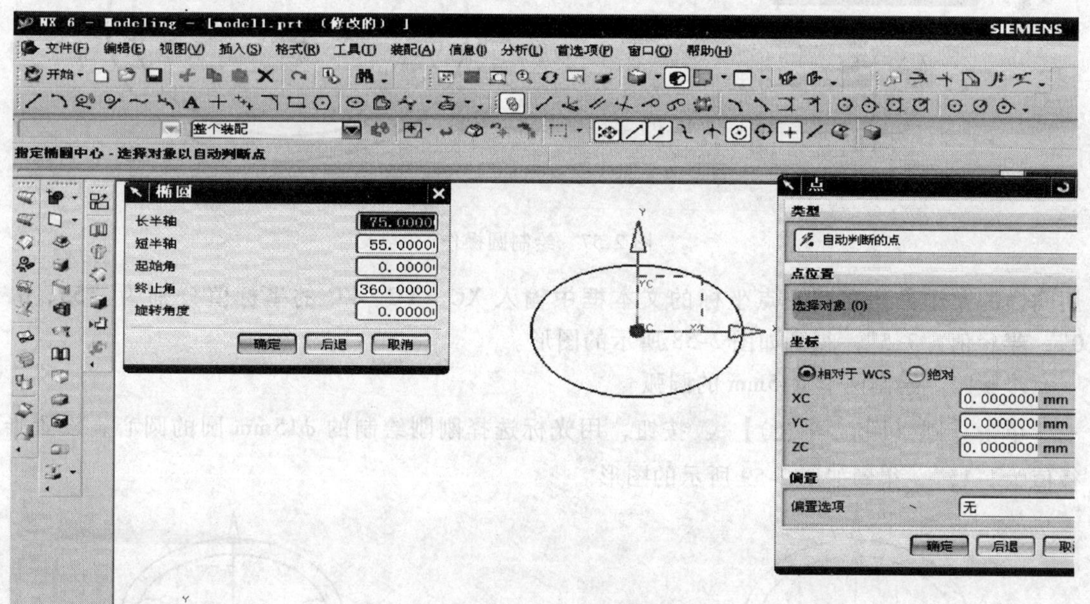

图 2-55　外椭圆绘制操作

2）绘制内椭圆。单击【曲线】工具栏上的【椭圆】按钮，确认椭圆的中心点为“0，0，0”，在如图 2-56a 所示的【椭圆】文本框中设置长半轴为“65”，短半轴为“45”，在绘图区得到如图 2-56b 所示的效果。

步骤三　绘制两个 ϕ15mm 的圆

单击【曲线】工具栏上的【直线和圆弧】按钮，弹出【直线和圆弧】工具栏。点击【圆（圆心-半径）】按钮，弹出【圆（圆心…）】对话框和圆心坐标的文本框，在文本框中输入 XC、YC、ZC 的坐标值分别为“－55，0，0”并按回车键确认，如图 2-57a 所示，然后在半径文本框中输入半径值“7.5”，按回车键确认，生成圆如图 2-57b 所示。

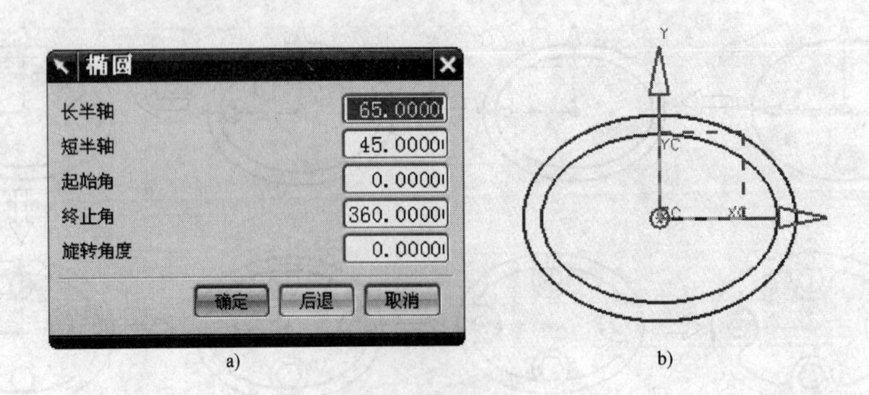

图 2-56　绘制内椭圆

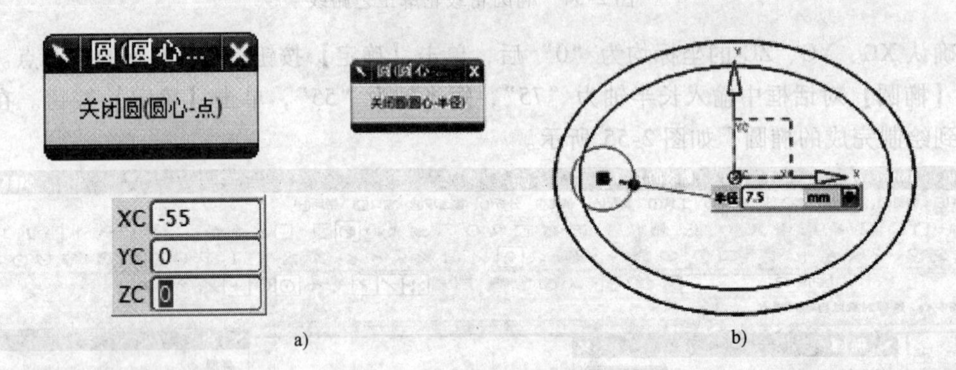

图 2-57　绘制圆操作

用同样的操作方法在圆心点坐标的文本框中输入 XC、YC、ZC 的坐标值分别为“55，0，0”，半径值“7.5”，得到如图 2-58 所示的图形。

步骤四　绘制两个 R15mm 的圆弧

单击【圆（圆心-半径）】按钮，用光标选择刚刚绘制的 ϕ15mm 圆的圆心，设置半径值为“15”，得到如图 2-59 所示的图形。

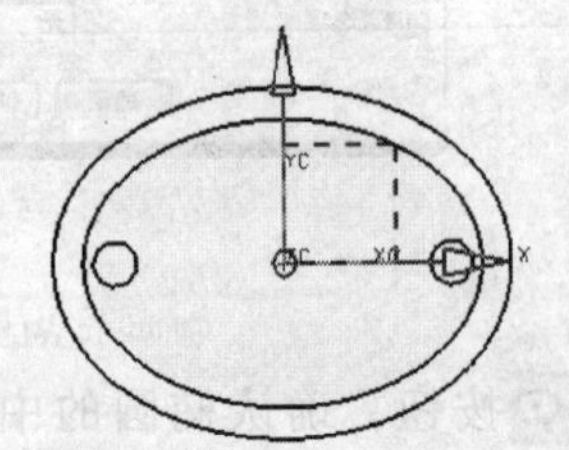

图 2-58　圆的绘制效果 1

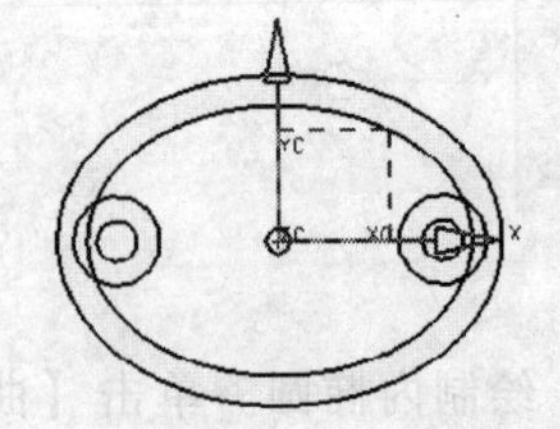

图 2-59　圆的绘制效果 2

步骤五　绘制两个正六边形

单击【曲线】工具栏上的【多边形】按钮，弹出的【多边形】对话框中的【侧面数】文本框，输入“6”；单击【确定】按钮后，在弹出的对话框中单击 **外切圆半径** 按钮；在【圆半径】文本框中输入“10”；单击【确定】按钮后，在弹出的【点】对话框的 YC 文本框中输入“35”，其余为“0”。以上四步设置如图 2-60 所示。得到如图 2-61 所示的效果。

图 2-60 绘制正六边形的操作

用同样的操作方法，在【点】对话框的 YC 文本框中输入“-35”，其余为“0”，得到如图 2-62 所示的图形。

步骤六 绘制两个 *R*15mm 的圆弧

单击【圆（圆心-半径）】按钮，用光标选择刚刚绘制的多边形的中心，设置半径值为“15”，得到如图 2-63 所示的图形。

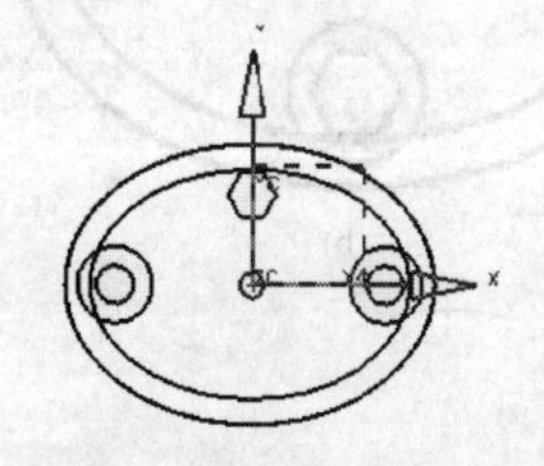

图 2-61 绘制第 1 个正六边形

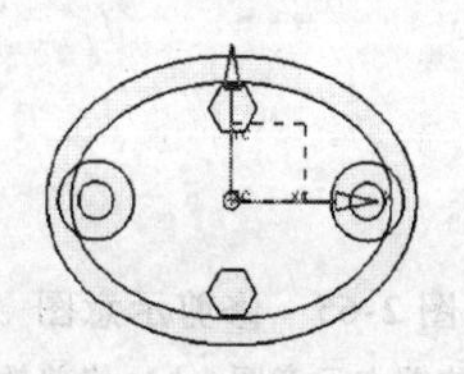

图 2-62 绘制第 2 个正六边形

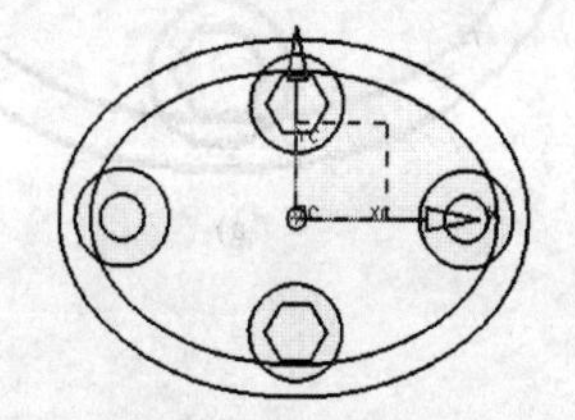

图 2-63 绘制两个 *R*15mm 的圆

步骤七 剪切多余线段

单击【编辑曲线】工具栏上的【修剪曲线】按钮，系统弹出如图 2-64 所示的【修剪曲线】对话框，单击鼠标左键选择内椭圆要修剪的曲线，单击【边界对象 1】中的【点构造器】按钮，系统弹出【点】对话框，在【类型】列表中选择“交点”，单击鼠标左键选择内椭圆和 *R*15mm 的圆获得两者的交点，如图 2-65a 所示，单击【确定】按钮返回【修剪曲线】对话框，用同样方法选定另一个交点，在【修剪曲线】对话框中单击【应用】按钮，得到如图 2-65b 所示的修剪后的效果。

用同样的方法修剪多余的 8 条线段，得到如图 2-66 所示的效果。

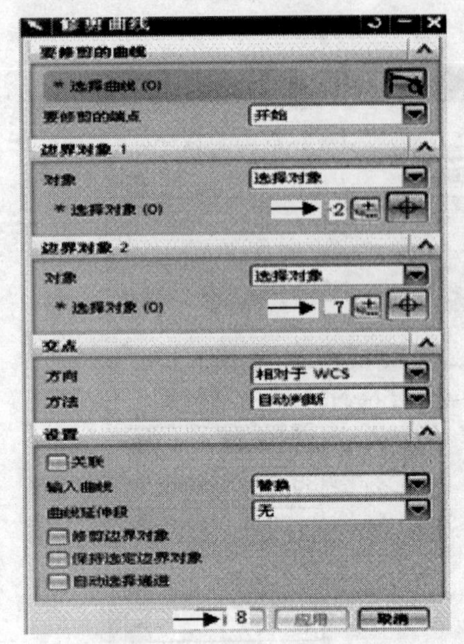

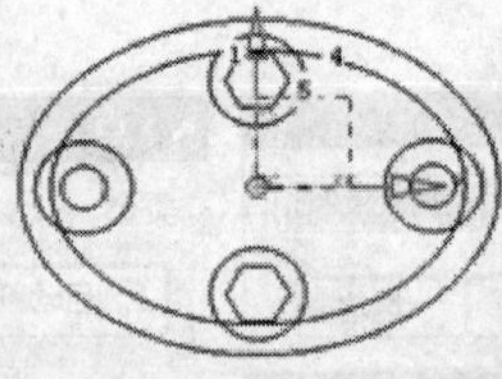

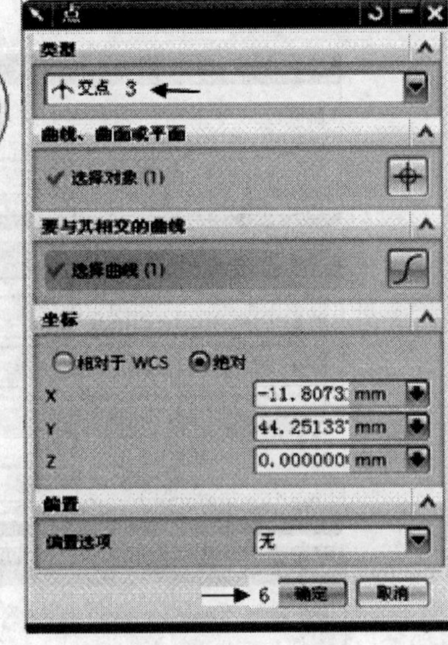

图 2-64　剪切操作

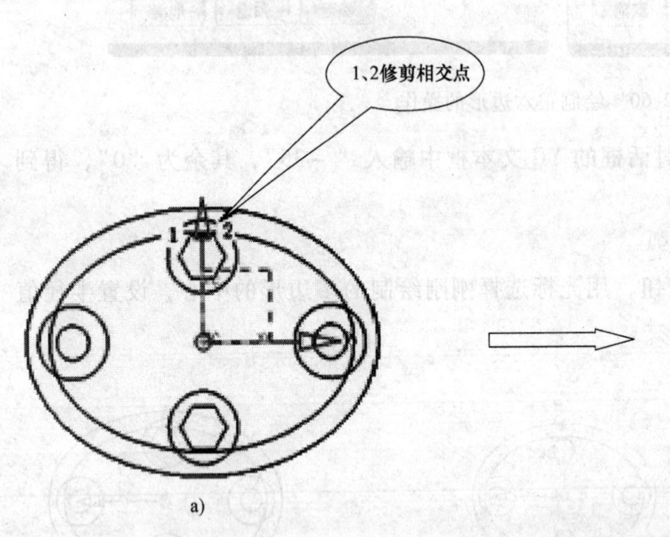

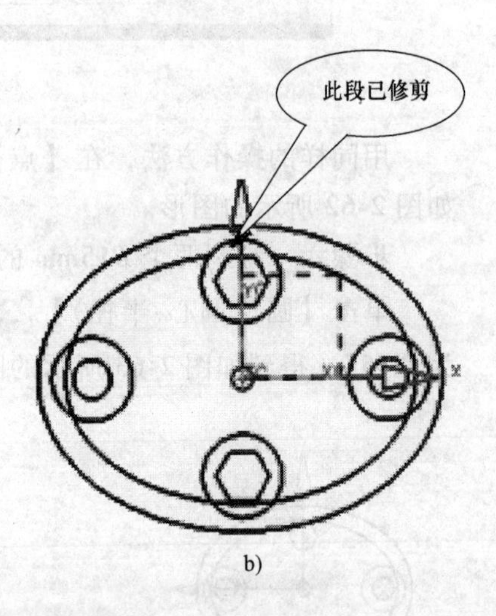

图 2-65　修剪示意图

a）修剪点示意图　b）修剪效果

步骤八　倒圆角

单击【基本曲线】按钮，弹出【基本曲线】对话框；单击【倒圆角】按钮，系统弹出【曲线倒圆】对话框，如图 2-67 所示；选择第二个图标【2 曲线倒圆】按钮，并在【半径】文本框中输入“8”，选择所要倒圆角的两条曲线；再在两曲线之间单击鼠标左键，确定圆角圆心大概位置（以逆时针选择为准，如图 2-68a 所示的 1、2、3 点击顺序），得到如图 2-68a 所示的圆角效果。

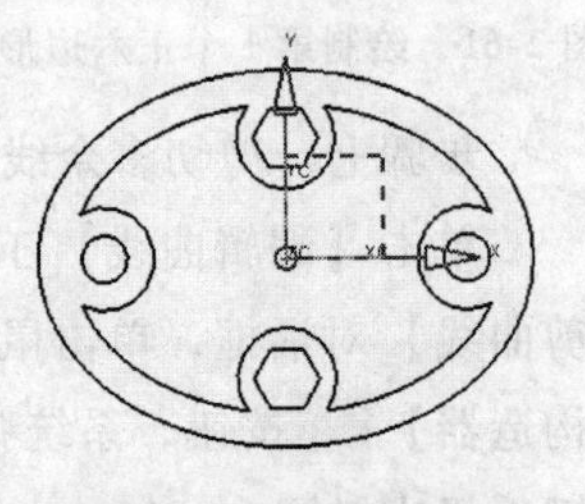

图 2-66　全部修剪效果

倒圆角后，完成所有操作，效果如图 2-68b 所示。

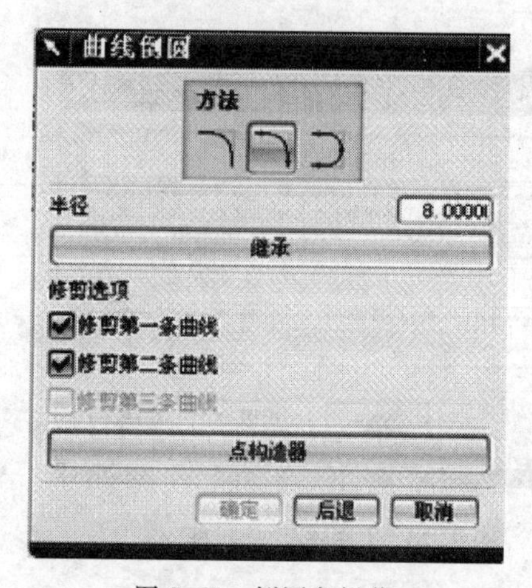

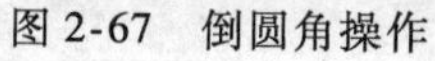

图 2-67　倒圆角操作

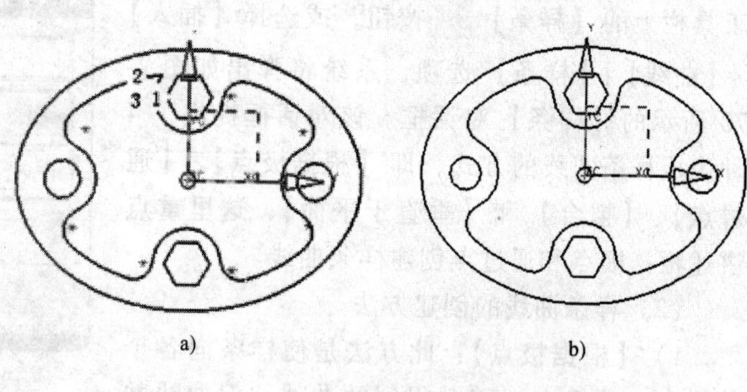

图 2-68　椭圆轮毂轮廓

任务三　创建花瓶线框

实例分析

图 2-69a 所示是一个花瓶的实体造型。在构建实体之前，必须先构建其线框架，如图 2-69b 所示。可采用【椭圆】功能创建花瓶的纵向框架，用【点】功能生成所需的点，利用【样条】功能选择所创建的点来生成花瓶的横向框架，然后用【镜像曲线】完成所有线框的构建。至于如何生成实体，将在项目四中学习。

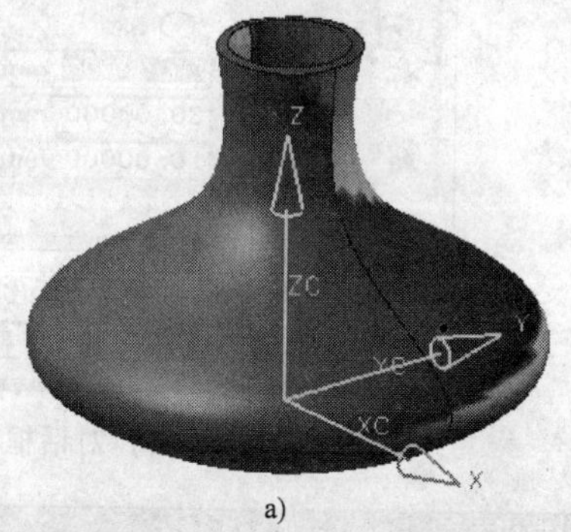

b)

图 2-69　花瓶

a）花瓶实体造型　b）花瓶线框架

相关知识

一、复杂曲线的创建

1. 样条曲线

样条曲线是通过多项式方程来生成的曲线或根据给定的点来拟合的曲线，它是 UG 曲线功能中应用最为广泛的一种曲线形式，在 UG 系统中所建立的样条曲线都是 NURBS 曲线。

（1）样条曲线的命令调用　单击【曲线】工具栏上的【样条】～按钮，或选择【插入】|【曲线】|【样条】选项，系统将弹出如图2-70所示的【样条】对话框。该对话框提供了4种生成样条曲线的方式，即【根据极点】、【通过点】、【拟合】和【垂直于平面】，这里重点讲述根据极点和通过点创建样条曲线。

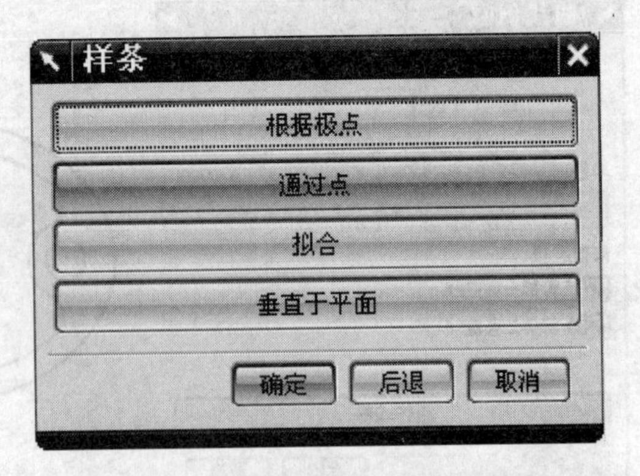

图2-70　【样条】对话框

（2）样条曲线的创建方法

1）【根据极点】：此方法是使样条向各个数据点（即极点）移动得到的曲线，但曲线并不通除端点外其他的极点。

单击【样条】～按钮，弹出【样条】对话框；单击【通过极点】按钮，系统弹出【通过极点生成样条】对话框，如图2-71所示；设置相关参数并单击【确定】按钮，系统弹出【点】对话框，如图2-72所示；通过【点】对话框定义极点；单击【确定】按钮，系统弹出【指定点】对话框；单击【是】按钮，单击【确定】按钮，如图2-73所示。

图2-71　【通过极点生成样条】对话框

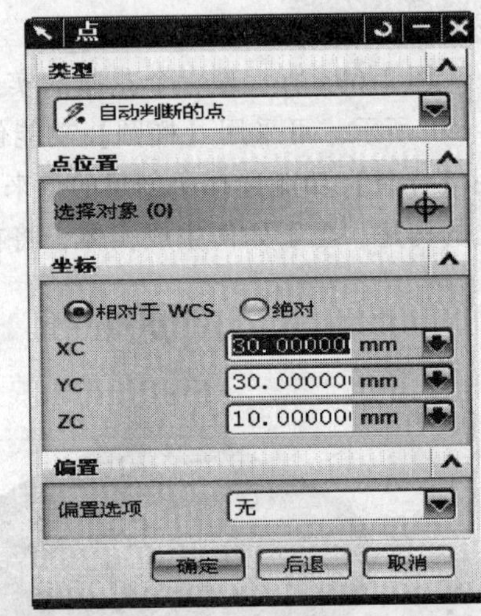

图2-72　【点】对话框

例如，如图2-74所示，通过四个数据点（0，0，0）、（10，10，10）、（20，20，-20）、（30，30，10），用此方法创建样条曲线，结果如图2-75所示。

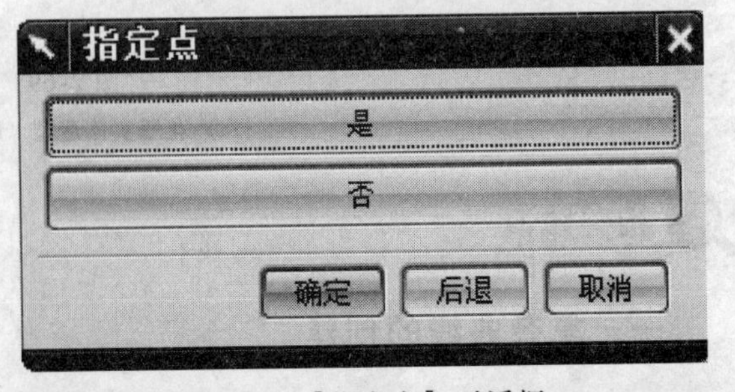

图2-73　【指定点】对话框

2）【通过点】：用此方法创建的样条曲线将通过一组数据点。

单击【样条】～按钮，系统弹出【样条】对话框；单击【通过点】按钮，系统弹出【通过点生成样条】对话框；默认曲线阶次为3，如图2-76所示，单击【确定】按钮，弹出【样条】对话框，如图2-77所示；单击【全部成链】按钮，弹出【指定点】对话框，如图 2-78 所示；指定起始点和终止点，返回【通过点生成样条】对话框；单击【确定】按钮，生成一条样条曲线，如图 2-79 所示。

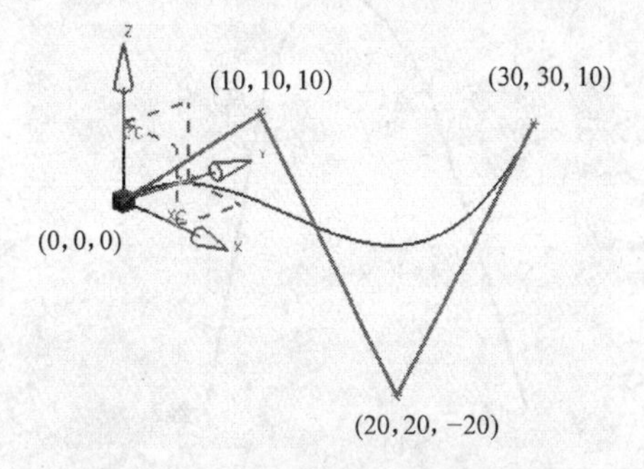

图 2-74 定义四个数据点的位置

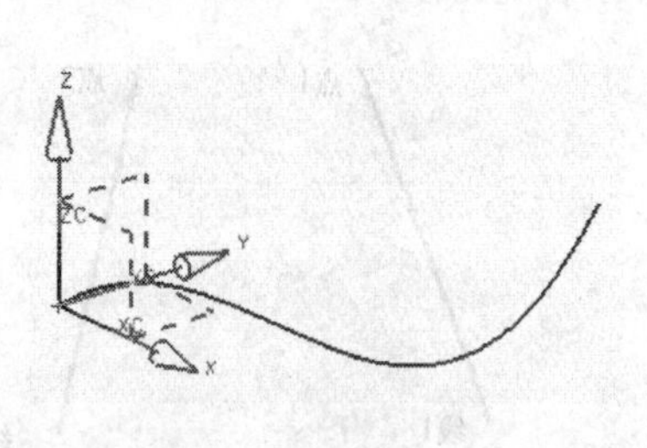

图 2-75 最后结果

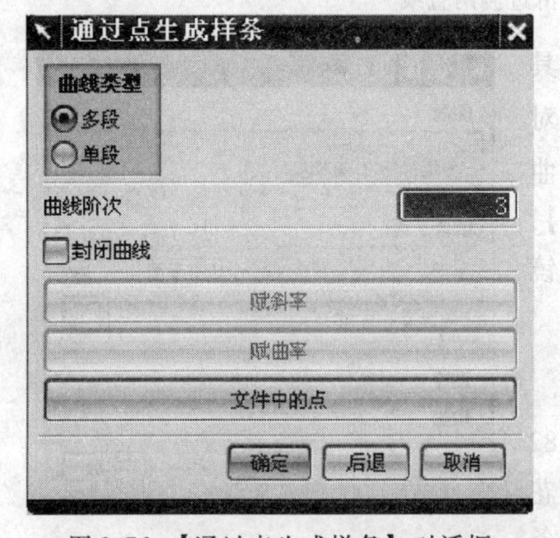

图 2-76 【通过点生成样条】对话框

图 2-77 【样条】对话框

图 2-78 【指定点】对话框

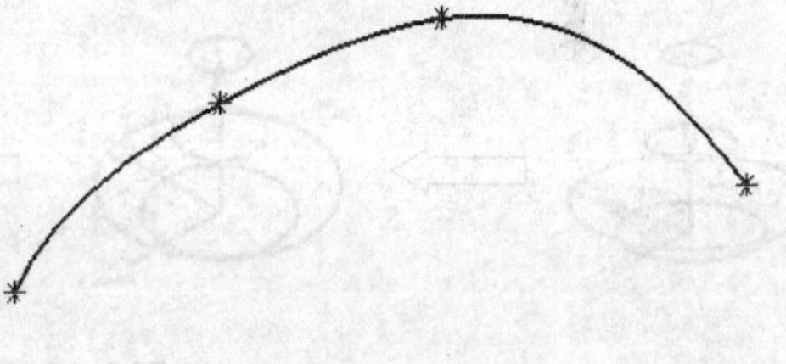

图 2-79 通过点生成样条

例如，用点命令画出如图 2-80a 所示的点 1、点 2、点 3，分别经过点 1、点 3 绘制直线 1 和直线 2，要通过点 2 使线 1 与线 2 圆滑过渡，此时可利用通过点的方法绘制曲线，如图 2-81 所示。

2. 镜像曲线

镜像曲线是指通过某个平面作为参考，将几何图素进行对称复制的操作。

特别提示

镜像后的几何体与原几何体相关联，当删除原几何体时，镜像体也同时被删除。

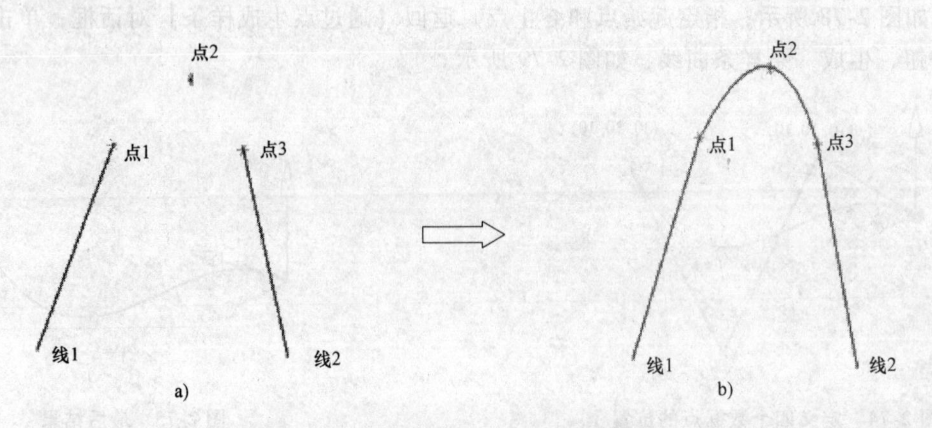

图 2-80　利用样条曲线圆滑过渡两直线

镜像曲线的命令调用及操作方法如下：单击工具栏【镜像曲线】按钮，系统弹出【镜像曲线】对话框，如图 2-81 所示；在【曲线】处点击【选择曲线】，再选择所需镜像的曲线；点击【选择平面】，再选择作为镜像参考的平面，点击【确定】，完成镜像曲线操作。

图 2-81 【镜像曲线】对话框

工艺路线

如图 2-69b 所示的花瓶线框图形可以由如图 2-82 所示的工艺路线进行绘制。具体工艺路线为：绘制花瓶纵向四个椭圆→绘制点→绘制样条曲线→镜像样条曲线。

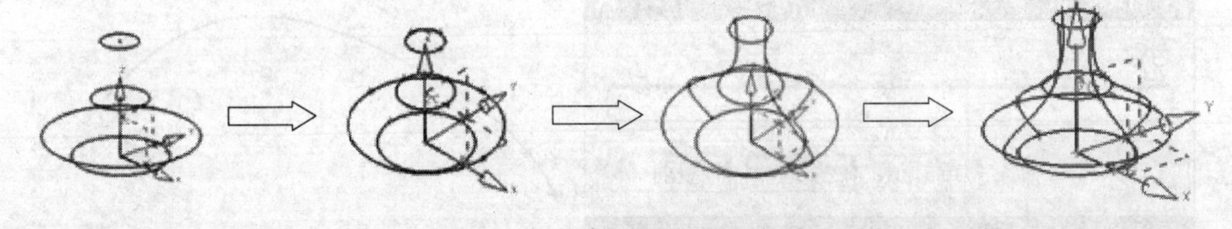

图 2-82　花瓶线框的工艺路线

操作步骤

步骤一　新建文件

1）选择【文件】|【新建】命令，弹出【新建】对话框。

2）输入文件名称为“huaping”，单位选择【毫米】，单击【确定】按钮。

步骤二　绘制花瓶纵向框架——四个椭圆

单击【曲线】工具条上的【椭圆】按钮，系统弹出【点】对话框；确认 XC、YC、ZC 的坐标均为“0 ”后，单击【确定】按钮，获得椭圆的中心点；在弹出的【椭圆】对话框中输入长半轴、短半轴值均为“25”，单击【确定】按钮，如图 2-83 所示。

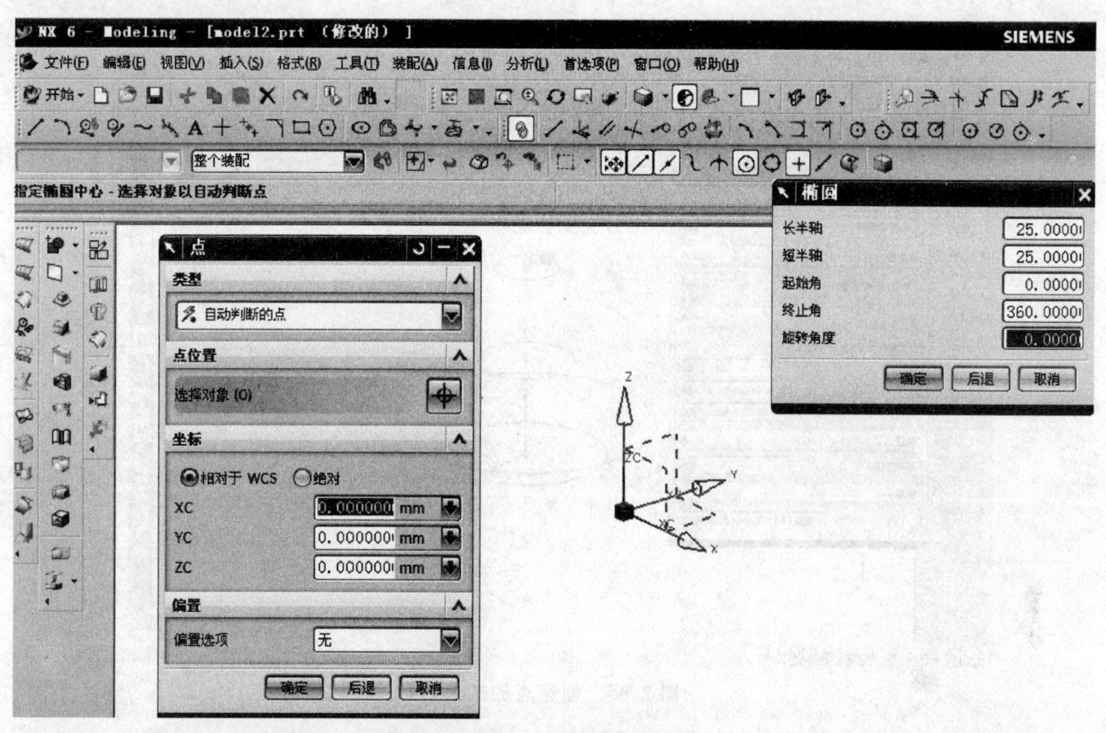

图 2-83　创建椭圆操作

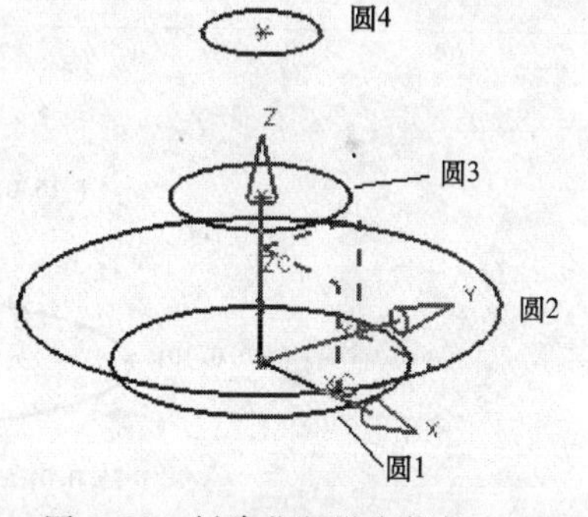

图 2-84　创建花瓶纵向框架——四个圆

通过以上操作可以得到 ϕ50mm 的圆 1。同样方法，创建圆心为（0，0，10），ϕ80mm 的圆 2；创建圆心为（0，0，30），ϕ30mm 的圆 3；最后创建圆心为（0，0，60），ϕ20mm 的圆 4。效果如图 2-84 所示。

步骤三　绘制点

1）执行【曲线】|【点】功能，创建 8 个点，为下一步生成样条曲线作准备。

单击【点】按钮，弹出对话框，输入坐标值（－10，0，60），单击【应用】按钮，结果如图 2-85 所示。

再创建其他的点，分别是（10，0，60）、（－15，0，30）、（15，0，30）、（－40，0，10）、（40，0，10）（－25，0，0）、（25，0，0）。输入最后一个点后，单击【确定】按钮，结果如图 2-86 所示。

2）执行【曲线】|【点】功能，在每个圆的两点中间再创建 1 个点，具体位置分别是（0，10，60）、（0，15，30）、（0，40，10）、（0，25，0），为下一步生成样条曲线作准备，结果如图 2-87 所示。

步骤四　绘制样条曲线

1）单击【样条】按钮，系统弹出【样条】对话框；单击【通过点】按钮，弹出【通过点生成样条】对话框，默认曲线阶次为 3；单击【确定】按钮，弹出【样条】对话框；单击【点构造器】按钮，弹出【点】对话框；选择【现有点】，在工作窗口依次设置

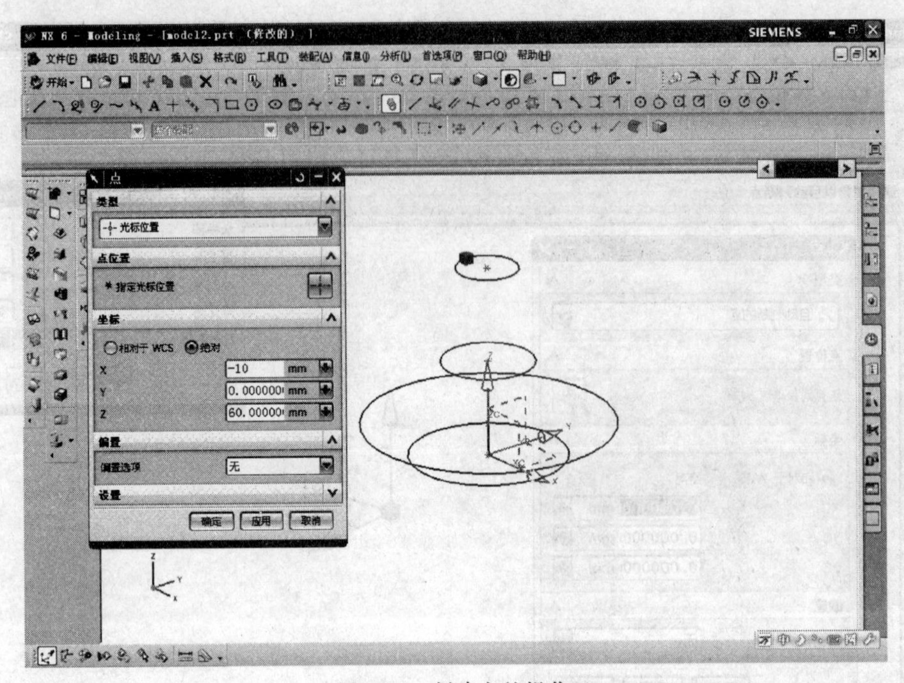

图 2-85　创建点的操作

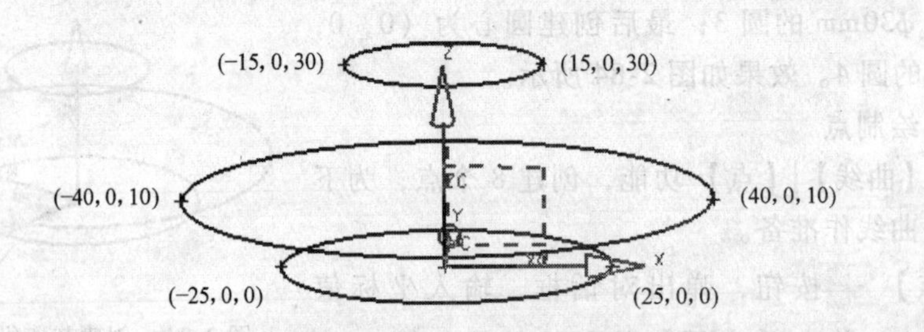

图 2-86　创建八个点的操作结果

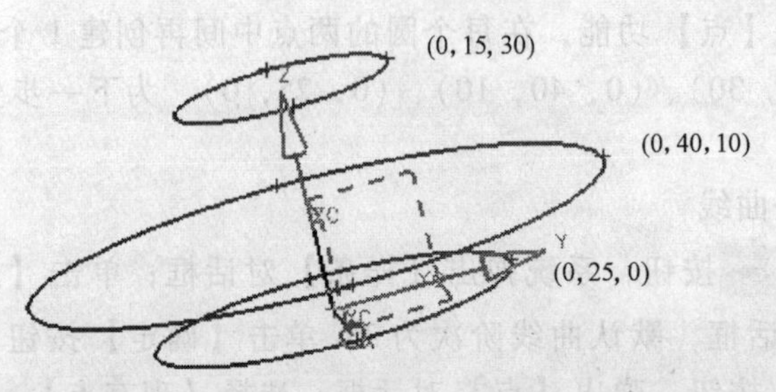

图 2-87　再创建四个点的操作结果

四点，分别为（0，10，60）、（0，15，30）、（0，40，10）、（0，25，0）；单击【确定】按钮，弹出【指定点】对话框；单击【是】按钮，弹出【通过点生成样条】对话框，单击【确定】按钮。操作流程如图 2-88 所示，最后生成样条曲线 1，如图 2-89 所示。

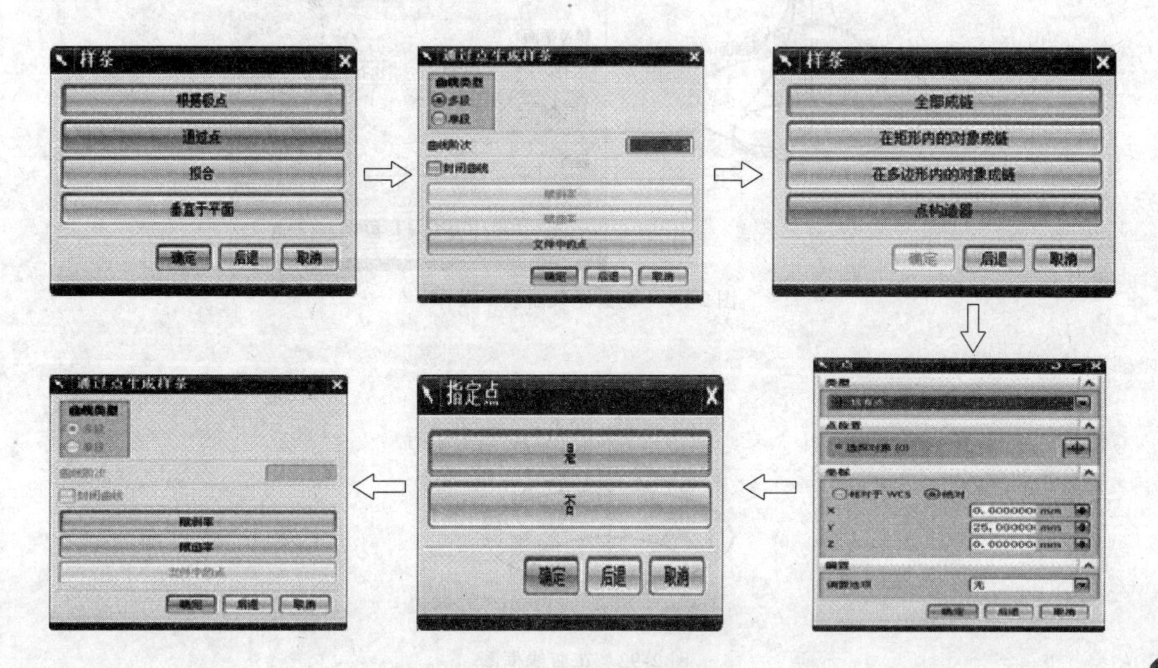

图 2-88 绘制样条曲线操作

2）按照上述方法，创建另外两条样条曲线。样条曲线 2 所经过的四个点为（10，0，60）、（15，0，30）、（40，0，10）、（25，0，0）；样条曲线 3 所经过的四个点为（－10，0，60）、（－15，0，30）、（－40，0，10）、（－25，0，0）。得最后结果如图 2-90 所示。

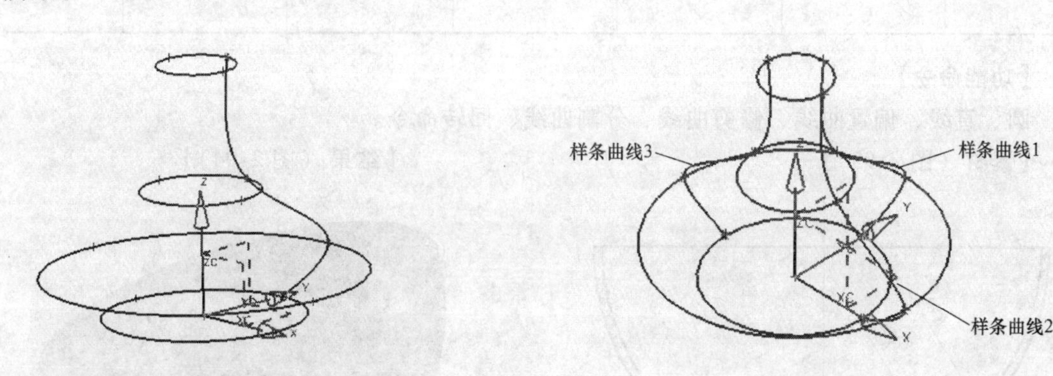

图 2-89 样条曲线 1 的创建

图 2-90 创建三条样条曲线

步骤五 镜像样条曲线 1

单击工具栏【镜像曲线】按钮，系统弹出【镜像曲线】对话框，如图 2-91 所示。在图中选择样条曲线 1，再选择 ZX 平面（图中虚线），点击【确定】，得到如图 2-92 所示的花瓶线框图。

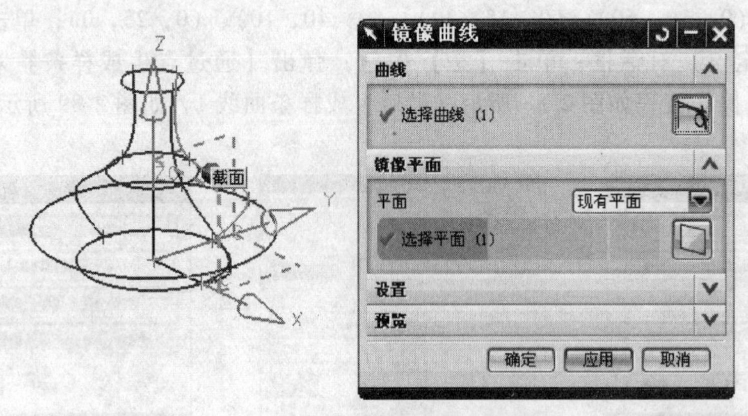

图 2-91　镜像样条曲线 1 操作

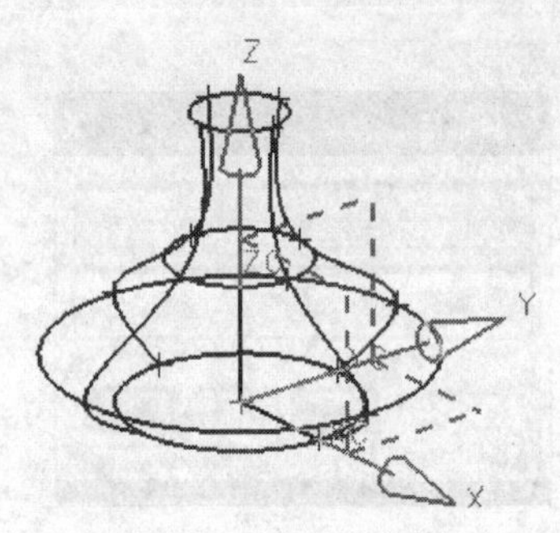

图 2-92　花瓶线框图

实训一　创建碗的轮廓

【功能模块】

草图	实体	曲线	曲面	装配	制图	逆向
		✓				

【功能命令】

圆、直线、偏置曲线、修剪曲线、分割曲线、回转命令。

【素材（图 2-93）】　　**【结果（图 2-94）】**

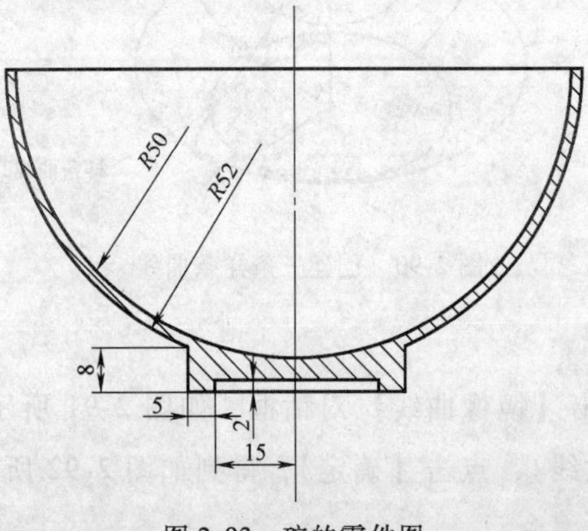

图 2-93　碗的零件图

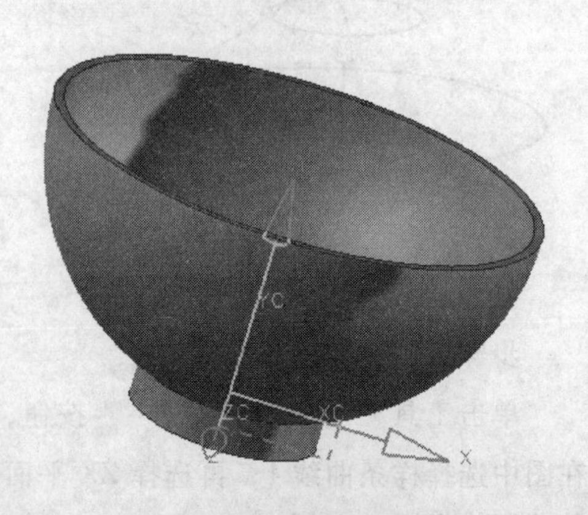

图 2-94　碗的效果图

【操作提示】

构建碗的外轮廓圆（构建圆弧）→偏置圆弧（偏置曲线）→创建两条和两圆正交的直线（构建直线）→修剪出碗的主体轮廓（修剪命令）→创建碗底轮廓（构建直线）→以碗的最外轮廓圆弧与碗底轮廓尺寸为8mm的直线交点为断点，打断最外轮廓圆弧（分割曲线）→构建碗的实体（回转命令）→完成。

实训二　设计支架轮廓

【功能模块】

草图	实体	曲线	曲面	装配	制图	逆向
		✓				

【功能命令】

圆、两条相切线、修剪曲线、镜像曲线、倒圆角。

【素材（图2-95）】　　　　【结果（图2-96）】

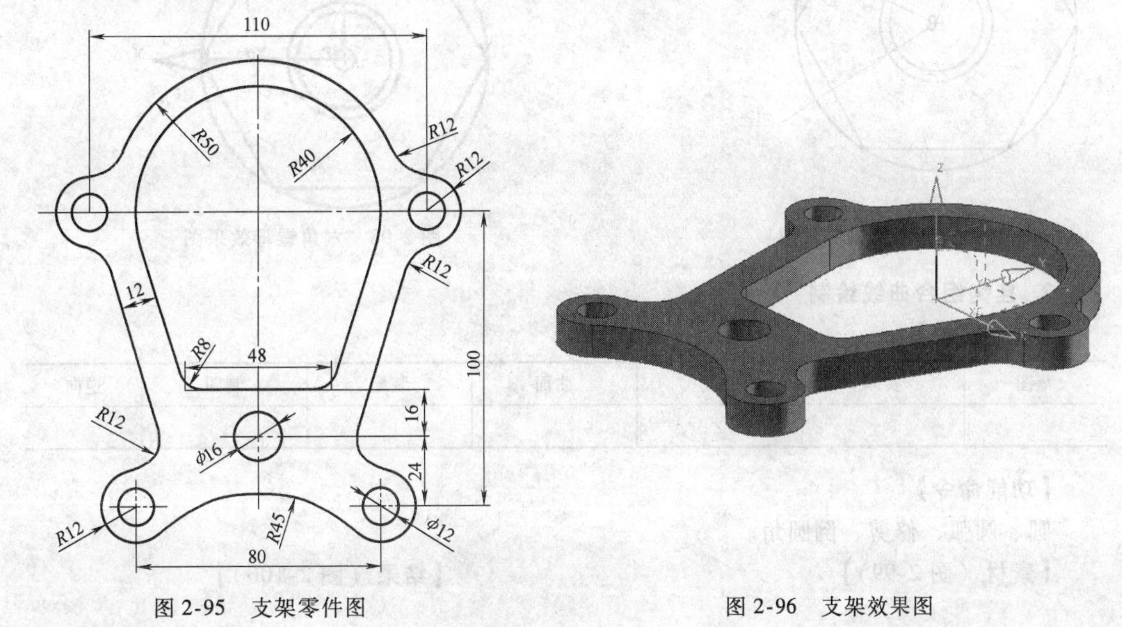

图2-95　支架零件图　　　　图2-96　支架效果图

【操作提示】

创建支架轮廓左半边圆弧（圆心-半径命令）→用直线连接圆弧（创建直线命令）→两直线距离12mm（偏置曲线命令）→圆与圆、圆与直线连接处倒圆角（基本曲线—倒圆角命令）→轮廓线的修剪（修剪命令）→把左半边的轮廓线镜像到右边（镜像曲线）→进行实体造型（拉伸命令）→完成。

项 目 小 结

本项目主要介绍了UG NX 6.0的曲线功能模块。该功能模块的内容是最基本也是最重要的内容，灵活运用二维曲线的绘制和编辑方法能在三维建模中提高作图效率，达到事半功倍的效果。

思考与练习

1. 六角螺母的绘制

【功能模块】

草图	实体	曲线	曲面	装配	制图	逆向
		✓				

【功能命令】

圆、多边形。

【素材（图 2-97）】　　　　【结果（图 2-98）】

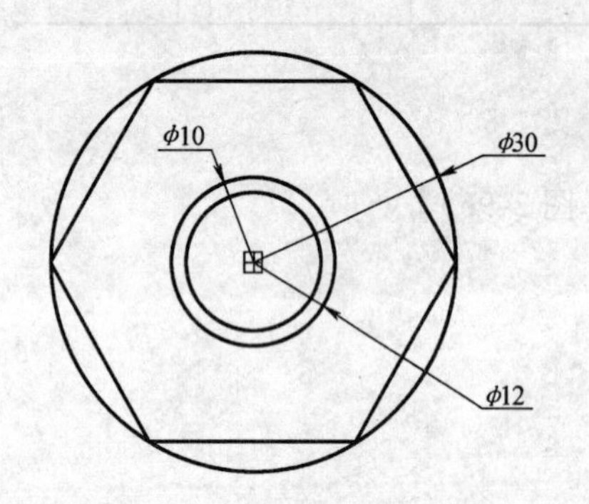

图 2-97　六角螺母零件图

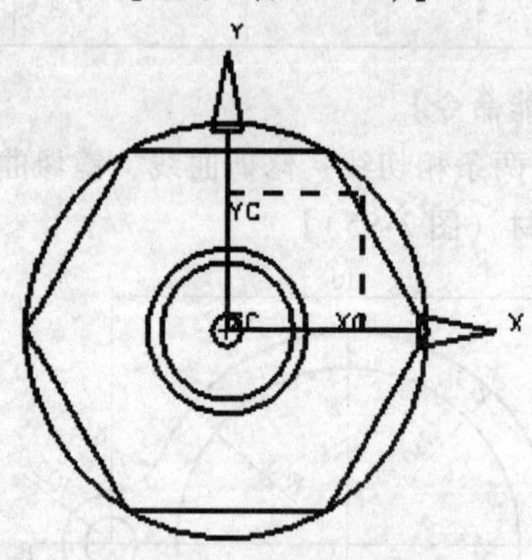

图 2-98　六角螺母效果图

2. 挂钩组合曲线绘制

【功能模块】

草图	实体	曲线	曲面	装配	制图	逆向
		✓				

【功能命令】

圆、圆弧、修剪、倒圆角。

【素材（图 2-99）】　　　　【结果（图 2-100）】

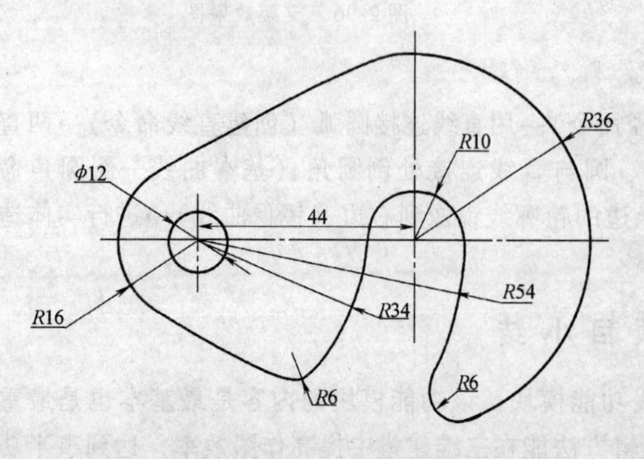

图 2-99　挂钩零件图

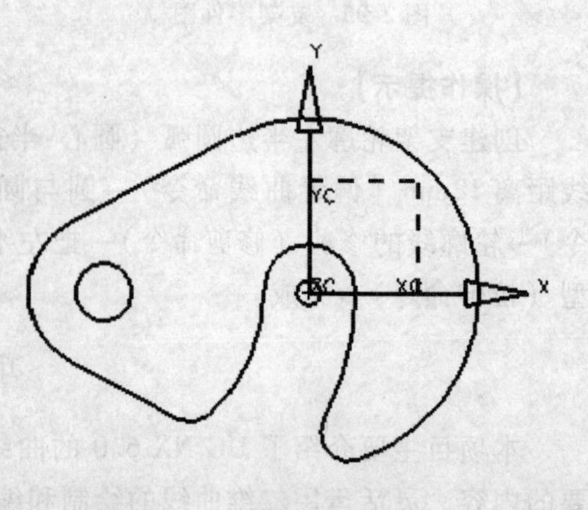

图 2-100　挂钩效果图

3. 连杆轮廓的绘制

【功能模块】

草图	实体	曲线	曲面	装配	制图	逆向
		✓				

【功能命令】

直线、圆、圆弧、修剪、倒圆角。

【素材（图2-101）】　　　　**【结果（图2-102）】**

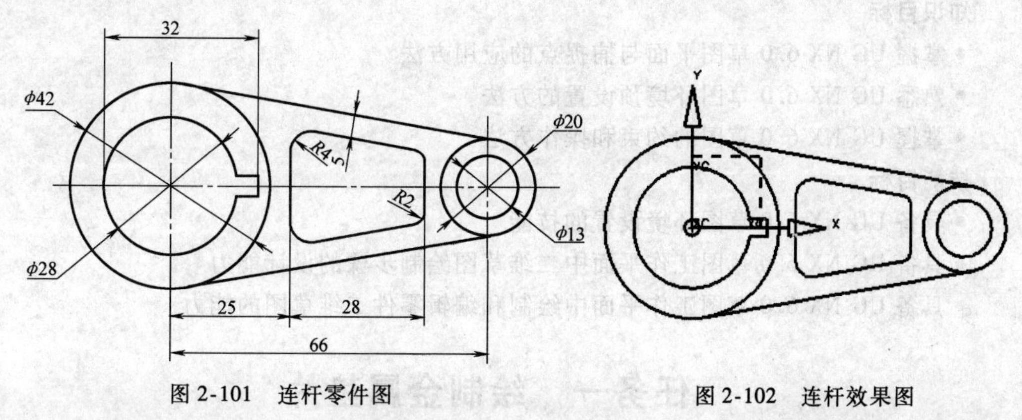

图2-101　连杆零件图　　　　图2-102　连杆效果图

项目三 UG NX 6.0草图绘制

本项目将通过实例训练说明如何创建草图对象，如何对草图对象添加尺寸约束和几何约束，以及如何进行相关的草图操作，详细地讲解草图的绘制。

知识目标

- 掌握 UG NX 6.0 草图平面与捕捉点的应用方法
- 熟悉 UG NX 6.0 草图环境预设置的方法
- 掌握 UG NX 6.0 草图的约束和操作方法

技能目标

- 具备 UG NX 6.0 草图环境设置的技能
- 具备 UG NX 6.0 草图工作平面中二维草图绘制步骤的设计能力
- 具备 UG NX 6.0 草图工作平面中绘制和编辑零件二维草图的能力

任务一　绘制金属垫片

实例分析

图 3-1 所示为金属垫片，其结构多为圆弧连接，内有四个孔。

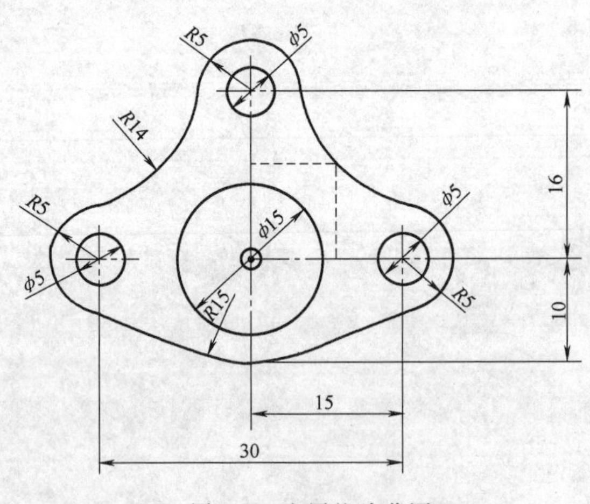

图 3-1　金属垫片草图

相关知识

一、草图的绘制

1. 草图工作平面

草图工作平面是绘制草图对象的平面，是模具设计中最重要的组成部分，灵活运用草图工作平面可以有效地提高模型设计效率。

单击【特征】工具栏上的【草图】按钮，弹出【创建草图】对话框，如图3-2所示。

【创建草图】对话框由三个选项组组成，现将对话框中选项功能说明如下：

(1)【类型】选项组　用户可以创建两种草图，一种是在平面上的草图，另外一种是在轨迹上的草图。平面上的草图只能是平面，轨迹上的草图可按用户需要选择相关的轨迹曲线，此轨迹曲线必须内部相切且连续。轨迹上的草图主要用于扫掠功能。

(2)【草图平面】选项组　其中，【平面选项】下拉列表框有三个选项，如图3-2所示，分别介绍如下：

【现有平面】选项：直接在绘图工作区选择现有的平面绘制草图。

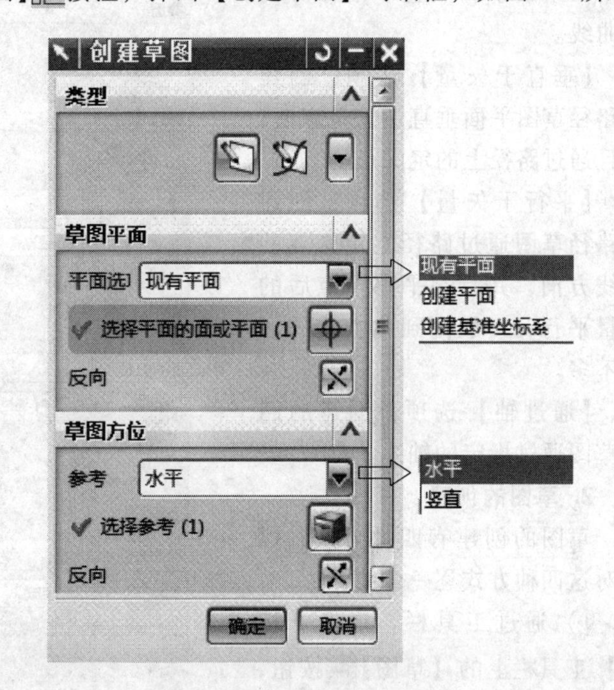

图3-2　【创建草图】对话框

【创建平面】选项：通过平面构造器创建一个新的平面，在该平面上创建草图。

【创建基准坐标系】选项：其操作和创建世界坐标系（系统中固定的坐标系，简称WCS）十分类似，即通过创建基准坐标系（CSYS）来选取基准平面。

对于选择的附着平面，如果其显示的法线方向与所要求的方向不同，可单击选项组下部的【反向】按钮改变方向。

(3) 设置草图参考方向　若在坐标平面上设置草图工作平面，则不必指定草图的参考方向，系统将自动使用坐标轴的方向作为草图的参考方向；若是在基准平面、实体表面或片体表面上设置草图工作平面，则在选择草图平面后，还应设置草图参考方向。

【参考】下拉列表框用于为草图工作平面指定水平参考方向或竖直参考方向。指定水平参考方向或竖直参考方向后，系统提示选择参考方向，在绘图工作区直接选取即可。

用户选择了【在轨迹上】的草图类型后，系统弹出如图3-3所示的【创建草图】对话框。

该对话框中的部分选项功能如下：

1)【路径】选项组用于选择草图的参考轨迹路径，选择的路径必须内部相切。

2)【平面位置】选择组。用户可以指定草图平面通过的点，可以用【圆弧长】、【%圆弧长】和【通过点】三种方式来指定。这里的圆弧长指的是曲线的实际长度。草图平面由【平面位置】和【平面方位】共同确定。

3)【平面方位】选项组中，【方位】下拉列表框有四个选项，各选项的作用如下：

【垂直于轨迹】选项：创建的路径草图平面垂直于选择的轨迹曲线。

【垂直于矢量】选项：创建的路径草图平面垂直于矢量方向，并且通过路径上的定义点。

【平行于矢量】选项：创建的路径草图通过路径上定义点的法线方向，并且与平移至点后的矢量平行，一般用到此方式的场合不多。

【通过轴】选项：创建的路径草图通过指定的轴线。

2. 草图的创建

草图的创建有四种方式，以下对这四种方式逐一介绍。

1）通过工具栏。单击【特征】工具栏上的【草图】按钮，如图3-4所示，可以创建一个新的草图。

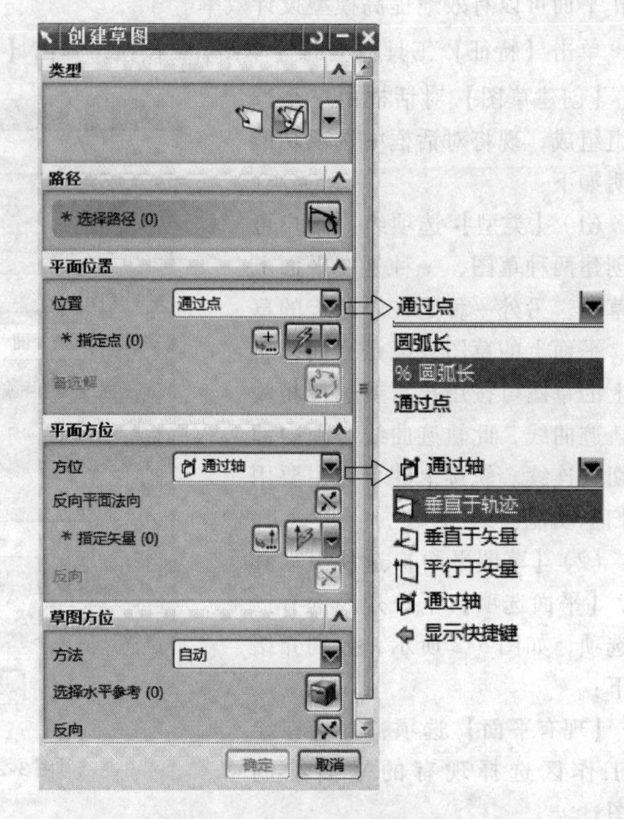

图3-3 【创建草图】对话框

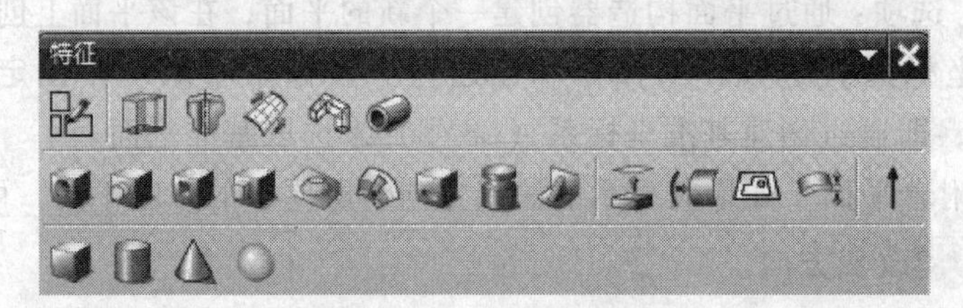

图3-4 【特征】工具栏

2）通过菜单栏中的【插入】|【草图】命令或直接按“S”键。

3）通过创建特征。创建一个特征，如拉伸、回转等，在弹出的对话框中就可以选择绘制草图。以拉伸命令为例，在【拉伸】对话框（图3-5中），单击【草图截面】按钮创建草图。

4）选取草图。如果已经存在草图，则在进入草图模式后，在【草图生成器】工具栏中的【草图名】下拉列表框中会出现所有草图的名称，如图3-6所示，在该下拉列表框中可以重命名草图名，也可以通过选择草图名来激活草图。

3. 草图基本曲线

进入草图绘制界面后，系统会自动打开如图3-7所示的【草图工具】工具栏。该工具栏上的基本曲线创建，如直线、圆弧、圆、样条曲线等，与本书项目二介绍的相应工具有相似之处，也有不同的地方。草图中，曲线工具只能创建在草图平面上的曲线，而不能创建空间曲线。

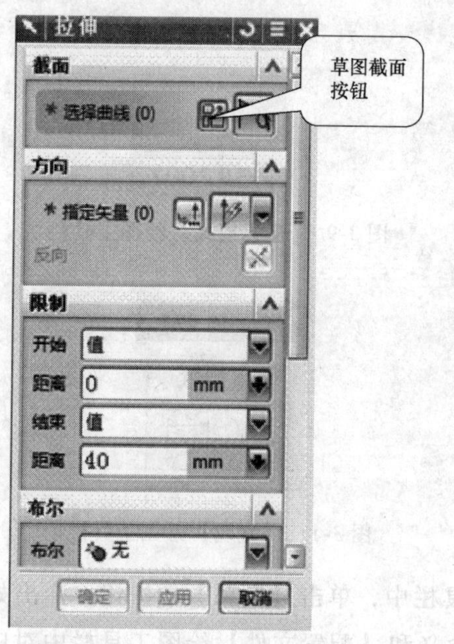

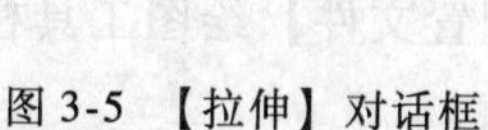

图 3-5 【拉伸】对话框

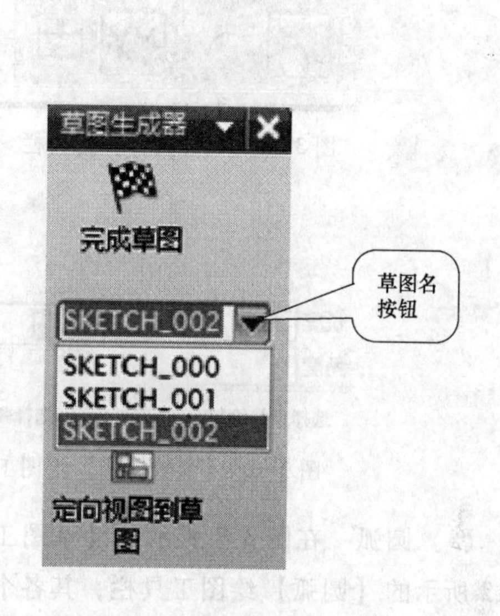

图 3-6 选取草图

（1）配置文件　绘制单一或连续的直线和圆弧。

单击【草图工具】工具栏上的【配置文件】按钮，系统弹出如图 3-8 所示的【配置文件】工具栏，各按钮含义如下：

【直线】：单击图 3-8 所示工具栏中的按钮，在视图区选择两点绘制直线。

【圆弧】：单击图 3-8 所示工具栏中的按钮，在视图区选择一点，输入半径，然后再在视图区选择另一点，或者根据相应约束和扫描角度绘制圆弧。

【坐标模式】：单击图 3-8 所示工具栏中的XY按钮，在视图区显示如图 3-9 所示的“XC”和“YC”数值输入文本框，在文本框中输入所需数值，确定绘制点。

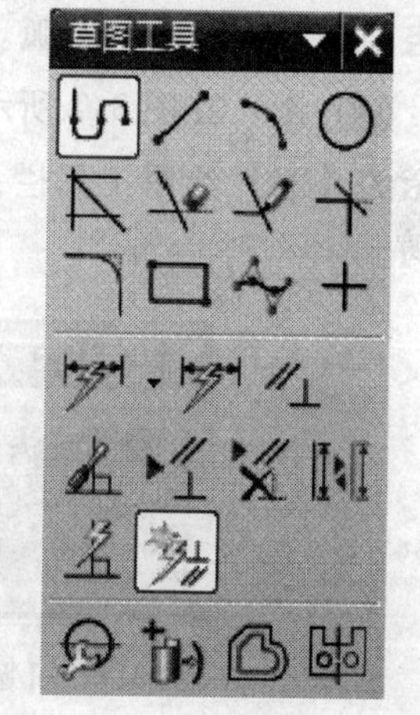

图 3-7 【草图工具】工具栏

【参数模式】：单击图 3-8 所示工具栏中的按钮，在视图区显示如图 3-10 所示的“长度”和“角度”，或“半径”数值输入文本框，在文本框中输入所需数值，拖动鼠标，在所要放置位置单击鼠标左键，绘制直线或圆弧。【参数模式】和【坐标模式】的区别是：在数值输入文本框中输入数值后，坐标模式是确定的，而参数模式是浮动的。

（2）直线　在图 3-7 所示的【草图工具】工具栏中，单击【直线】按钮，弹出如图 3-11 所示的【直线】绘图工具栏，其各个参数的含义和【配置文件】绘图工具栏中对应的参数含义相同。

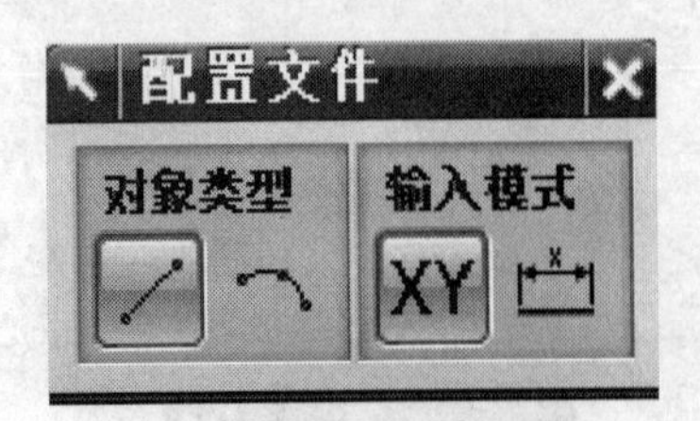

图 3-8 【配置文件】工具栏

图 3-9 【坐标模式】绘图工具栏

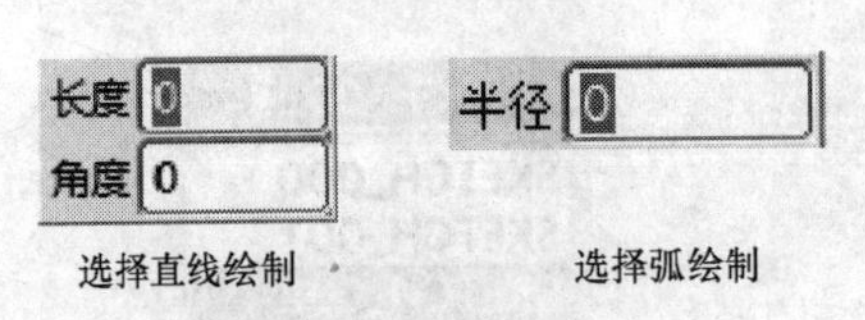

图 3-10 【参数模式】绘图工具栏

图 3-11 【直线】绘图工具栏

（3）圆弧 在图 3-7 所示的【草图工具】工具栏中，单击【圆弧】按钮，弹出如图 3-12 所示的【圆弧】绘图工具栏，其各个参数的含义和【配置文件】绘图工具栏中对应的参数含义相同。

1）通过三点的弧。单击如图 3-12 所示的工具栏上的按钮，选择“三点定圆弧”方式绘制圆弧。

2）中心和端点决定圆弧。单击图 3-12 所示的工具栏上的按钮，选择“中心和端点决定圆弧”方式绘制圆弧。

（4）圆 在图 3-7 所示的【草图工具】工具栏中，单击【圆】按钮，弹出如图 3-13 所示的【圆】绘图工具栏，其各个参数含义和【配置文件】绘图工具栏中对应的参数含义相同。

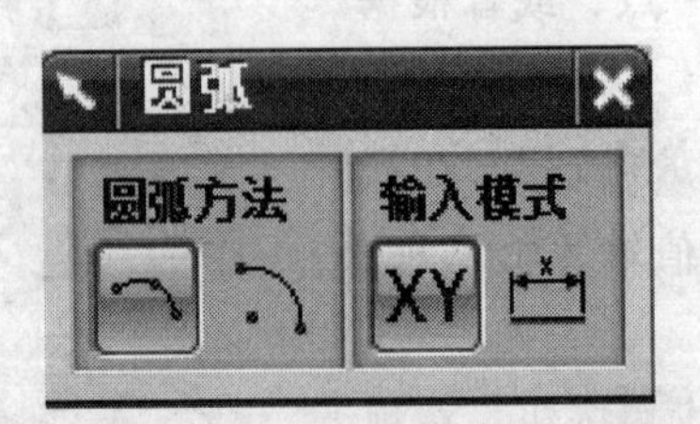

图 3-12 【圆弧】绘图工具栏

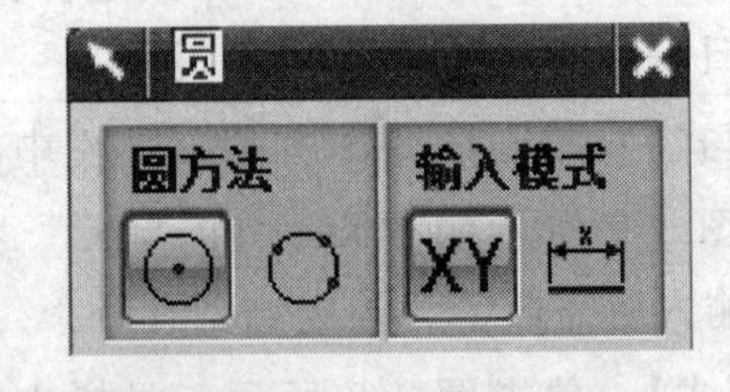

图 3-13 【圆】绘图工具栏

1）中心和半径决定的圆。单击如图 3-13 所示的工具栏上的按钮，选择“圆心和直径定的圆”方式绘制圆。

2）通过三点的圆。单击如图 3-13 所示的工具栏上的按钮，选择“三点定圆”方式绘制圆。

4. 快速修剪

【快速修剪】命令可以用来快速修剪曲线，以得到需要的曲线。在使用该命令时，所有相交的曲线都会临时成为独立的线段，光标移动到要修剪的曲线后，该曲线会高亮显示，选中即可删除。

二、草图的约束

草图是 UG 实体模型的基础，而约束又是草图实现参数设计的关键。约束分为尺寸约束和几何约束。通过添加尺寸约束和几何约束可完整表达设计者意图，并可进行参数化尺寸驱动。

1. 约束的对象

约束的对象有以下几种：

【直线】：约束线段两端或长度。

【圆】：约束圆心位置和半径。

【圆弧】：约束圆心位置和半径、直径或圆弧的端点。

【圆角】：约束半径或圆心位置。

【样条】：约束定义点或已存在几何图形的端点。

2. 草图的尺寸约束

建立草图尺寸约束是限制草图几何对象的大小和形状，也就是在草图上标注草图尺寸。

单击【草图工具】工具栏上的【自动判断的尺寸】按钮右边的小三角形，弹出下拉工具栏，其中各尺寸标注功能的应用说明见表 3-1。

3. 草图的几何约束

草图的几何约束用于定位草图对象和确定草图对象间的相互关系。在【草图约束】工具栏中包括了几何约束的操作命令，如图 3-14 所示，下文将分别介绍。

表 3-1　尺寸标注应用说明

【自动判断尺寸】	根据光标位置，系统自动推测适合的标注方式，可以标注竖直、平行或水平尺寸等
【水平】	标注水平方向的长度或距离值
【竖直】	标注竖直方向的长度或距离值
【平行】	标注两点间距离，多用于标注斜直线长度
【垂直】	标注点到直线的距离
【成角度】	标注两相交线之间的角度
【直径】	标注圆和圆弧的直径
【周长】	标注图素的长度

为草图对象添加几何约束的方法有两种：手工约束和自动约束。

(1) 手工约束　单击【草图约束】工具栏上的【约束】按钮，系统将要求选取要约束的草图对象，不同的草图对象将出现不同的约束选项，如图 3-15 所示，单击相应的选项按钮后，即可对选取的草图对象进行约束。

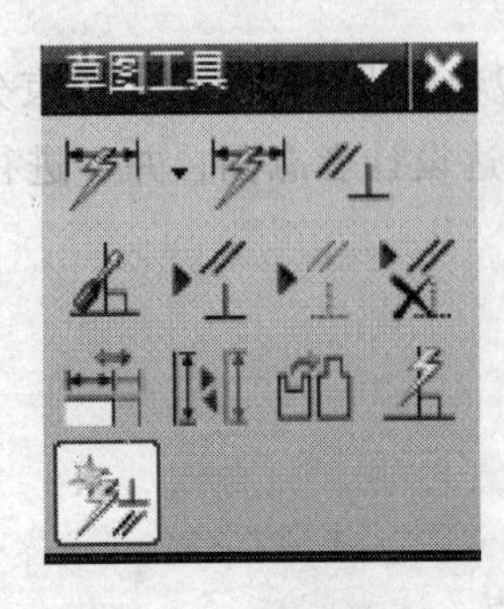

图 3-14　几何约束命令

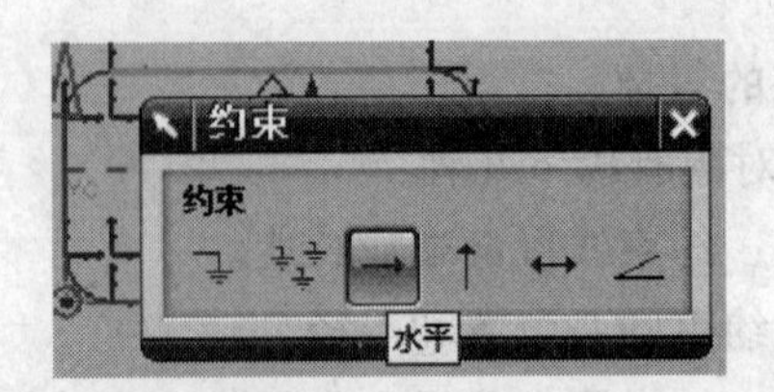

图 3-15　选取一条直线后的约束选项

在 UG NX 6.0 中，几何约束有 20 余种，见表 3-2。

表 3-2　常用几何约束的类型及含义

几何约束类型	含　义
【固定】	将草图对象固定在某个位置，点固定其所在位置；线固定其角度或端点；圆和椭圆固定其圆心；圆弧固定其圆心或端点
【水平】	直线为水平线
【垂直】	直线为竖直线
【恒定长度】	曲线为固定长度
【恒定角度】	直线为固定角度
【垂直】	两直线彼此垂直
【平行】	两直线彼此平行
【相切】	两对象相切
【同心】	两个或多个圆弧或椭圆弧同心
【等半径】	两个或多个圆弧等半径
【等长】	两条或多条曲线等长
【共线】	两条或多条直线共线
【点在曲线上】	点在曲线上
【中点】	点在直线的中点或圆弧的中点上
【重合】	两个或多个点重合
【均匀比例】	样条曲线的两端点移动时，样条曲线的形状不改变
【非均匀比例】	样条曲线的两端点移动时，样条曲线的形状改变

（2）自动约束　自动约束是系统用自动选择的几何约束类型，根据草图对象间的关系，自动添加相应约束到草图对象上的方法。

单击【草图约束】工具栏上的【自动约束】按钮，系统弹出【自动约束】对话框，如图3-16所示。

用户可以在该对话框中设置距离和公差，以控制显示自动约束的符号的范围，单击【全部设置】按钮一次性选择全部约束，单击【全部清除】按钮一次性清除全部设置。若勾选☑应用远距离约束复选框，则所选约束在绘图区和在其他草图文件中所绘草图有约束时，系统会显示约束符号。

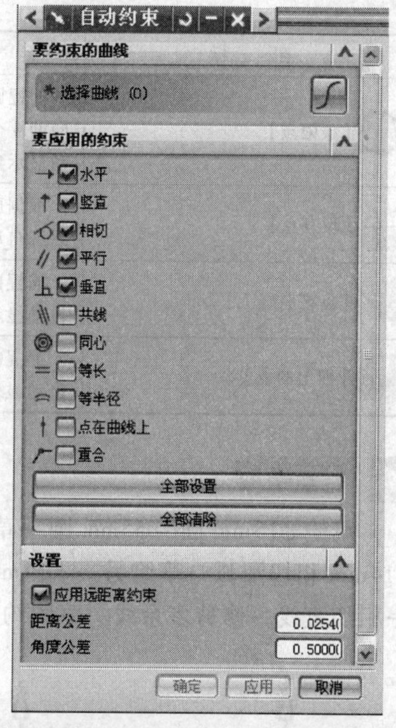

图3-16 【自由约束】对话框

三、尺寸修改

对尺寸进行修改可以在尺寸值上双击鼠标左键，接着在弹出如图3-17所示的【表达式】文本框中输入新数值，单击鼠标中键或按下回车键确定，然后系统自动根据尺寸值，驱动草图变化。

若一个草图中有多个尺寸，难以通过光标选择进行修改时，可以在【草图工具】的工具栏中单击【自动判断的尺寸】按钮，在弹出如图3-18所示的【尺寸】对话框的表达式列表区内选择，然后进行修改。

图3-17 【表达式】文本框

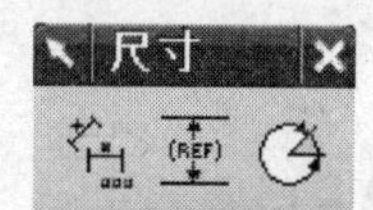

图3-18 所示的【尺寸】对话框

四、捕捉点

捕捉点的应用说明见表3-3。

表3-3 捕捉点的应用说明

图　标	说　明
【端点】	捕捉所有图素的端点。单击【端点】按钮，将光标移动到图素端点附近，系统自动显示直线或圆弧等图素的端点
【中点】	根据直线和圆弧的长度，捕捉直线和圆弧的中间位置点（对曲线无效）。单击【中点】按钮，将光标移到直线上或圆弧上，系统自动显示直线或圆弧中点
【控制点】	捕捉曲线极点，同时还集合了【端点】和【中点】的功能。单击【控制点】按钮，将光标移到靠近需要捕捉的位置，然后系统显示最近点、显示点、中点或极点
【交点】	捕捉所有相交图素的交点。单击【交点】按钮，将光标移动到相交图素的位置点附近，系统自动显示相交图素的交点
【圆弧中心】	捕捉圆、圆弧或椭圆的圆心。单击【圆心】按钮，将光标移到圆、圆弧或椭圆图素上，系统自动显示圆心

（续）

图　　标	说　　明
【象限点】	捕捉圆、圆弧或椭圆的象限点，也就是在圆、圆弧或椭圆的0°、90°、180°、270°方向的4个位置点。单击【象限点】按钮，将光标移动到圆、圆弧或椭圆附近，系统自动显示象限点
【现有点】	根据已创建的点进行捕捉。单击【存在点】按钮，将光标移动到已创建的点位置，系统自动显示存在的点
【点在曲线上】	捕捉曲线上的任意位置的点。单击【点在曲线上】按钮，将光标移动曲线上，系统自动显示曲线上的点
【面上的点】	捕捉曲面上的任意位置的点。单击【点在曲面上】按钮，将光标移到曲面上，系统自动显示曲面上的点

工艺路线

草绘 ϕ15mm 圆→ϕ5mm 圆→草绘其他两个 ϕ5mm 圆→草绘三个 ϕ10mm 同心圆→草绘 R14mm 相切圆弧→草绘另一 R14mm 相切圆弧→草绘 R15mm 圆弧→草绘相切直线→草绘另一相切直线→修剪多余线→草图约束。具体过程如图 3-19 所示。

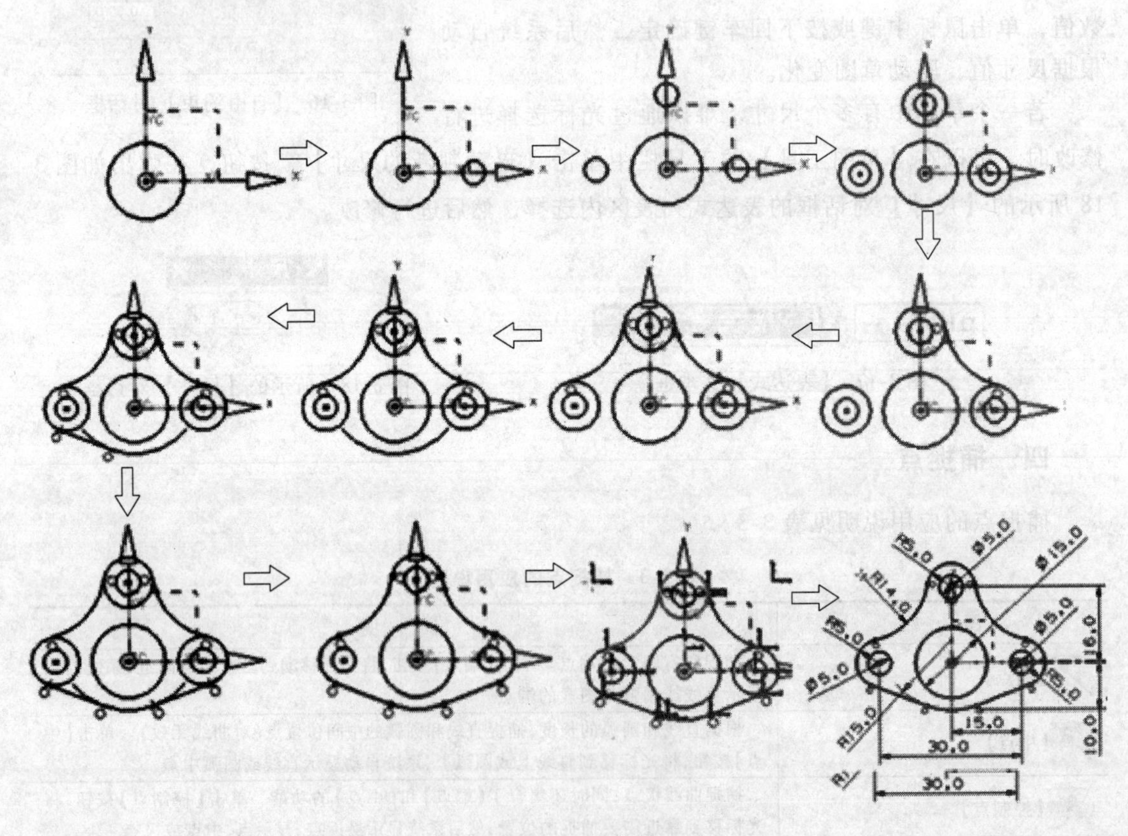

图 3-19　工艺路线

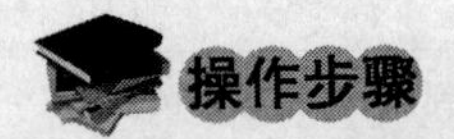

操作步骤

步骤一　进入建模环境

单击【标准】工具栏上的【新建】按钮，系统弹出【新建】对话框如图3-20所示。在【名称】文本框中输入要创建的文件名及其存放路径，然后单击【确定】按钮进入建模环境。

步骤二　进入草图环境

单击【特征】工具栏上的【草图】按钮，弹出如图3-21所示【创建草图】对话框。此时，程序默认的草图平面为“XC-YC平面”，单击对话框的【确定】按钮，进入草图环境中，如图3-22所示。

图3-20　【新建】对话框

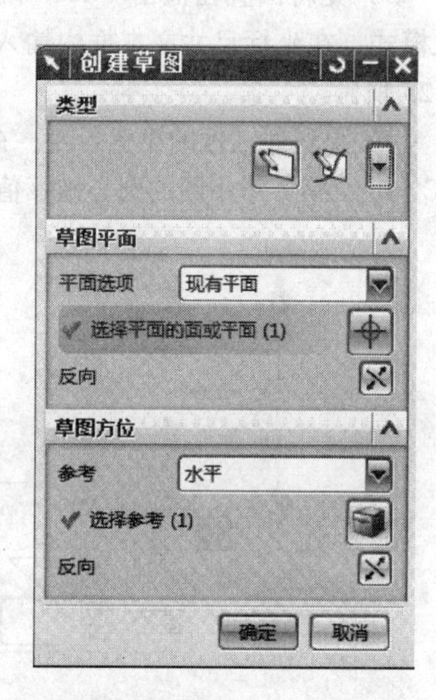

图3-21　【创建草图】对话框

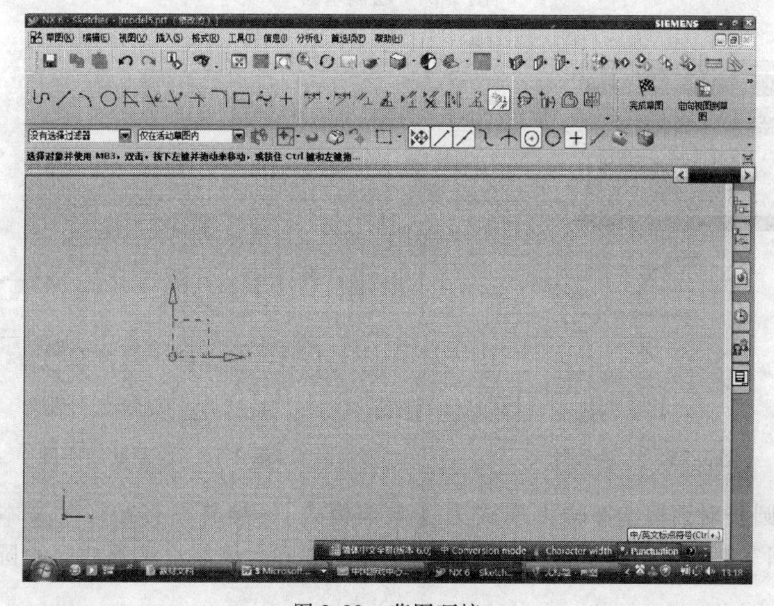

图3-22　草图环境

步骤三　绘制草图

1）首先将整个草图的定位中心设定在坐标原点位置。然后单击【草图工具】工具栏上的【圆】按钮，弹出【圆】对话框，如图3-23所示。

图3-23　【圆】对话框

2）保留【圆】对话框的“圆方法”和“输入模式”选项设置，在尺寸文本框内输入圆心坐标“XC＝0，YC＝0”，并按回车键以确认。此时会弹出直径参数文本框，在此文本框内输入值“15”后，再按回车键，完成基圆的创建，如图3-24所示。

3）先将圆直径值由“15”改为“5”，接着在【圆】对话框中选择“坐标参数”的输入模式，在坐标尺寸文本框内输入值“XC＝15，YC＝0”，再按回车键，创建出小圆，如图3-25所示。

4）保留对话框的设置不变，在坐标文本框输入第2个小圆的圆心坐标值为“XC＝－15，YC＝0”，第3个小圆的圆心坐标值为“XC＝0，YC＝16”，绘制的小圆如图3-26所示。

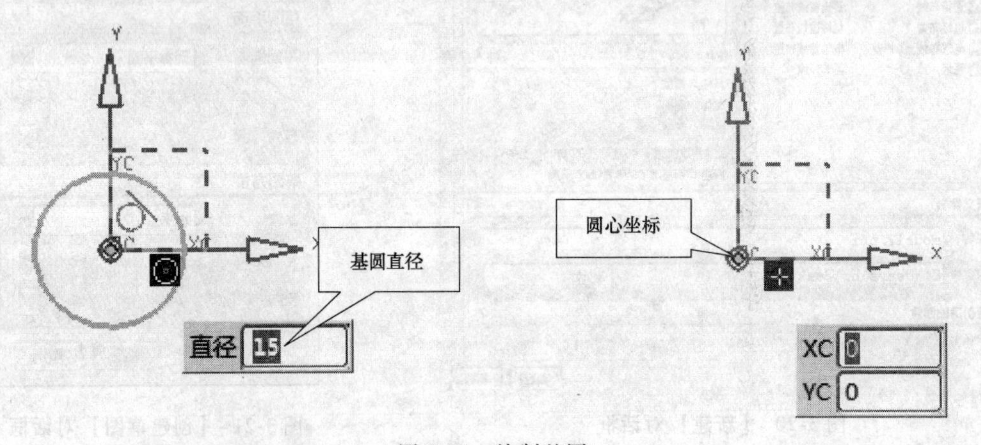

图3-24　绘制基圆

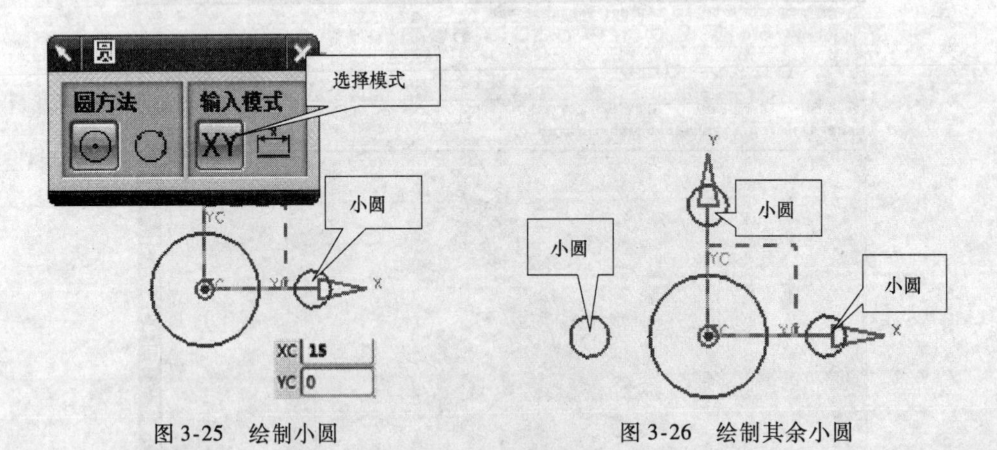

图3-25　绘制小圆　　　图3-26　绘制其余小圆

5）在【圆】对话框选择输入模式为【参数模式】，接着在直径尺寸文本框内输入值“10”，并按回车键确认。接着依次选择3个小圆的圆心，绘制出小圆的同心圆，如图3-27所示。

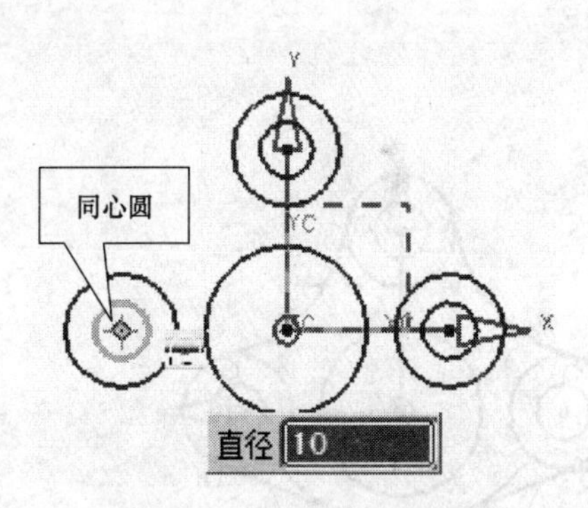

图 3-27 绘制小圆同心圆

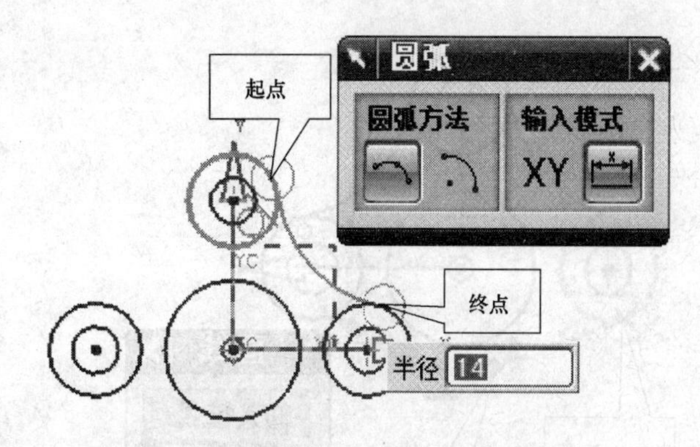

图 3-28 绘制圆弧的起点、终点和中点

6）单击【草图工具】工具栏上的【圆弧】按钮，弹出【圆弧】对话框。然后依次选择如图 3-28 所示的同心圆上的点作为圆弧起点与终点，并在“半径”文本框内输入值“14”，按回车键确认后，再单击鼠标创建出圆弧。

7）同理，按此方法在另一侧创建出如图 3-29 所示的圆弧。

8）在【圆弧】对话框中将圆弧方法设为【中心和端点定圆弧】，接着在圆心坐标文本框中输入“XC =0，YC =5”，并按回车键确认，如图 3-30 所示。

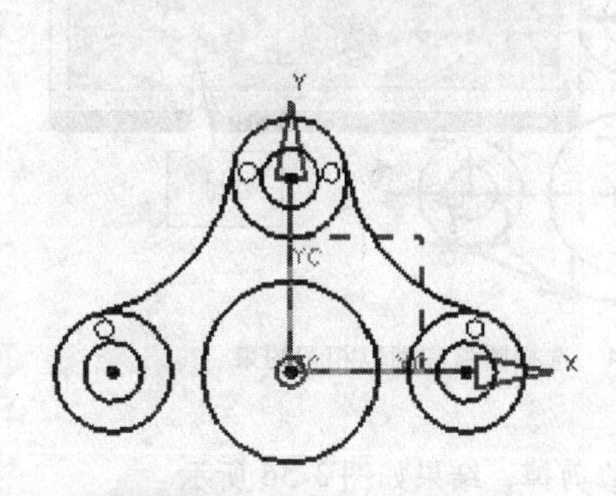

图 3-29 绘制另一侧圆弧

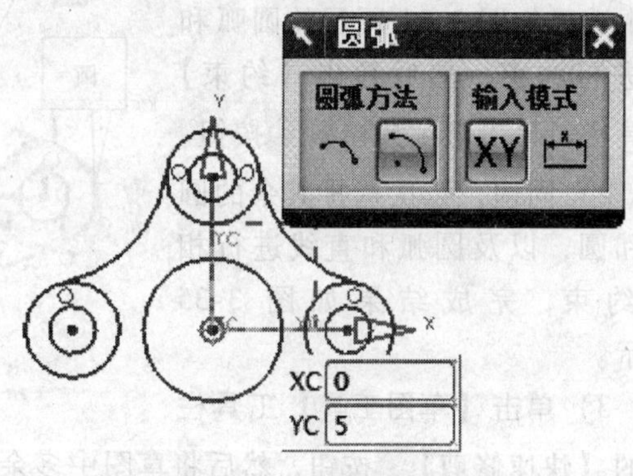

图 3-30 设定圆心坐标

9）确定圆心后，在弹出的尺寸文本框中输入半径为“15”，扫掠角度为“100”，并在图形区中选择如图 3-31 所示的位置作为圆弧的起点与终点。

10）单击【草图工具】工具栏上的【直线】按钮，弹出【直线】对话框。保留对话框默认的选项设置，然后依次选择小圆同心圆上的点和圆弧上的点分别来作为直线起点与终点，如图 3-32 所示。

11）同理，按此方法在另一侧创建出如图 3-33 所示的直线。

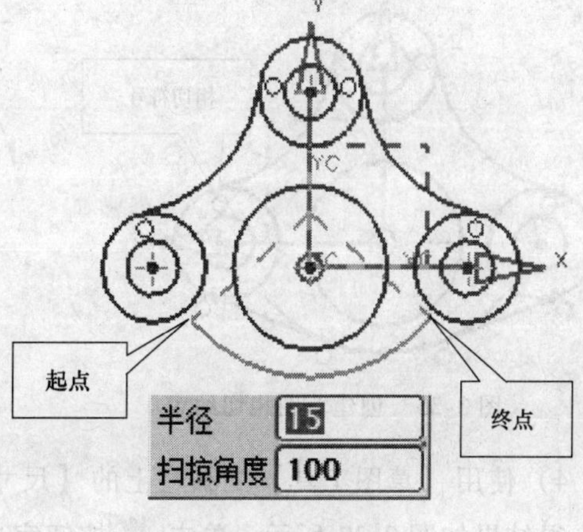

图 3-31 绘制圆弧

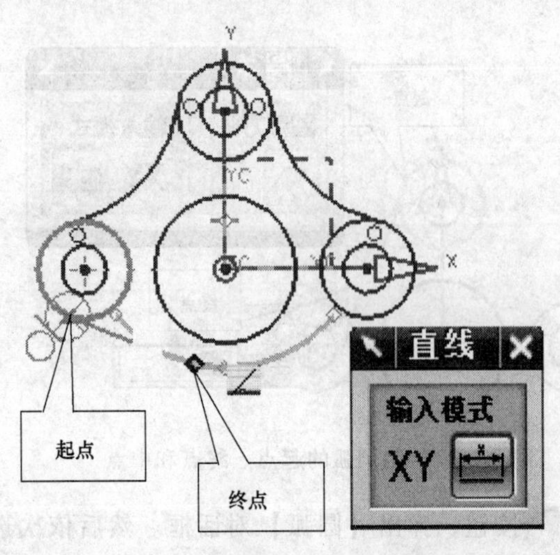

图 3-32　选择直线绘制起点、终点和中点

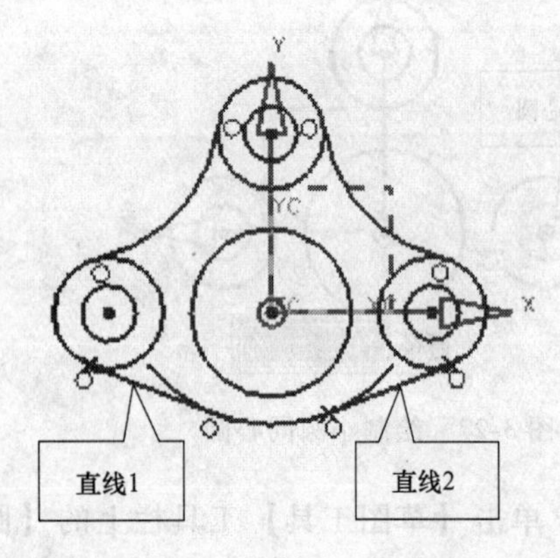

图 3-33　绘制另一侧直线

步骤四　草图约束

草图曲线绘制完成后，需要对其进行几何约束。

1）单击【草图工具】工具栏上的【约束】按钮，在图形区中选择如图 3-34 所示的圆弧和圆进行约束，然后弹出【约束】工具栏，单击对工具栏中按钮。

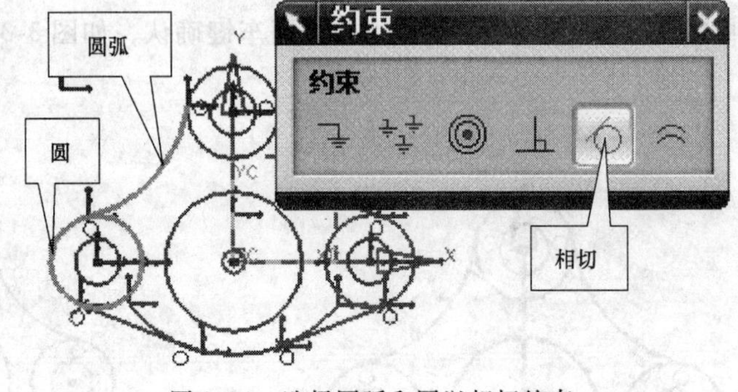

图 3-34　选择圆弧和圆以相切约束

2）同理，依次选择其余的圆弧和圆，以及圆弧和直线进行相切约束，完成结果如图 3-35 所示。

3）单击【草图工具】工具栏上的【快速修剪】按钮，然后将草图中多余的曲线修剪掉，结果如图 3-36 所示。

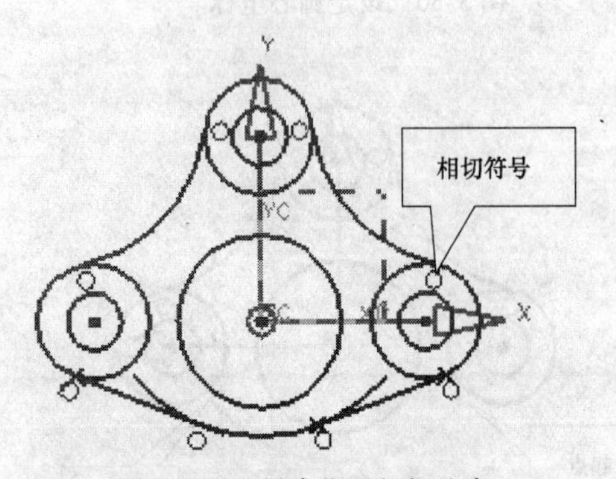

图 3-35　创建草图相切约束

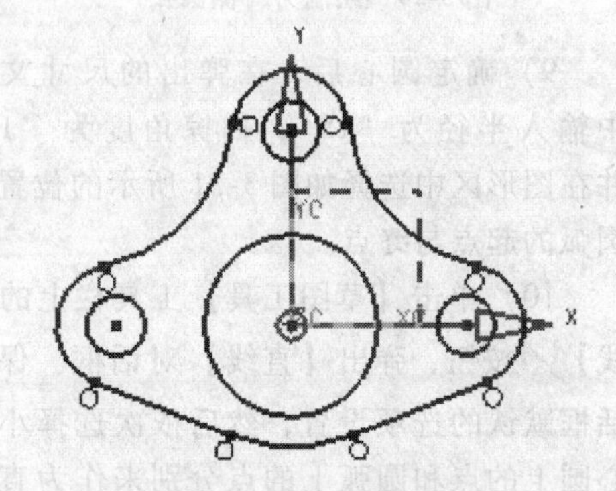

图 3-36　修剪多余曲线后的草图

4）使用【草图工具】工具栏上的【尺寸】工具对草图进行尺寸约束。最终完成垫片草图，得结果如图 3-37 所示。单击按钮完成草图，退出草图绘制操作。

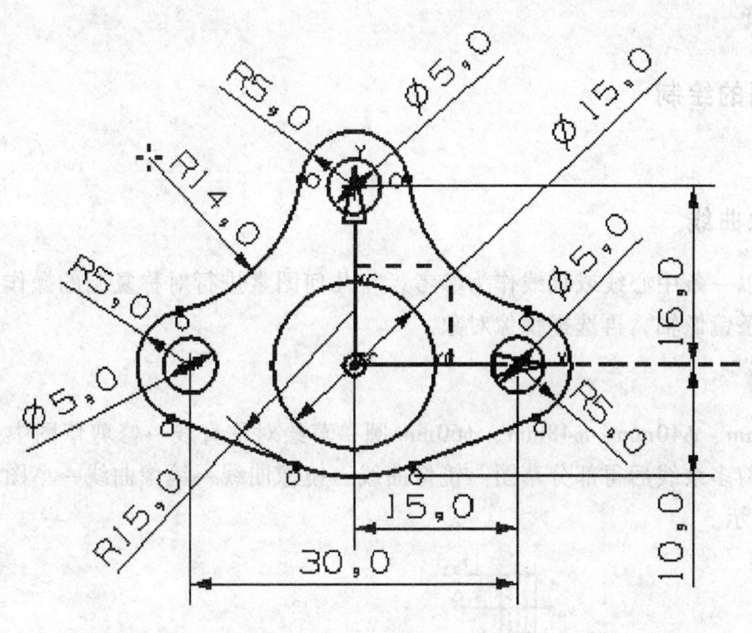

图 3-37　金属垫片草图

任务二　绘制转盘零件

实例分析

图 3-38 所示为转盘零件，其结构外形为圆，内有一个键槽和六个槽孔。

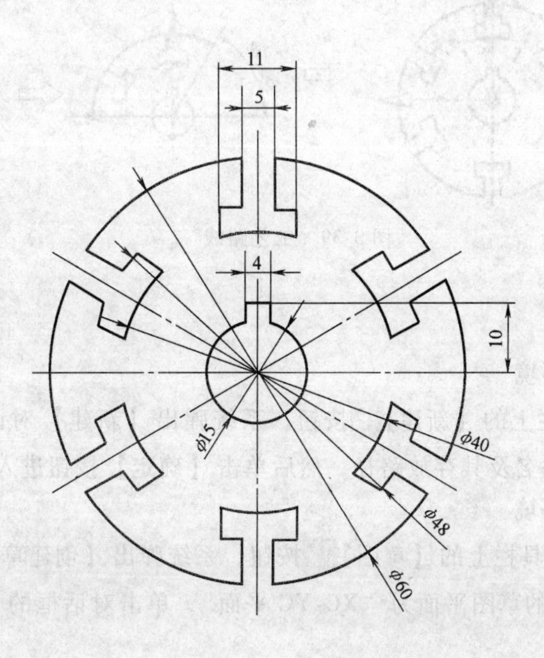

图 3-38　转盘零件

相关知识

一、草图的绘制

（略）

二、镜像曲线

镜像是指以一条中心线或轴线作为参考，将几何图素进行对称复制的操作。其操作步骤为：先选择一条镜像轴，再选择镜像对象。

工艺路线

草绘 ϕ15mm、ϕ40mm、ϕ48mm、ϕ60mm 圆→草绘对称直线→修剪草图中多余的曲线→草绘直线→修剪多余线后得部分草图→镜像曲线→镜像曲线→镜像曲线→草图约束。具体过程如图 3-39 所示。

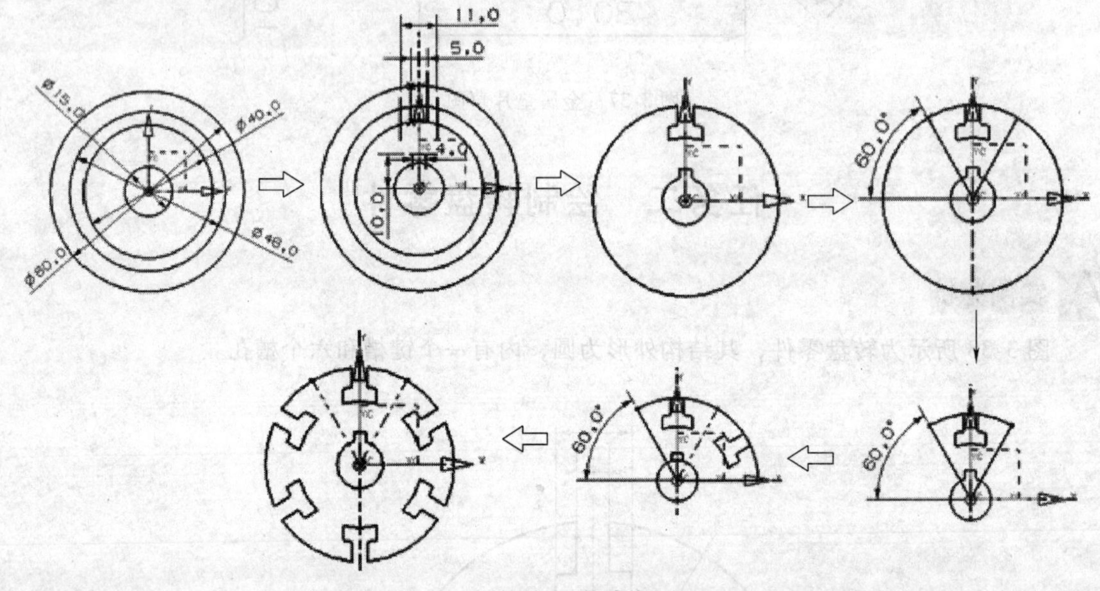

图 3-39　工艺路线

操作步骤

步骤一　进入建模环境

单击【标准】工具栏上的【新建】按钮，系统弹出【新建】对话框。在【名称】文本框中输入要创建的文件名及其存放路径，然后单击【确定】按钮进入建模环境。

步骤二　进入草图环境

1）单击【特征】工具栏上的【草图】按钮，系统弹出【创建草图】对话框。

2）此时，程序默认的草图平面为“XC-YC 平面”，单击对话框的【确定】按钮，进入草图环境中。

步骤三　绘制草图

1）首先将整个草图的定位中心设定在坐标原点位置。然后单击【草图工具】工具栏上的【圆】按钮，弹出【圆】对话框。

2）单击【圆】工具栏上的按钮，绘制如图3-40所示的圆。

3）单击【草图工具】工具栏上的【直线】按钮，弹出【直线】对话框，如图3-41所示。

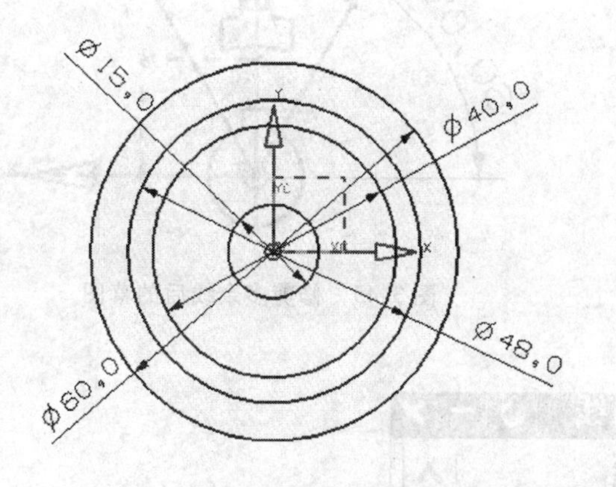

图3-40　绘制圆

图3-41　【直线】对话框

4）单击【直线】工具栏上的XY按钮，绘制如图3-42所示的直线。

5）单击【草图工具】工具栏上的【快速修剪】按钮，然后将草图中多余的曲线修剪掉，结果如图3-43所示。

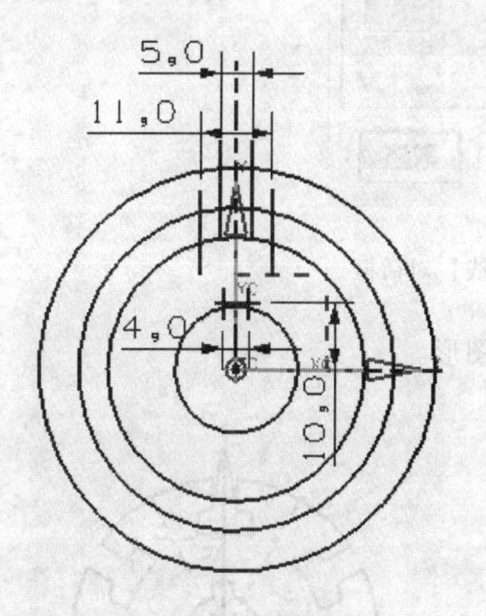

图3-42　直线的绘制

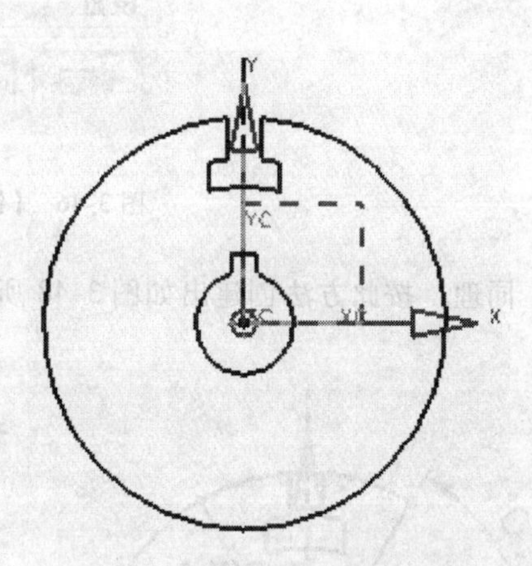

图3-43　修剪多余线后的草图

6）同理，按此方法创建出如图3-44所示的直线。快速修剪得如图3-45所示的草图。

7）单击【草图工具】工具栏上的【镜像曲线】按钮，系统弹出如图3-46所示【镜像曲线】对话框。

8）依次选择“中心线”和“曲线”，单击【确定】按钮，结果如图3-47所示。

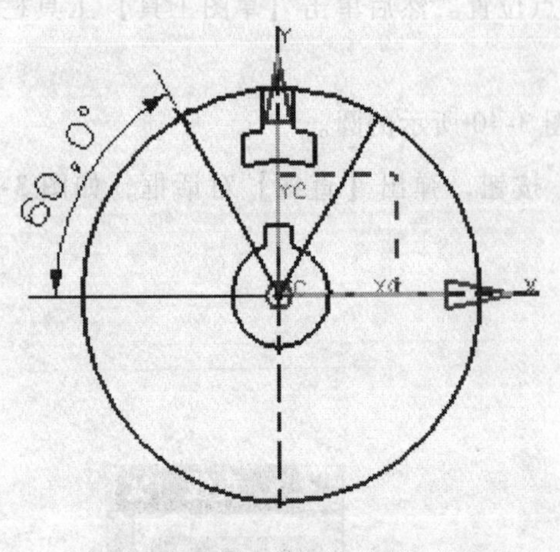

图 3-44　直线的绘制

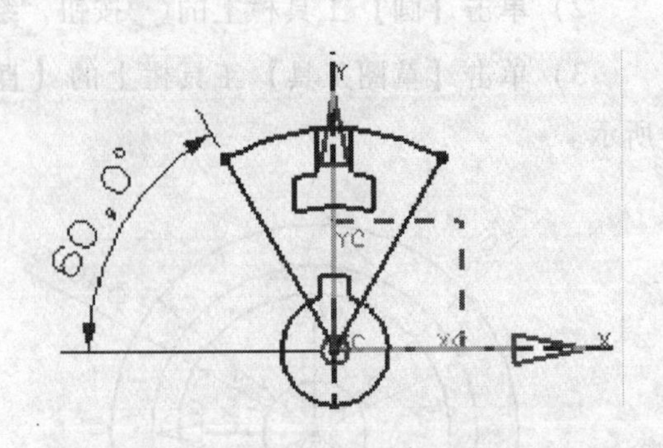

图 3-45　修剪多余线后的草图

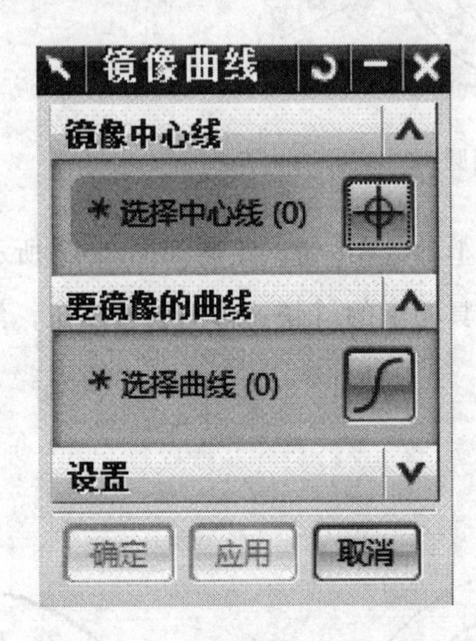

图 3-46　【镜像曲线】对话框

9）同理，按此方法创建出如图 3-48 所示的图形。

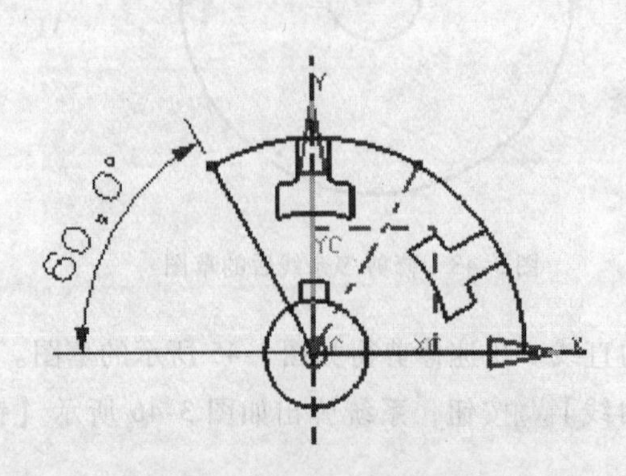

图 3-47　【镜像曲线】图形

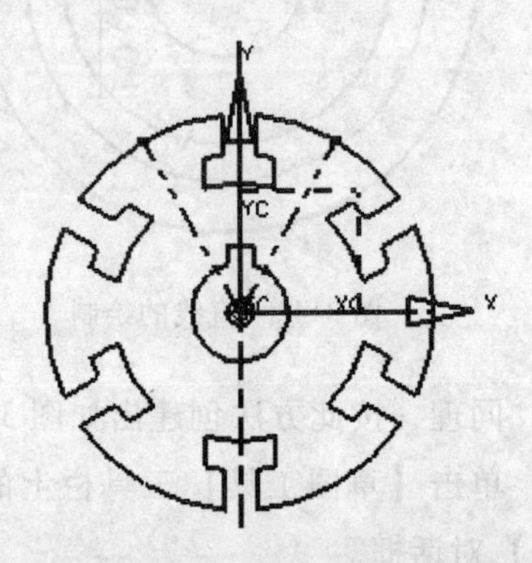

图 3-48　转盘草图

步骤四　草图约束

使用【草图工具】工具栏上的【尺寸】工具对草图进行尺寸约束，最终转盘草图完成的结果如图 3-48 所示，单击完成草图按钮，退出草图绘制操作。

实训一　绘制手柄

【功能模块】

草图	实体	曲面	装配	制图	逆向
√					

【功能命令】

绘制草图曲线、镜像曲线、添加草图约束、标注草图尺寸。

【素材（图 3-49）】

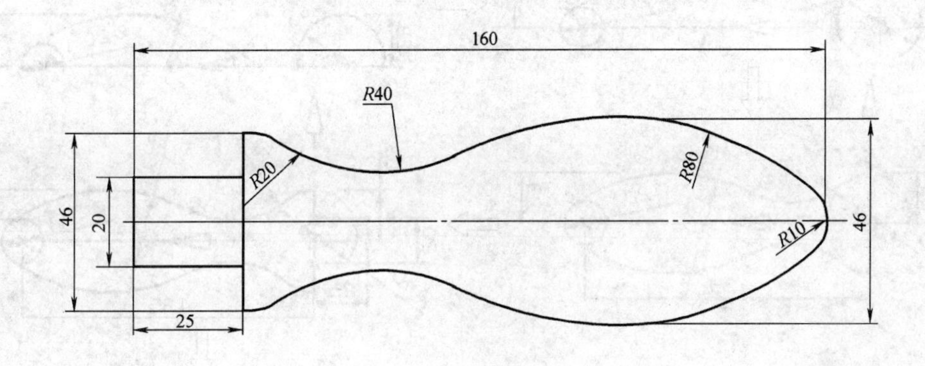

图 3-49　手柄零件图

【结果（图 3-50）】

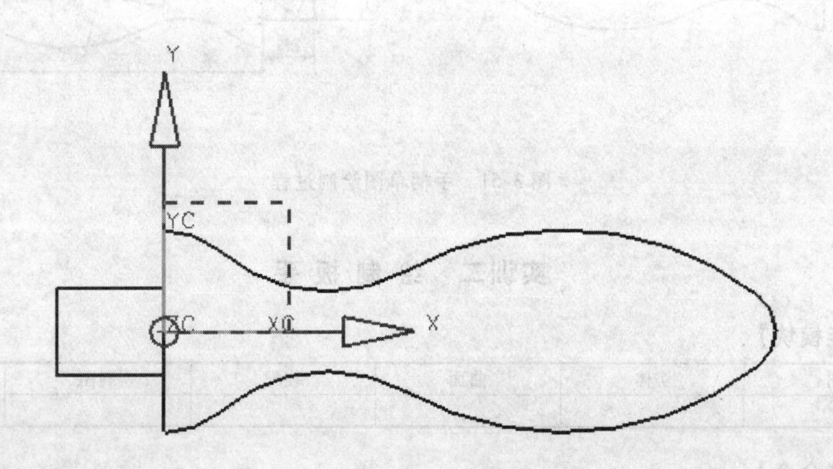

图 3-50　手柄草图

【操作提示】

确定坐标系的位置，绘制 ϕ40mm 圆并标注尺寸→绘制 ϕ20mm 圆并标注尺寸→绘制 R80mm 圆弧并标注尺寸→绘制 R40mm 圆角→镜像曲线→绘制草图曲线并添加约束→修剪曲线。具体过程如图 3-51 所示。

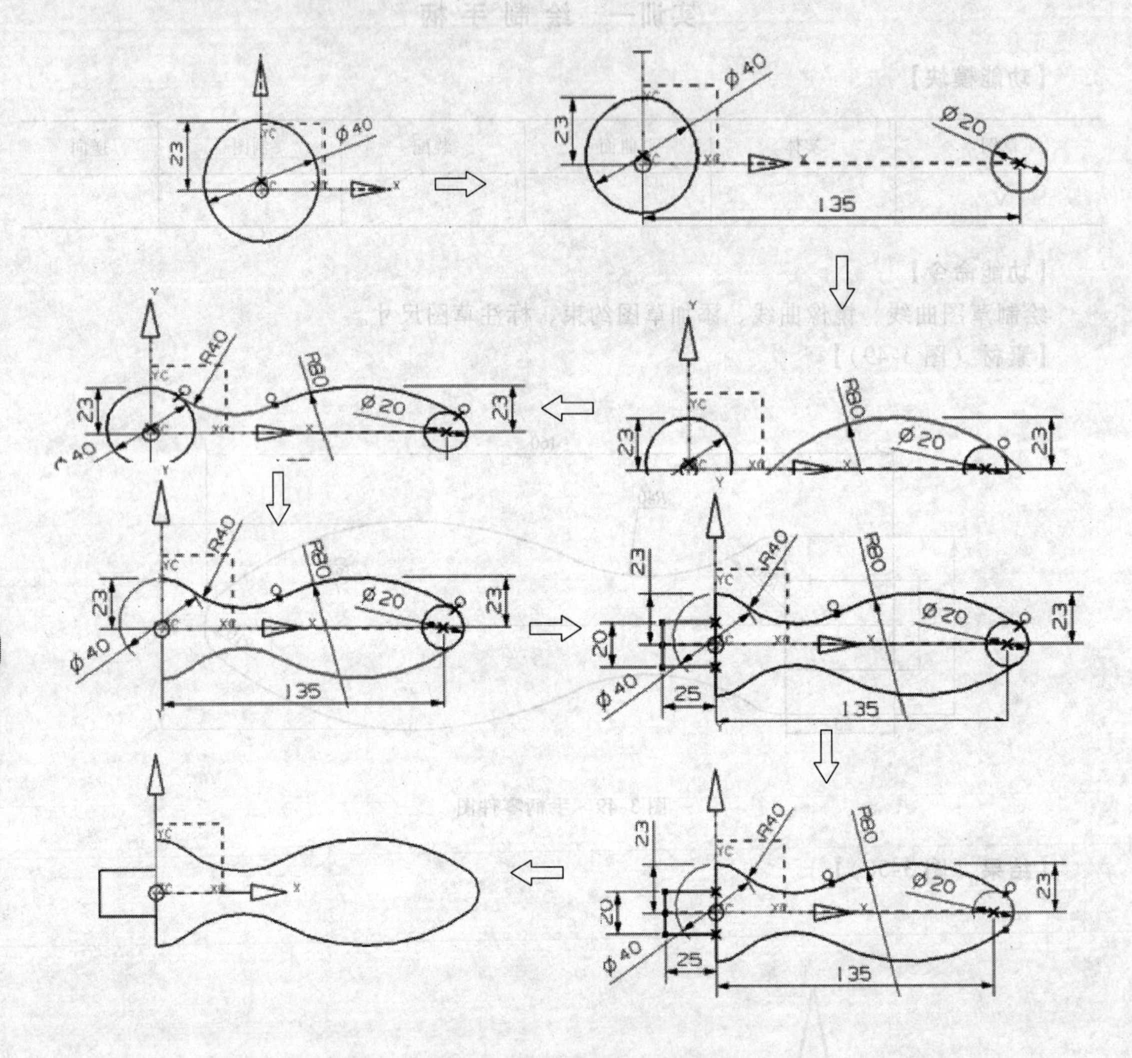

图 3-51　手柄草图绘制过程

实训二　绘 制 扳 手

【功能模块】

草图	实体	曲面	装配	制图	逆向
√					

【功能命令】

绘制草图曲线、镜像曲线、偏置曲线、添加草图约束、标注草图尺寸。

【素材（图 3-52)】

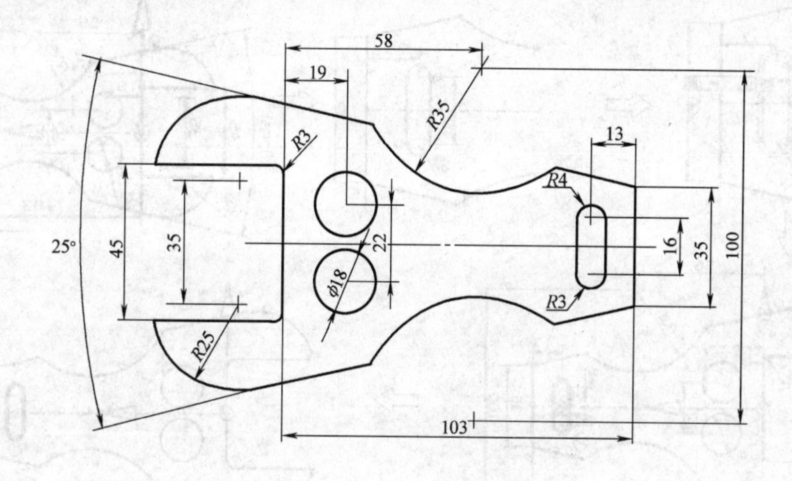

图 3-52　扳手零件图

【结果（图 3-53)】

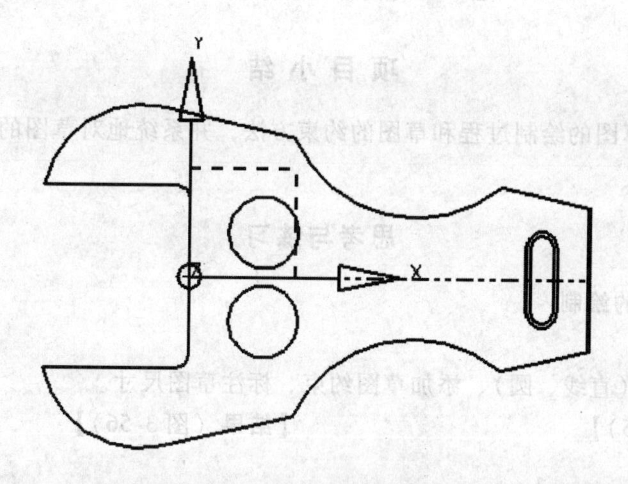

图 3-53　手柄草图

【操作提示】

确定坐标系位置并绘制大致轮廓→绘制 ϕ18mm 圆和 R35mm 圆弧→镜像曲线→绘制草图曲线→偏置曲线→倒 R3mm 圆角。具体过程如图 3-54 所示。

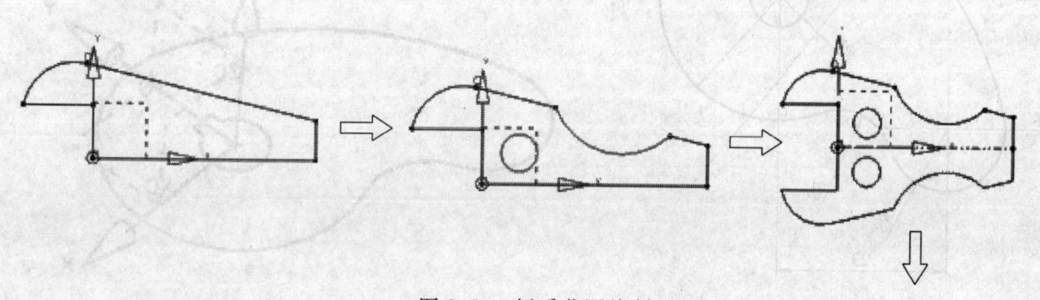

图 3-54　扳手草图绘制过程

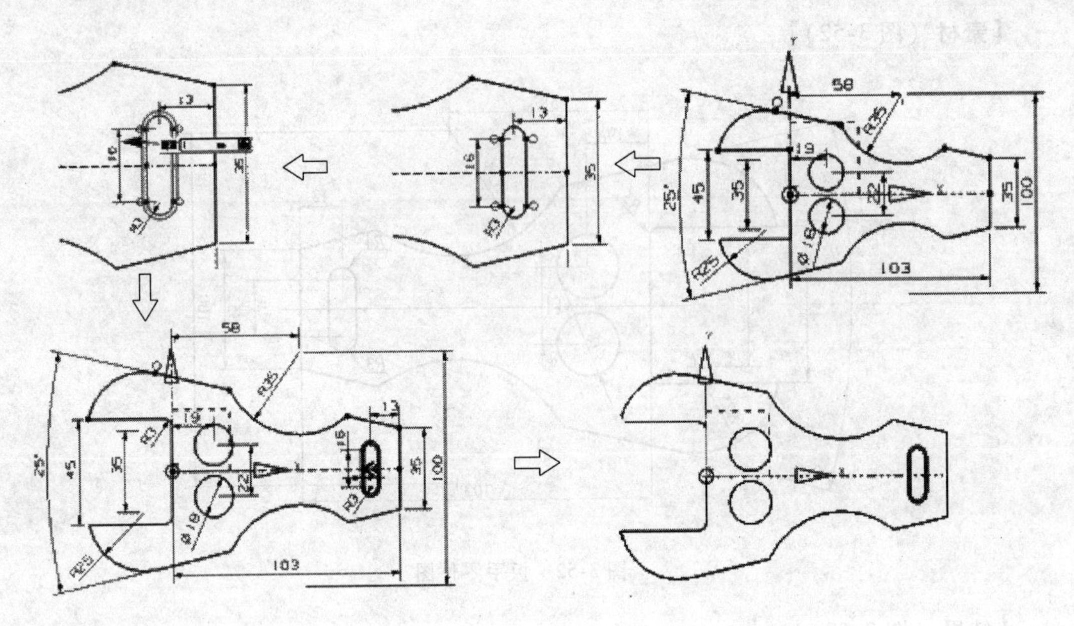

图 3-54 扳手草图绘制过程（续）

项 目 小 结

本项目介绍了草图的绘制过程和草图的约束方法，并系统地对草图的编辑和参数设置方法进行了介绍。

思考与练习

1. 凸轮形零件的绘制

【功能命令】

绘制草图曲线（直线、圆）、添加草图约束、标注草图尺寸。

【素材（图 3-55）】 **【结果（图 3-56）】**

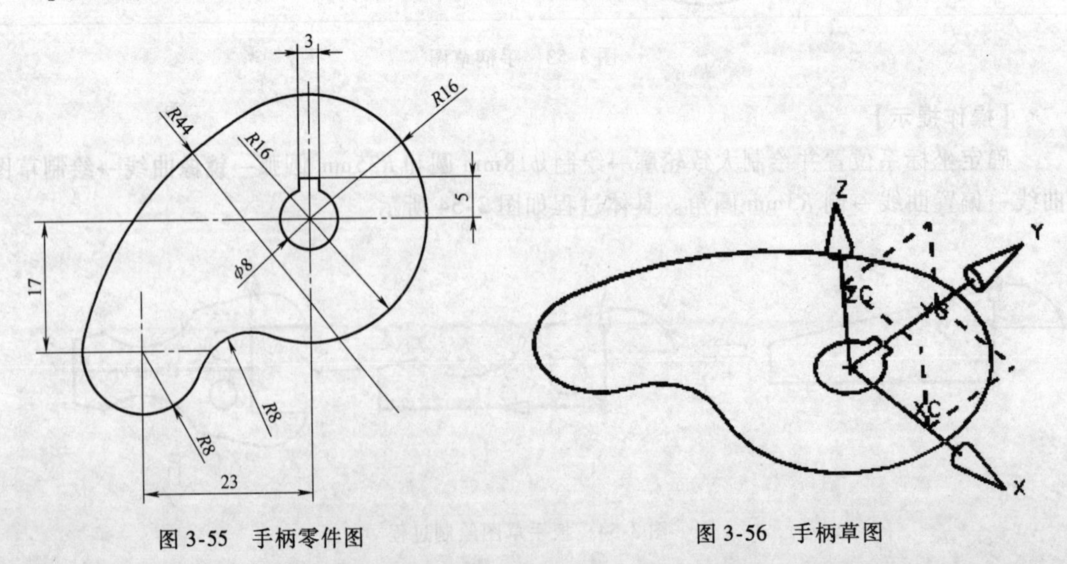

图 3-55 手柄零件图 图 3-56 手柄草图

2. 挂钩零件的绘制

【功能命令】

绘制草图曲线、添加草图约束、标注草图尺寸。

【素材（图 3-57）】　　　　【结果（图 3-58）】

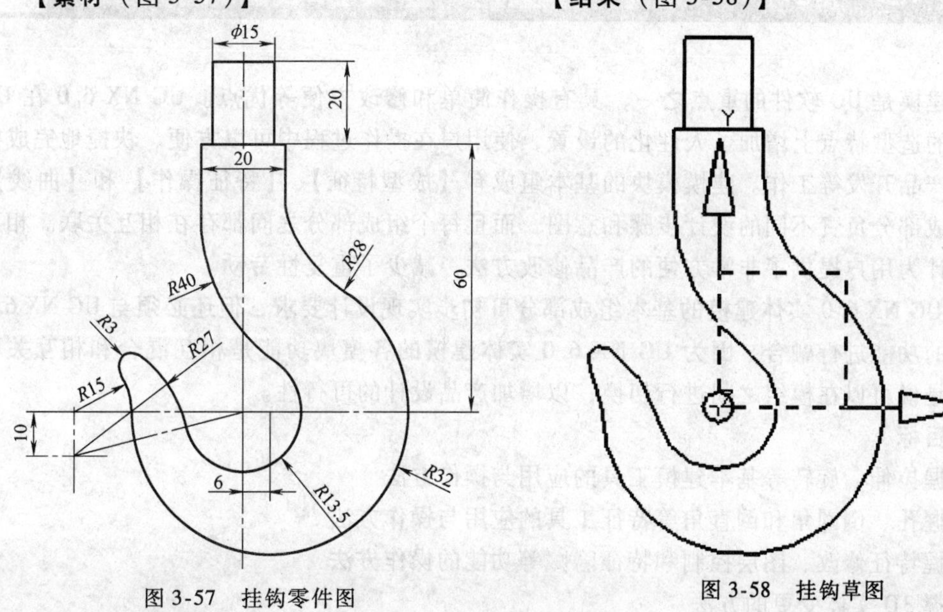

图 3-57　挂钩零件图　　　　图 3-58　挂钩草图

3. 支承座零件的绘制

【功能命令】

绘制草图曲线、添加草图约束、标注草图尺寸。

【素材（图 3-59）】　　　　【结果（图 3-60）】

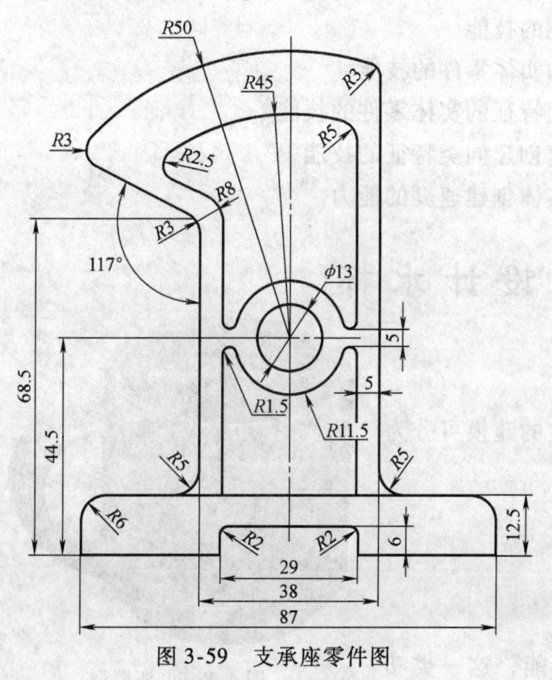

图 3-59　支承座零件图

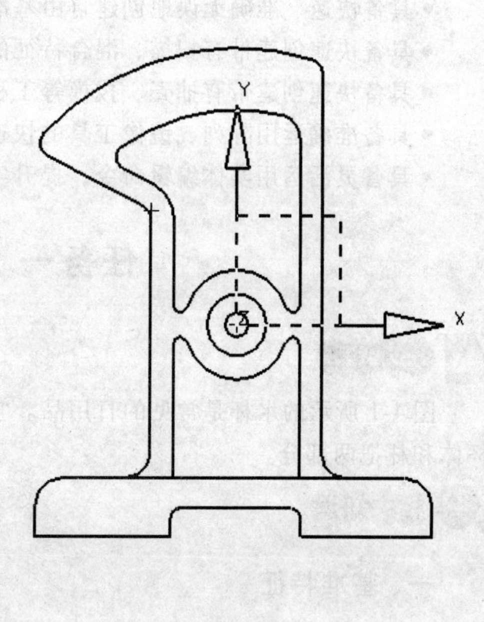

图 3-60　支承座草图

项目四 UG NX 6.0实体建模

三维建模是 UG 软件的重点之一，具有操作简单和修改方便等优点。UG NX 6.0 在 UG 软件传统的造型特点上增加了人性化的设置，使用户在操作过程中可以方便、快捷地完成模型设计和产品开发等工作。建模模块的基本组成有【成型特征】、【特征操作】和【曲线】，每一个组成部分负责不同的设计步骤和意图，而且每个组成部分之间都存在相互关联。相互关联的设计为用户提供了非常方便的产品修改方法，减少了重复性劳动。

通过 UG NX 6.0 实体建模的基本组成部分可初步实现设计要求，但还必须与 UG NX 6.0 其他模块的功能进行融合，因为 UG NX 6.0 实体建模的各模块功能是相互混合和相互关联的，也就是说可以在模组之间进行切换，以增加产品设计的可行性。

知识目标

- 掌握拉伸、旋转等基本建模工具的应用与操作方法
- 掌握孔、倒圆角和倒直角等特征工具的应用与操作方法
- 掌握特征修改、图层控制和特征隐藏等功能的操作方法
- 掌握 3D 实体变更的方法
- 掌握扫描、混合等高级建模工具的应用与操作方法
- 掌握抽壳、拔模等工程特征工具的应用与操作方法
- 掌握特征阵列和镜像工具的应用与操作方法

技能目标

- 具备快速、准确无误地创建自由基准的技能
- 具备快速创建带有扫描、混合特征的实体零件的技能
- 具备快速创建带有抽壳、拔模等工程特征的实体零件的技能
- 具备准确运用阵列、镜像工具的快速创建同类特征的技能
- 具备灵活运用实体编辑命令，提升实体创建速度的能力

任务一 设计水杯

实例分析

图 4-1 所示的水杯是常见的日用品。它的建模可分为杯体和杯把两部分。

图 4-1 水杯模型

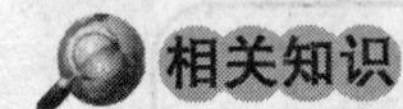

相关知识

一、基准特征

基准特征是零件设计中的常用辅助功能，这一类功

能起到辅助面和辅助线的作用，如通过基准平面作为放置面，可以在曲面或球面上创建孔特征或其他操作；旋转特征可以将基准轴作为旋转轴进行旋转；基准坐标系可以使坐标系与几何对象相关联。

（1）【基准平面】　单击【特征操作】工具栏上的【基准平面】按钮，系统弹出如图4-2所示的【基准平面】对话框，主要包括【类型】、【偏置和参考】、【平面方位】和【设置】四个选项。

【类型】中有15种基准平面的类型，见表4-1。

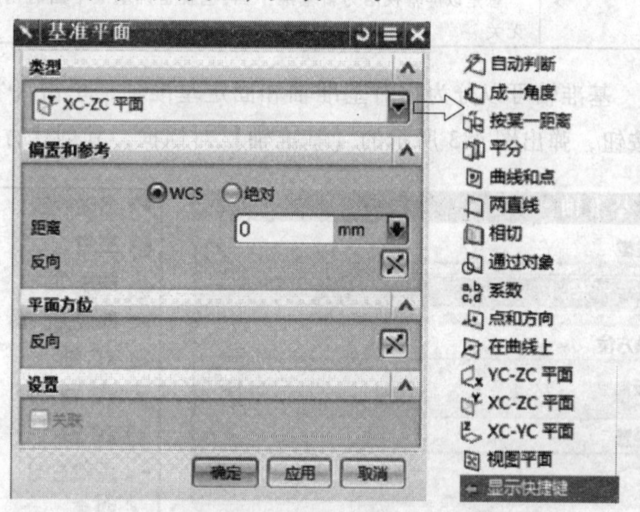

图4-2　【基准平面】对话框

表4-1　15种基准平面的创建类型及含义

类　　型	说　　明
【自动判断】	由选择约束来控制确定平面要素，例如，可以选择几何特征上的点或平面来创建基准平面
【成一角度】	选择一平面作参照，再绕一直线旋转一定的角度而生成的新平面
【按某一距离】	通过将参照平面移动一定距离而得到的新平面
【平分】	平分包含两种情况，若两参照平面平行，则新平面在两平行平面的中间，且距两平面距离相同；若两参照平面呈一定夹角，则新平面为夹角的平分平面
【曲线和点】	这是一个数学定义，空间中的一条曲线（包括直线、圆/圆弧、平面内的样条曲线等）和一个点可确定一平面
【两直线】	空间中的任意两条曲线可确定一个平面
【相切】	选择一参照几何特征（可以为一个面），即可自动生成与参照曲面相切的平面
【通过对象】	通过选择对象（如点、曲线、曲面等）来创建平面
【系数】	创建一个通过平面方程，由方程系数A、B、C、D来确定
【点和方向】	通过确定一个参考点及矢量方向来创建平面
【在曲线上】	主要用于创建一个通过空间曲线的平面

（续）

类　型	说　明
【YC-ZC 平面】	以工作坐标系 YC-ZC 平面作为新基准平面
【XC-ZC 平面】	以工作坐标系 XC-ZC 平面作为新基准平面
【XC-YC 平面】	以工作坐标系 XC-YC 平面作为新基准平面
【视图平面】	总是以屏幕视图为新基准平面，也就是说基准平面的创建与模型、工作坐标系无关

（2）【基准轴】　基准轴可以分为相对基准轴和固定基准轴，单击【特征操作】工具栏上的【基准轴】按钮，弹出图 4-3 所示的【基准轴】对话框，其创建方法说明见表 4-2。

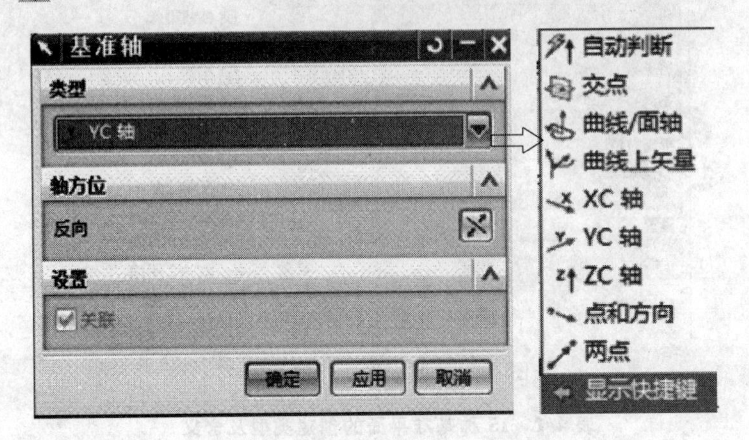

图 4-3　【基准轴】对话框

表 4-2　基准轴的创建类型及含义

类　型	说　明
【自动判断】	该方式将按照用户选择的对象自动判断生成基准轴。其判断依据涵盖了所有的选择约束
【交点】	是指用两个参照平面的相交线来作为基准轴
【曲线/面轴】	以线性边、曲线、基准轴或面作为参照而生成的基准轴
【曲线上矢量】	以曲线及曲线上的矢量来确定的基准轴
【XC 轴】	以工作坐标系中的 XC 轴作为新基准轴
【YC 轴】	以工作坐标系中的 YC 轴作为新基准轴
【ZC 轴】	以工作坐标系中的 ZC 轴作为新基准轴
【点和方向】	选择一个点作为矢量起点，然后确定矢量方向即可创建基准轴
【两点】	以两点创建一直线，此直线即是基准轴

（3）【基准 CSYS】 用户可以根据工作的需要，单击【特征操作】工具栏上的【基准 CSYS】按钮，弹出如图 4-4 所示的【基准 CSYS】对话框，即可指定 WCS 的原点和轴，再重新定义工作坐标系的位置，其创建方法说明见表 4-3。

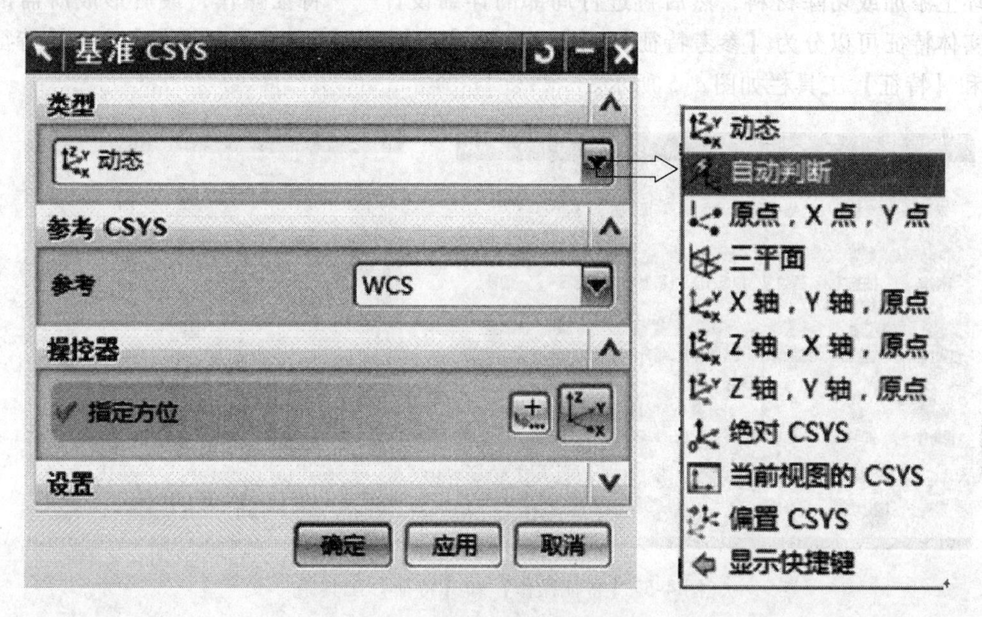

图 4-4 【基准 CSYS】对话框

表 4-3 基准坐标系的创建类型及含义

类 型	说 明
【动态】	通过拖动手柄或在尺寸文本框内输入值来确定基准坐标系的位置
【自动判断】	通过用户自行选择对象（如 3 个点或 3 个面）来创建基准坐标系
【原点，X 点，Y 点】	通过确定坐标系的原点、XC 轴方向上的点、YC 轴方向上的点来确定基准坐标系
【三平面】	通过确定 3 个平面来确定基准坐标系
【X 轴，Y 轴，原点】	选择一个点作为原点，再选择相互垂直的两条曲线或边作为坐标系的 XC 和 YC 轴来创建基准坐标系
【Z 轴，X 轴，原点】	选择一个点作为原点，再选择相互垂直的两条曲线或边作为坐标系的 ZC 和 XC 轴来创建基准坐标系
【Z 轴，Y 轴，原点】	选择一个点作为原点，再选择相互垂直的两条曲线或边作为坐标系的 ZC 和 YC 轴来创建基准坐标系
【绝对 CSYS】	以 UG 系统的绝对坐标系作为基准坐标系
【当前视图的 CSYS】	无论参照模型位置发生怎样变化，始终以屏幕视图作为基准坐标系的 XC-YC 平面，并以指向屏幕外的方向作为 ZC 轴向
【偏置 CSYS】	将工作坐标系移动至一定距离而创建基准坐标系

二、实体特征

UG NX 6.0 的实体特征建模类似于一个仿真加工过程，即首先建立基本毛坯，利用特征在毛坯上添加或切除材料，然后再进行局部的详细设计——特征操作，最后形成所需的产品。实体特征可以分为【参考特征】、【扫掠特征】、【特征】和【特征操作】等。【特征操作】和【特征】工具栏如图 4-5 所示。

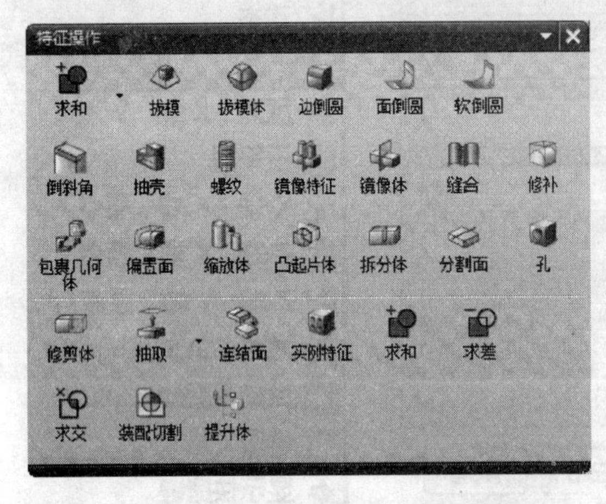

图 4-5 【特征操作】和【特征】工具条

三、基本体素特征

UG NX 6.0 实体建模系统提供了 4 种体素特征建模，即【长方体】、【圆柱】、【圆锥】和【球】，其工具栏如图 4-6 所示。

图 4-6 体素特征工具栏

1. 长方体

单击【特征】工具栏上的【长方体】按钮，弹出【长方体】对话框，如图 4-7 所示，通过选择类型，指定方位、

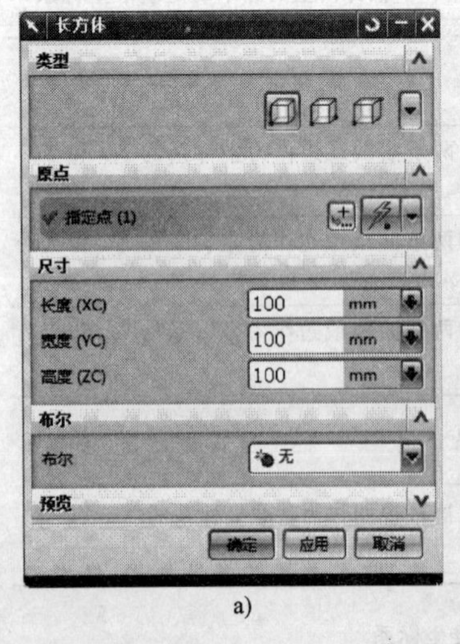

a)

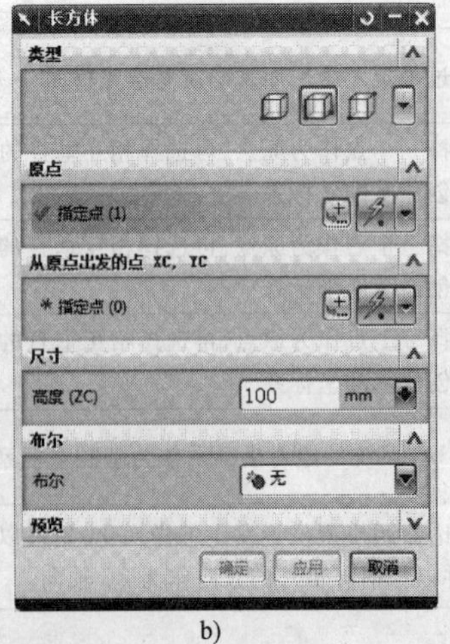

b)

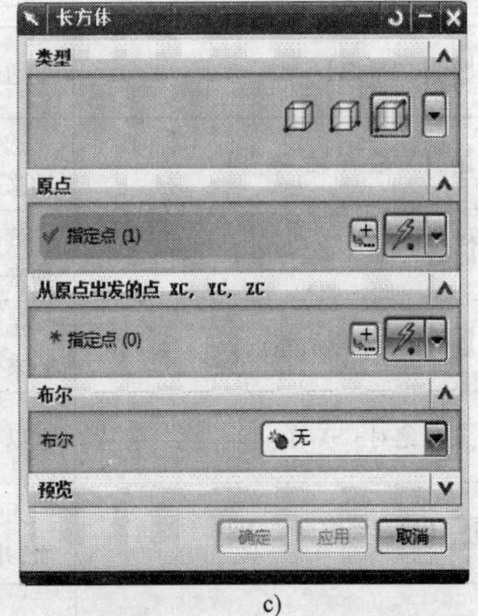

c)

图 4-7 【长方体】对话框

尺寸创建长方体。

创建长方体的方法有三种类型，其对话框如图4-7a、b、c所示。

1）利用原点和边长创建长方体，在图4-7a所示的【长方体】对话框的【类型】中单击按钮，然后单击按钮并在绘图区选择一点，接着在对话框中设置长方体的长度、宽度和高度后，单击【确定】按钮，则创建的长方体如图4-8a所示。

2）利用长方体底面的两顶点和高度创建长方体，创建的结果如图4-8b所示。

3）利用长方体的两个对角顶点创建长方体，创建的结果如图4-8c所示。

a)

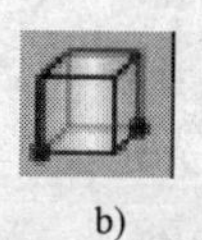

b)

c)

图4-8 长方体的三种创建方式

a）原点、边长 b）两点、高度 c）两个对角点

2. 圆柱

单击【特征】工具栏上的【圆柱】按钮，系统弹出【圆柱】对话框，如图4-9所示，通过指定底面圆心、圆柱尺寸和方向来构建圆柱。UG系统提供了两种创建【圆柱】方法：轴、直径和高度，以及圆弧和高度，如图4-10所示。

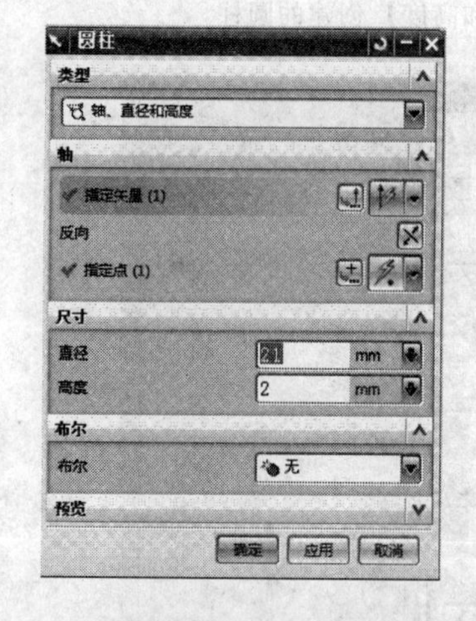

图4-9 【圆柱】对话框

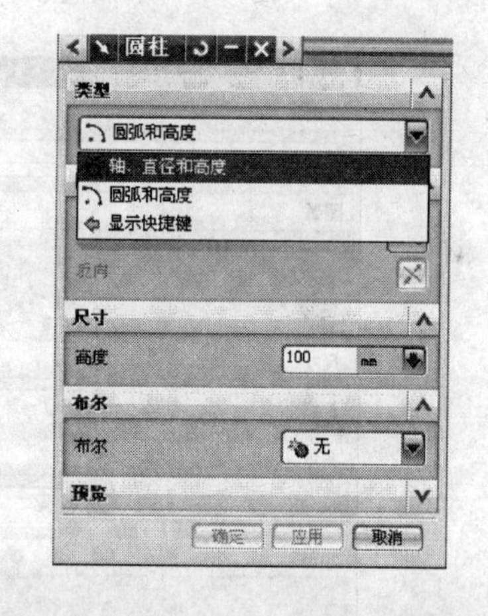

图4-10 轴、直径和高度、高度和圆弧

（1）轴、直径和高度 创建方法如图4-11所示，首先选择【类型】中的【轴、直径和高度】；然后选择轴、轴的方向和圆柱底面圆心；接下来给出直径和高度的尺寸，指定布尔运算方式；单击【确定】按钮，圆柱创建完成。

（2）圆弧和高度 创建方法如图4-12所示。此选项是以参考圆弧及设定圆柱高度的方式来构建圆柱，而圆弧不一定要为全圆。所以建立的圆柱半径与圆弧半径相同，其操作步骤如下：

1）输入圆柱高度。

2）选择圆或圆弧（可以是曲线或实体边）。

3）确认圆柱轴向。

4）指定布尔运算方式。

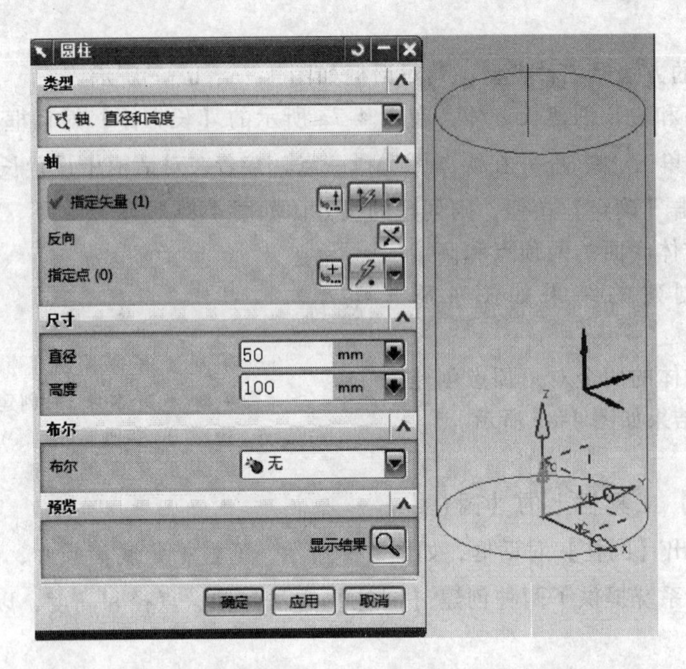

图 4-11　利用【轴、直径和高度】创建的圆柱

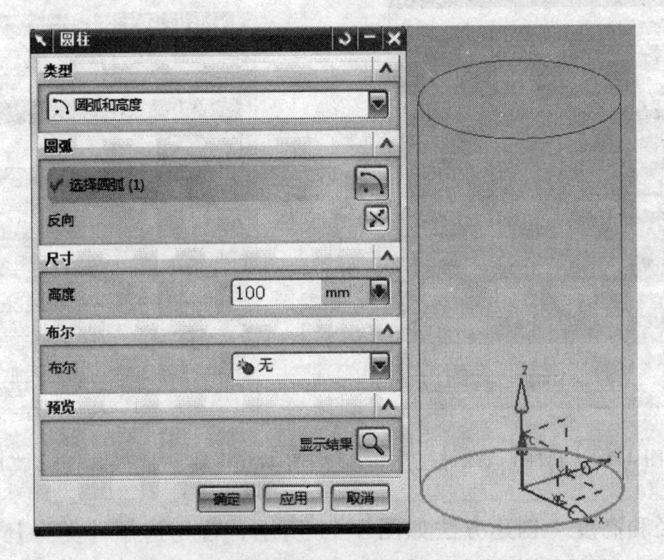

图 4-12　利用【圆弧和高度】创建的圆柱

3. 圆锥

在【特征】工具栏上单击【圆锥】按钮，系统弹出【圆锥】对话框，如图 4-13 所示。可以使用以下选项，通过指定方向、大小和位置创建圆锥体。

1）直径、高度。通过定义底面直径、顶面直径和高度值创建圆锥体。

2）直径、半角。通过定义底面直径、顶面直径和半角的值创建圆锥体。

3）底部直径、高度、半角。通过定义底面直径、高度和半顶角值创建圆锥体。

4）顶直径、高度、半角。通过定义顶面直径、高度和半顶角值创建圆锥体。

5）两共轴的圆弧。通过选择两条圆弧（这两条圆弧并不需要相互平行）创建圆锥体。

4. 球

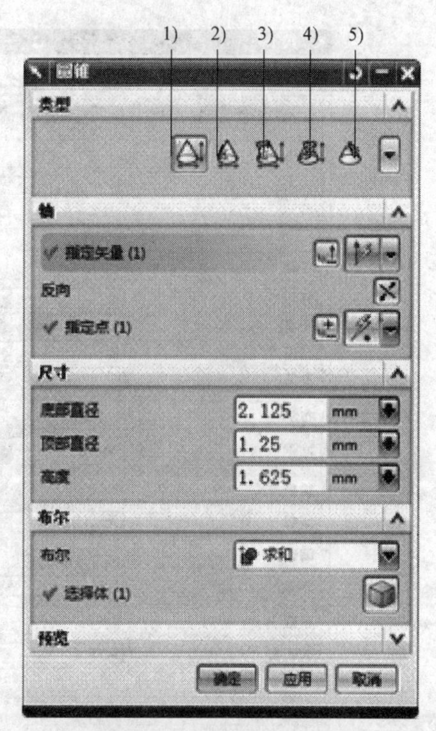

图 4-13　【圆锥】对话框

单击【特征】工具栏上的【球】按钮，系统弹出【球】对话框。可以使用以下选项，通过指定方向、大小和位置创建球。

1）中心点和直径。通过定义直径值和球心创建球，如图 4-14 所示。

2）选择圆弧。通过选择圆弧创建球，如图 4-15 所示。

四、扫掠特征

扫掠特征是指将截面对象沿某一路径进行扫掠所产生的特征。扫掠特征包括拉伸体、回转体、沿路径扫掠和管道。当扫掠路径为直线时，产生拉伸体；当扫掠路径为圆弧时，产生回转体；当截面对象为圆时，产生管道。

1. 拉伸体

拉伸体是将二维截面沿着一个方向扫描生成的实体。

单击【特征】工具栏上的【拉伸】按钮，系统弹出【拉伸】对话框，如图 4-16 所示。

图 4-14　中心点和直径创建球

图 4-15　选择圆弧创建球

拉伸特征的操作步骤为：

1）先在【特征】工具栏选取【拉伸】，再选取准备好的草图，也可以创建一个草图作为截面轮廓，该草图将自动生成为拉伸对象，如图 4-17 所示。

2）草图选取后，选取生成拉伸特征的图形的方向。

3）在对话框中输入拉伸的【起始】和【结束】值。

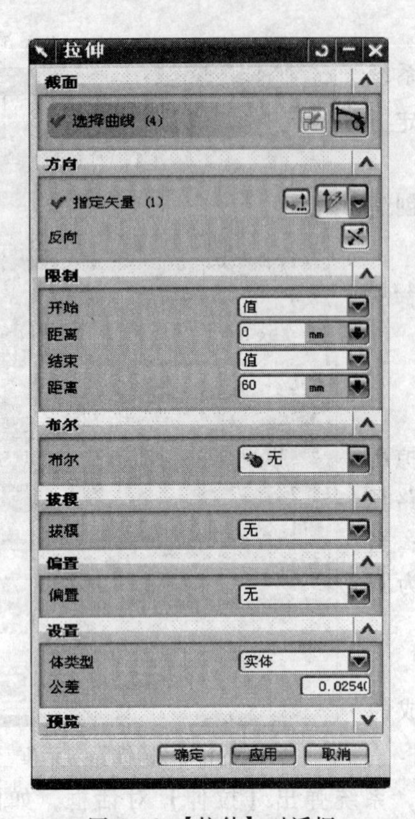

图 4-16 【拉伸】对话框

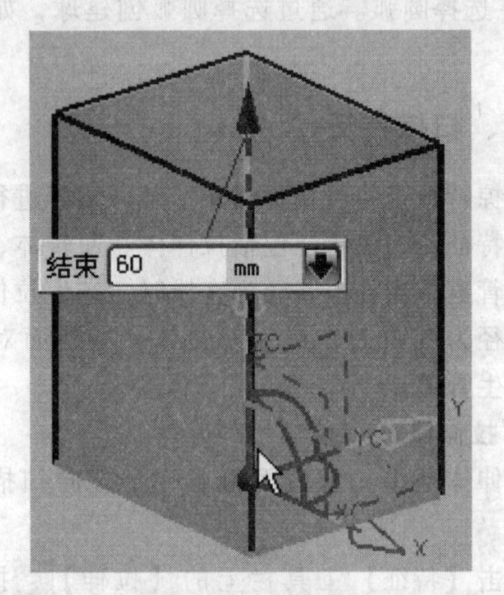

图 4-17 拉伸体

4）在【拉伸】对话框中可以选择【布尔】运算选项，如图 4-18 所示。

5）在【拉伸】对话框中的【拔模】项中可以选择从起始限制、从截面、从截面不对称角、从截面对称角、从截面匹配的终止处。此选项用来设定拉伸体的拔模角。拔模角可以为正，也可以为负，如图 4-19 所示。

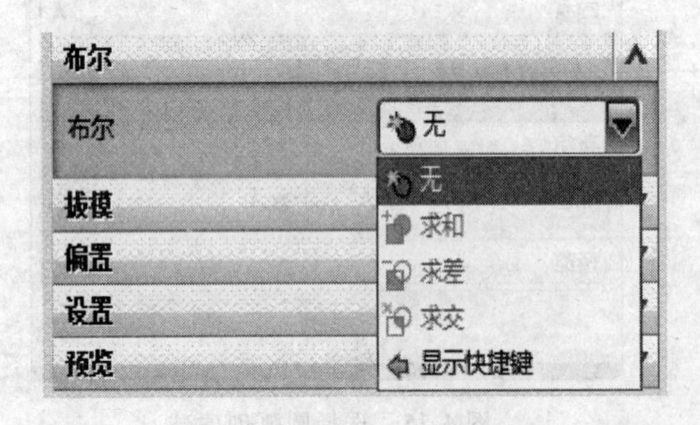

图 4-18 拉伸中的布尔选项

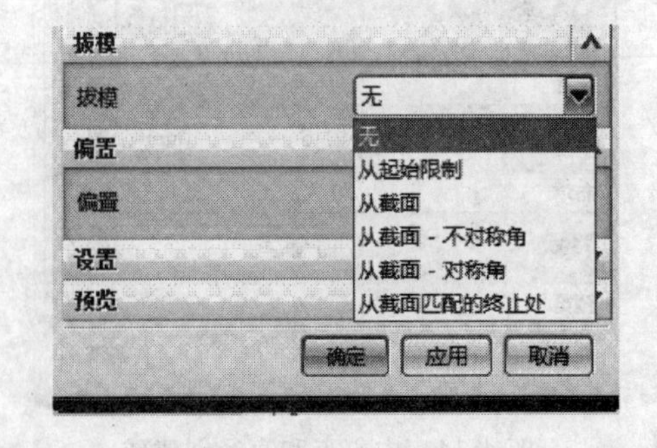

图 4-19 拉伸中的拔模选项

6）【拉伸】对话框中的【偏置】功能可以设定偏置为单侧、两侧或对称，如图 4-20 所示。

7）利用【体类型】选项可选择生成的体类型为实体或片体，如图 4-21 所示。

8）单击【确定】按钮，拉伸体完成。

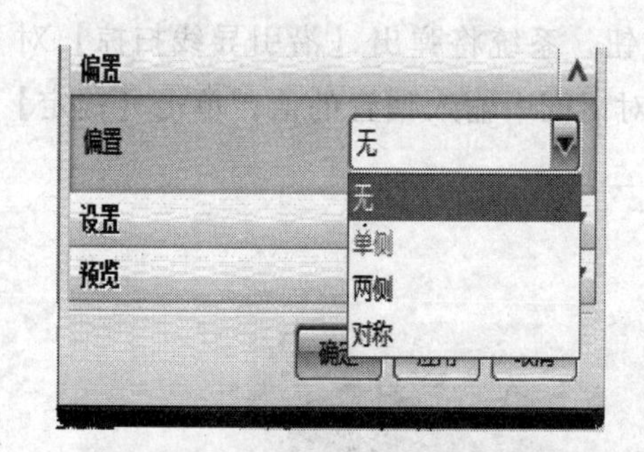

图 4-20 拉伸中的偏置选项

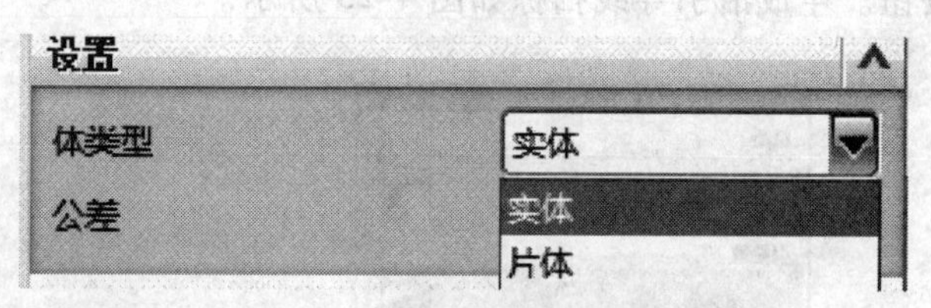

图 4-21 拉伸中的体类型选项

2. 回转体

回转体的构建方法是：二维截面线、曲线、草图绕一条轴回转扫描生成实体或片体。

用户可通过绕指定的轴回转剖面曲线来创建单个特征（实体或片体）。单击【特征】工具栏上的【回转】按钮，系统将弹出如图 4-22a 所示的【回转】对话框。在该对话框中点击【选择曲线】按钮，选取准备好的草图（也可以创建一个草图作为截面轮廓，之后在【特征】工具栏选取【回转】，再选取该草图），在对话框中设置轮廓面的旋转矢量，之后选择旋转中心点、轴等来定义回转的生成位置（选取的旋转参考对象不同，生成的图形也不同），在对话框中输入回转体的【起始】和【结束】角度，单击【确定】按钮，生成的回转体如图 4-22b 所示。

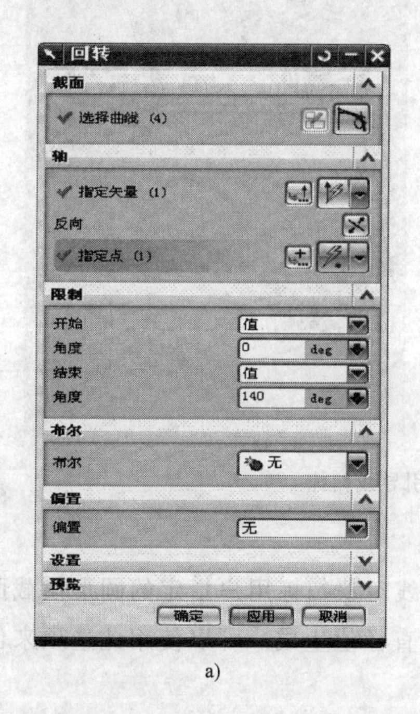

a)

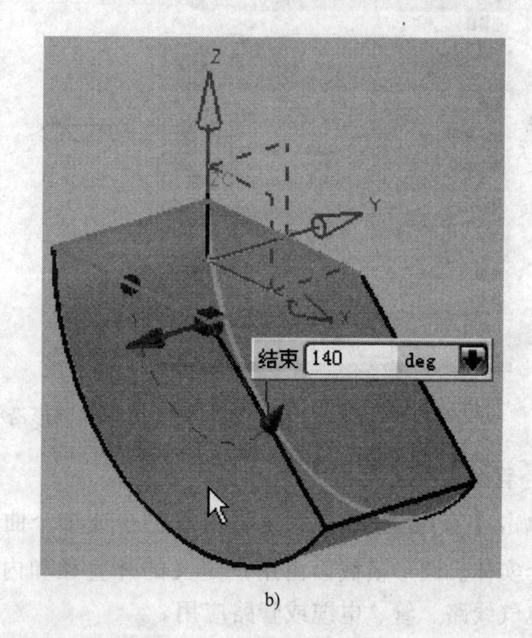

b)

图 4-22 回转体

3. 沿引导线扫掠

此功能可以产生一般扫掠特征，将一个截面图形沿着引导线定义的路径扫掠产生实体或片体模型。扫掠特征的步骤操作如下：

单击【特征】工具栏上的【沿引导线扫掠】按钮，系统将弹出【沿引导线扫掠】对话框。选择一个草图作为截面线串；选择引导线；在对话框中输入偏置的值，单击【确定】按钮。生成沿引导线扫掠如图 4-23 所示。

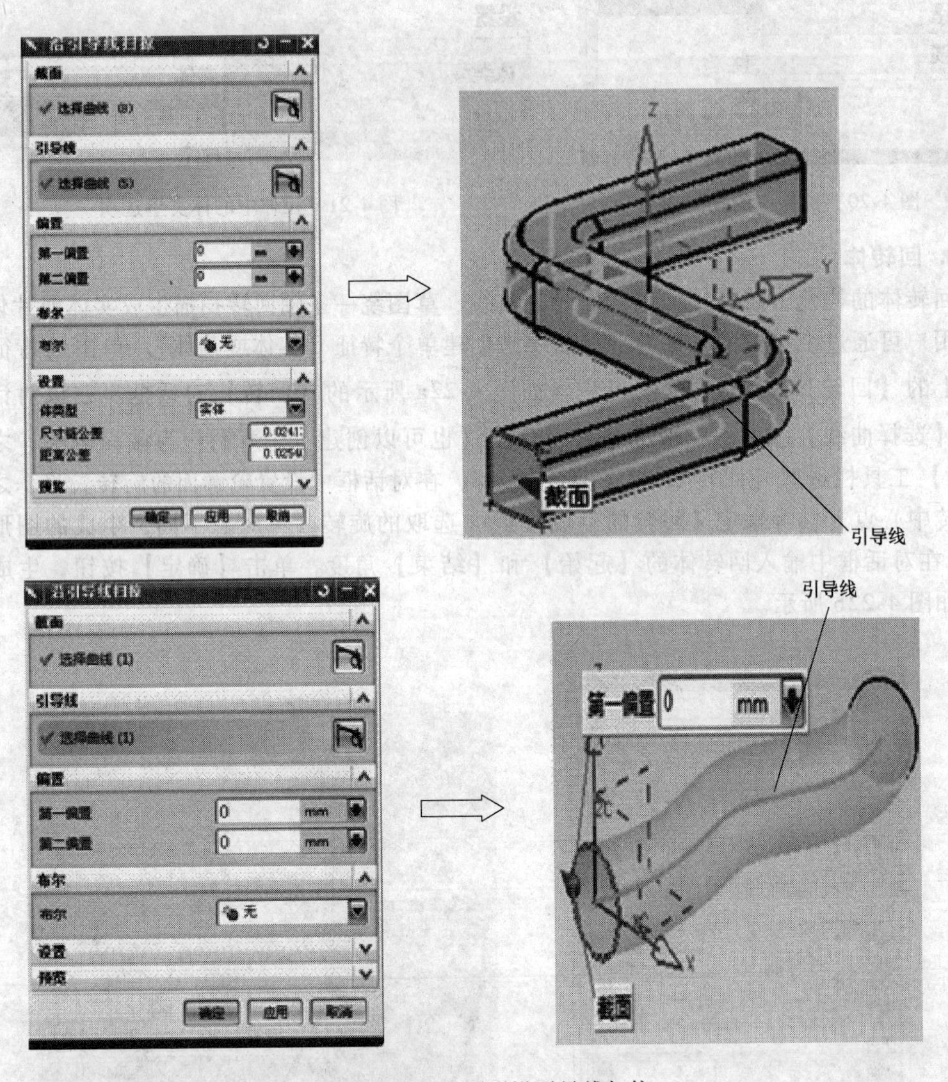

图 4-23　方形和圆形沿引导线扫掠

4. 管道

单击【管】按钮，系统将沿着一个或多个曲线对象扫掠用户指定的圆形横截面来创建单个实体。圆形横截面由用户定义的外直径和内直径值生成。可以使用此选项来创建线框、电气线路、管、电缆或管路应用。

如果要创建【管】特征，可以执行以下操作：

单击【特征】工具栏上的【管道】按钮，系统将弹出【管道】对话框；选择一个草图作为管道的路径；输入【外直径】和【内直径】的值；选择【输出类型】，既可以是【单段】，也可以是【多段】；单击【确定】按钮，生成管道特征如图 4-24 所示。

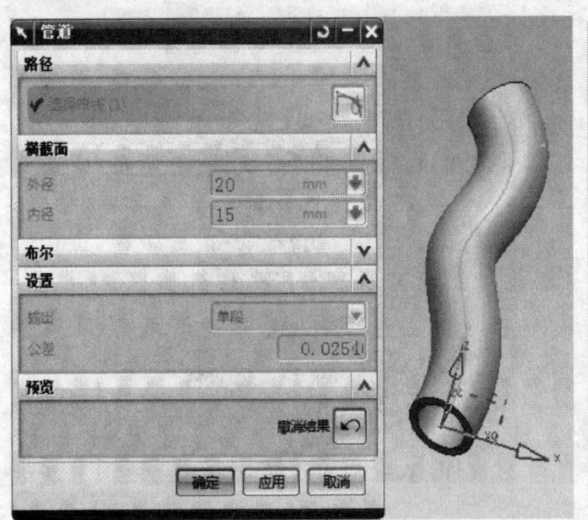

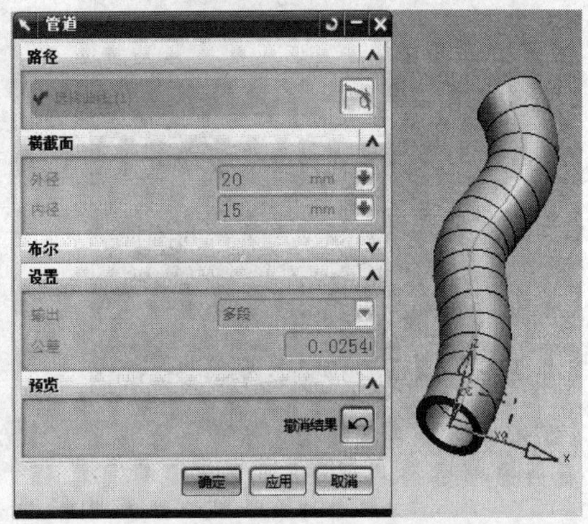

图 4-24 单段、多段管道特征

五、布尔运算

【布尔】下拉列表框特征与特征之间进行操作，分别有【创建】、【求和】、【求差】和【求交】四种。

（1）【创建】无 直接创建实体或片体，如图 4-25a 所示，圆柱体和六面体是互相独立的实体。

（2）【求和】 两个特征进行相并，保留两个特征的内部，相交部分将自动被删除，如图 4-25b 所示，圆柱体和六面体并成一个实体。

（3）【求差】 两个特征进行相减，保留相减后得部分，如图 4-25c 所示，六面体仅留下被圆柱体相减的部分。

（4）【求交】 两个特征进行相交时，保留相交部分，如图 4-25d 所示，留下六面体和圆柱体相交的部分。

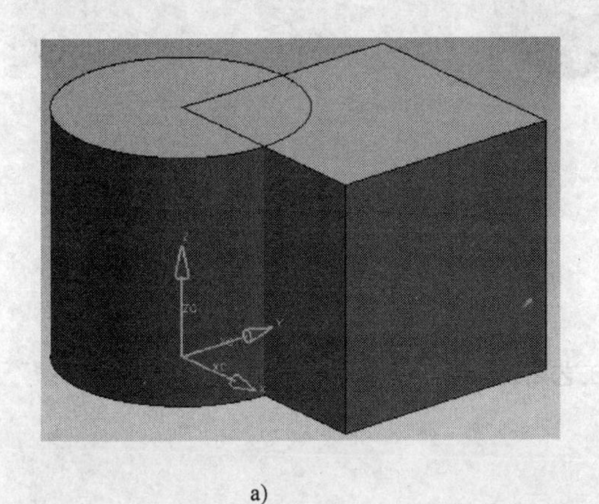

a)

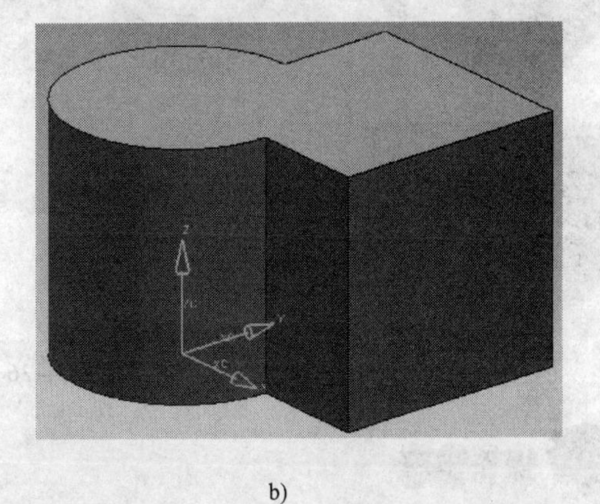

b)

图 4-25 布尔运算
a）创建 b）求和

c)

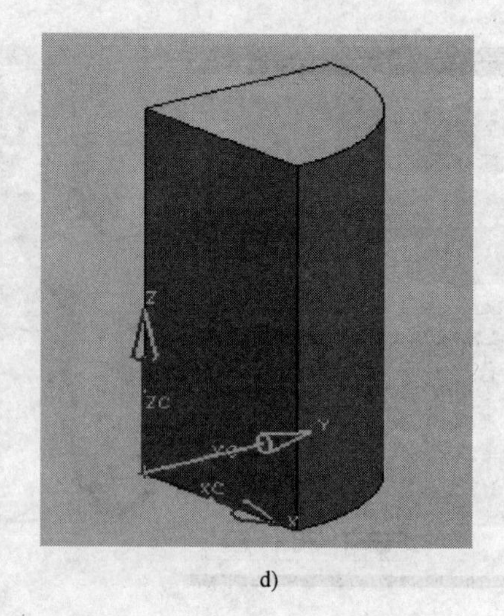

d)

图 4-25　布尔运算（续）
c）求差　d）求交

工艺路线

创建圆柱体→创建抽壳→创建圆柱体→创建圆柱体→创建边倒圆→创建坐标→创建曲线→创建扫掠→创建修剪体→创建边倒圆→布尔运算。具体过程如图 4-26 所示。

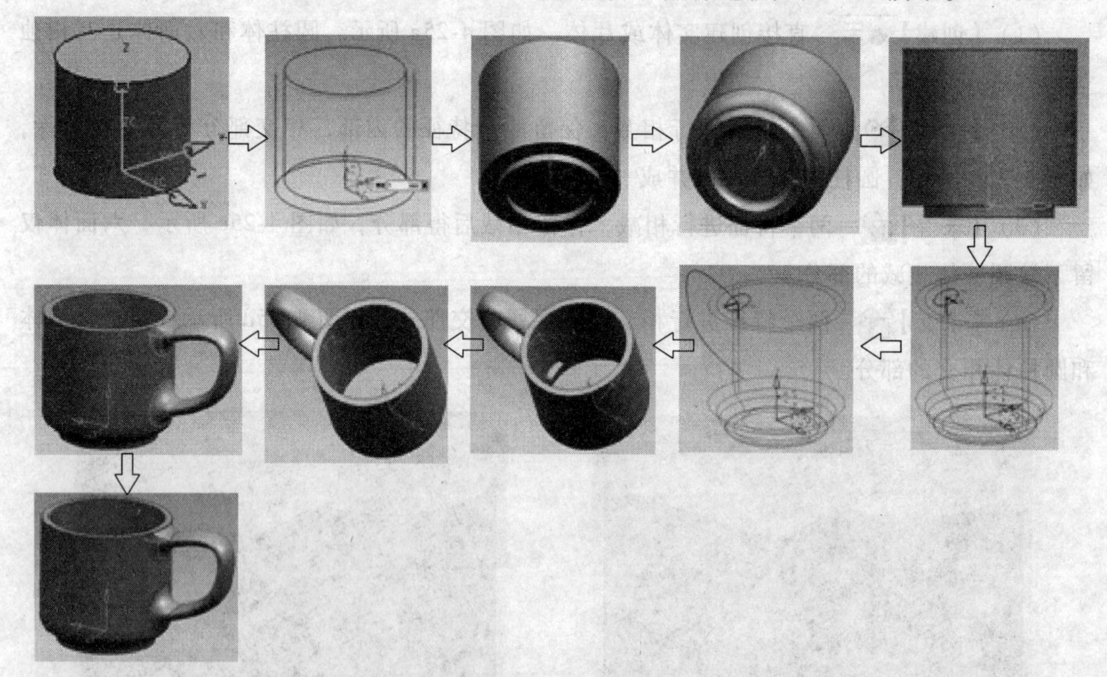

图 4-26　工艺路线

操作步骤

步骤一　建新文件

单击工具条上的【新建】按钮，在弹出的【新建】文件对话框中选择“模型/建模”，输入文件名“cup”，选择 单位 毫米 为单位，单击【确定】按钮，完成新文件的创建，如图 4-27 所示。

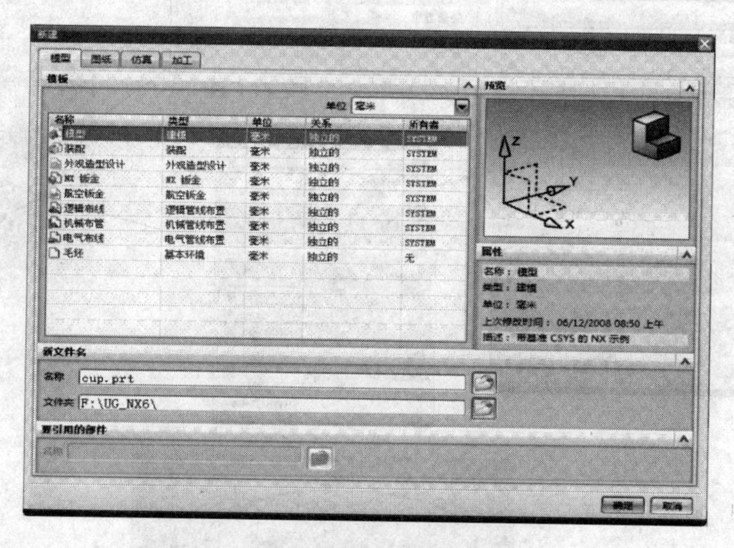

图 4-27 【新建】文件对话框

步骤二 创建圆柱体

创建圆柱体。单击【特征】工具栏上的【圆柱】按钮，系统弹出【圆柱】对话框；在该对话框中单击 轴、直径和高度 按钮，在选项中单击 z↑ 按钮（定义圆柱的生成方向为 ZC 轴），并单击【确定】按钮；系统弹出【圆柱】对话框，接着指定点（圆柱的圆心点），单击【点构造器】按钮，弹出【点】对话框，在此对话框中输入“0”、“0”、“0”，然后单击【确定】按钮；在该对话框的【直径】、【高度】对话框中分别输入“80”、“70”，然后单击【确定】按钮，即可完成圆柱体的创建。操作步骤和结果如图 4-28 所示。

步骤三 创建抽壳特征

单击【特征操作】工具栏上的【抽壳】按钮，系统弹出如图 4-29 所示的【壳单元】对话框，在该对话框的【厚度】对话框中输入“5”，然后选择“表面 1”为开口面，最后单击【确定】按钮即可完成挖空特征操作，结果如图 4-30 所示。

步骤四 建立杯底特征

1）单击【特征】工具栏上的【圆柱】按钮，系统弹出【圆柱】对话框，在该对话框中单击 轴、直径和高度 按钮；在选择对话框中单击 -z↓ 按钮（定义圆柱的生成方向为 - ZC 轴）；接着指定点，单击【点构造器】按钮，弹出【点】对话框，在此对话框中“0”、“0”、“0”然后单击【确定】按钮，【直径】、【高度】对话框中分别输入“60”、“5”；在【布尔操作】框中，单击该对话框中的 求和 按钮，最后单击【确定】按钮，即可完成圆柱实体的构建，具体操作步骤如图 4-31 所示，效果如图 4-32 所示。

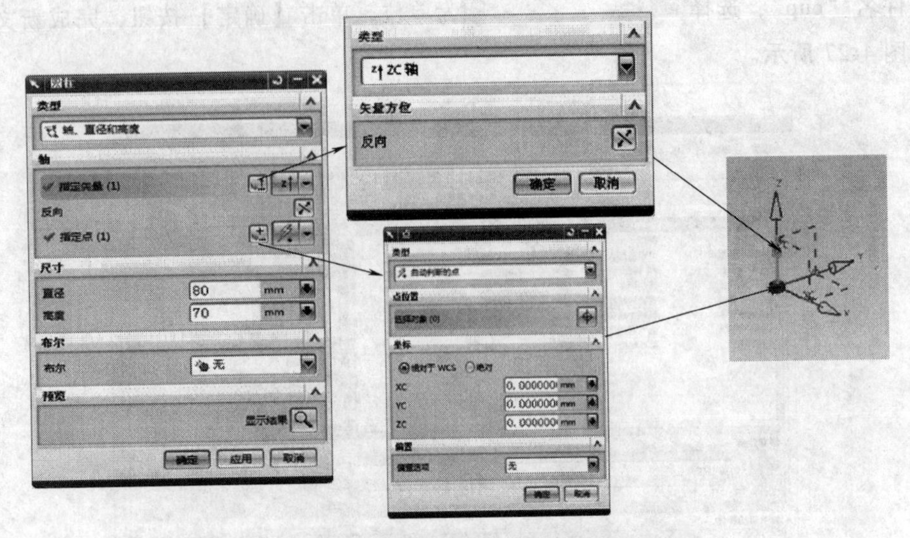

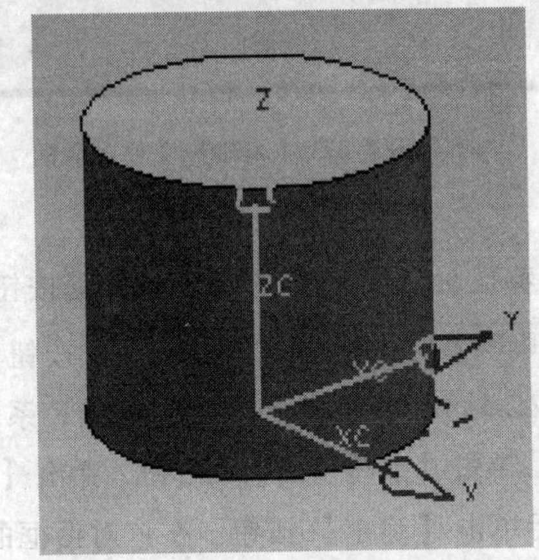

图 4-28　创建圆柱体

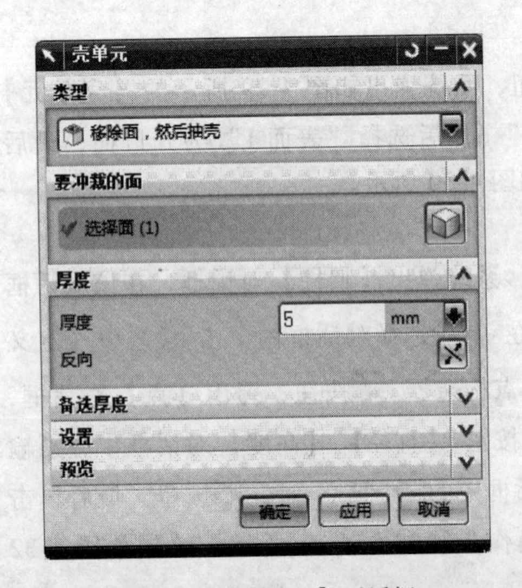

图 4-29　【壳单元】对话框

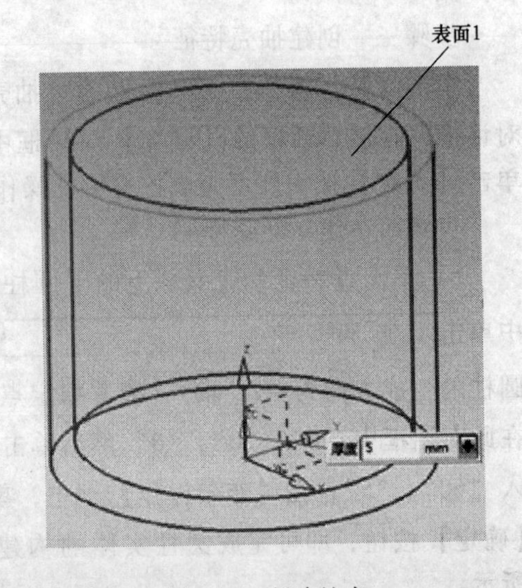

图 4-30　创建抽壳

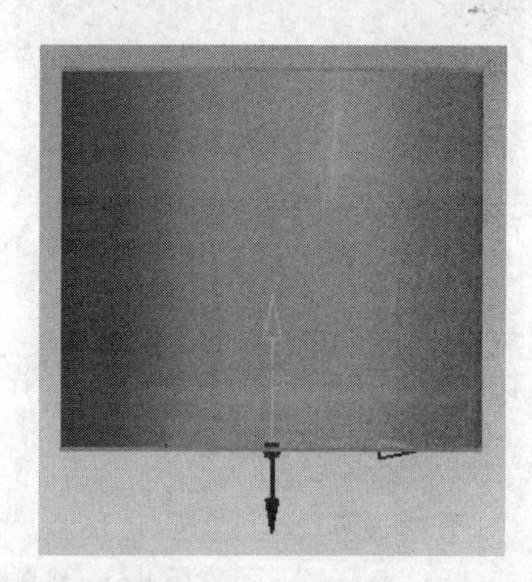

图 4-31　建立杯底操作步骤

2）步骤同上，但在【圆柱】参数对话框中输入【直径】为“50”、【高度】为“5 ”，在打开【布尔操作】对话框中 求差 按钮，结果如图 4-33 所示。

图 4-32　建立杯底特征

步骤五　创建倒圆角特征

1）单击【特征操作】工具栏上的【边倒圆】按钮，系统弹出【边倒圆】对话框（图 4-34）；利用鼠标指针选取想要进行倒圆角的边 1，在该对话框的【Radius1】对话框中输入“10”；单击【确定】按钮，即可完成倒圆角特征的构建，效果如图 4-35 所示。

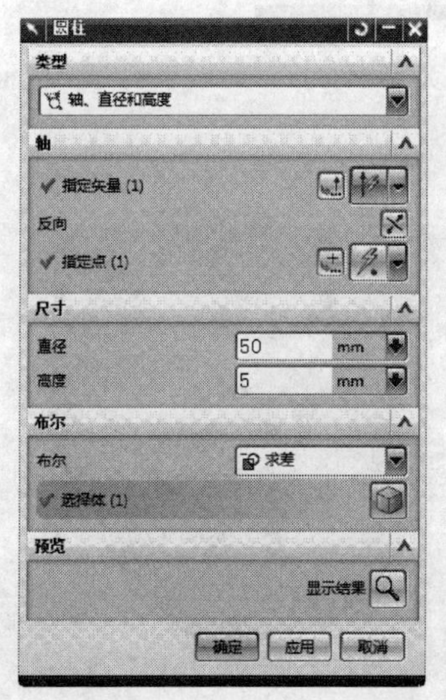

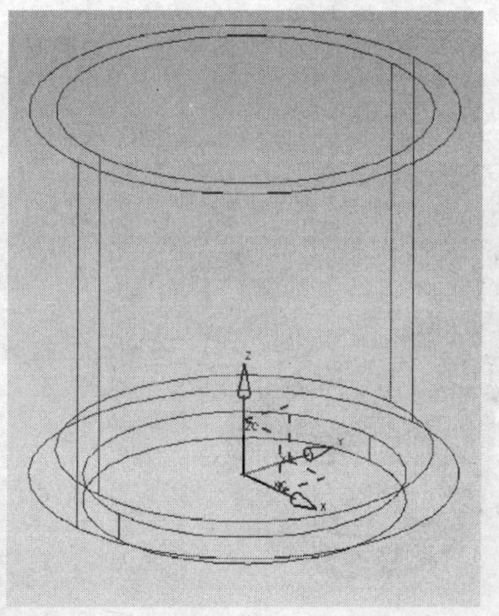

图 4-33　建立杯底特征

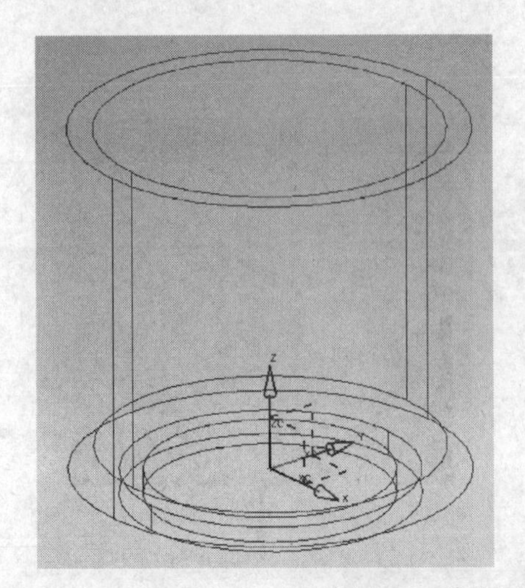

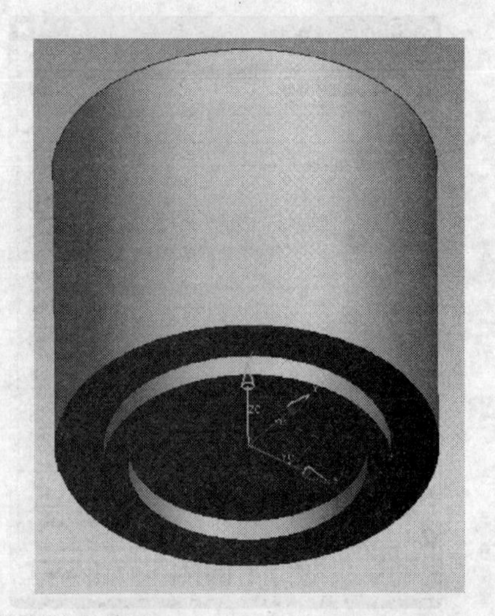

图 4-33　建立杯底特征（续）

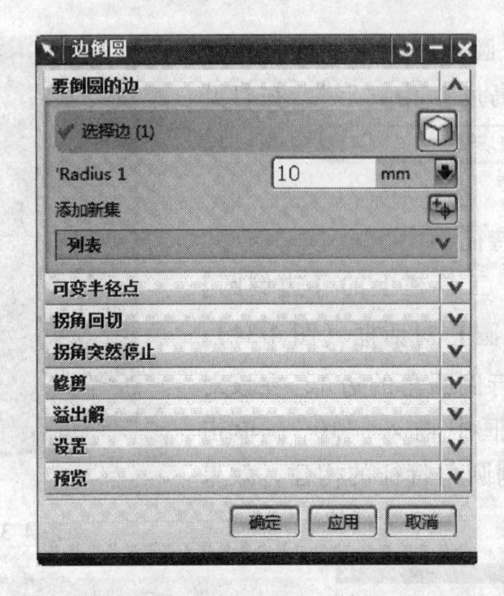

图 4-34　【边倒圆】对话框

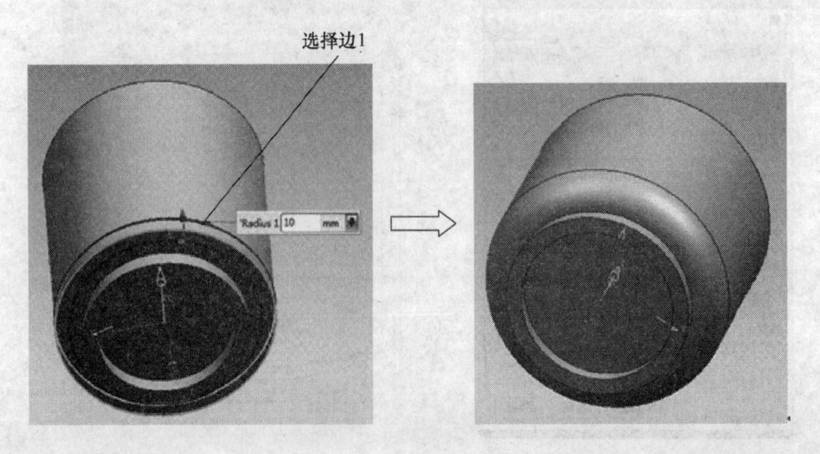

图 4-35　倒圆角边 1

2）步骤同上，边 2 倒圆角半径为“5”，效果如图 4-36 所示。

3）步骤同上，边 3 倒圆角半径为“5”，效果如图 4-37 所示。

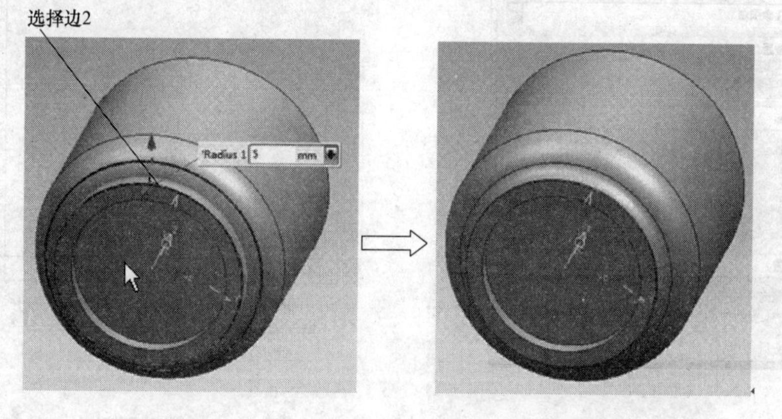

图 4-36 倒圆角边 2

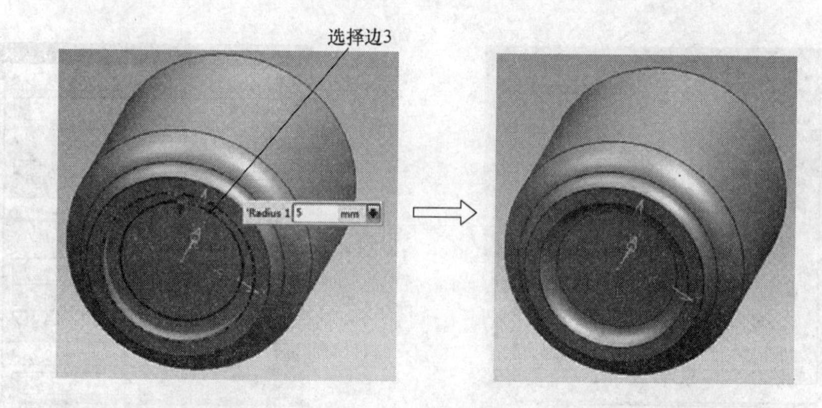

图 4-37 倒圆角边 3

步骤六 设置工作坐标系原点

1）完成倒圆角特征的构建后，单击【实用工具】工具栏上的【WC 原点 S】按钮，系统弹出【点】对话框，如图 4-38 所示。

2）单击【点】对话框中的 象限点 按钮，利用鼠标选取如图 4-39 所示的圆形边，然后在对话框中单击【确定】，系统将工作坐标系移动到圆形面的象限点上，效果如图 4-40 所示。

3）同上步骤，接着在【点】对话框的 XC、YC、和 ZC 对话框中分别输入“4 ”、“ 0 ”和“ -10”，再单击【确定】按钮，将工作坐标系移动到指定的位置上，如图 4-41、图4-42 所示。

步骤七 旋转工作坐标系

单击【实用工具】工具栏上的【旋转】按钮，弹出【旋转 WCS】对话框，如图 4-43 所示。在该对话框中单选 + YC 轴 : ZC --> XC ，接着在【角度】对话框中输入“90”，并单击【确定】按钮，完成工作坐标系的旋转，结果如图 4-44 所示。

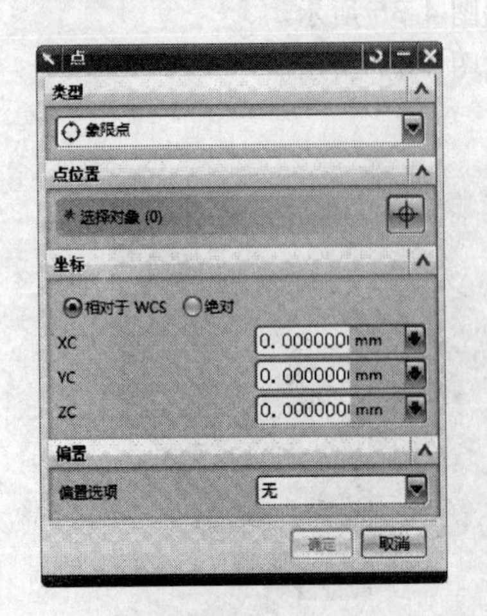

图 4-38 【点】对话框

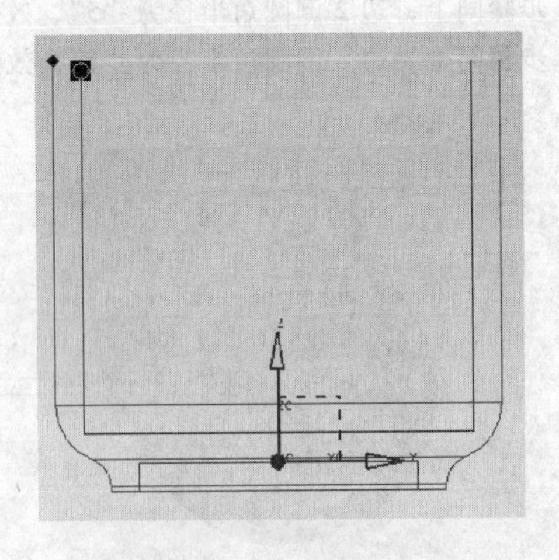

图 4-39 选择圆形边 1

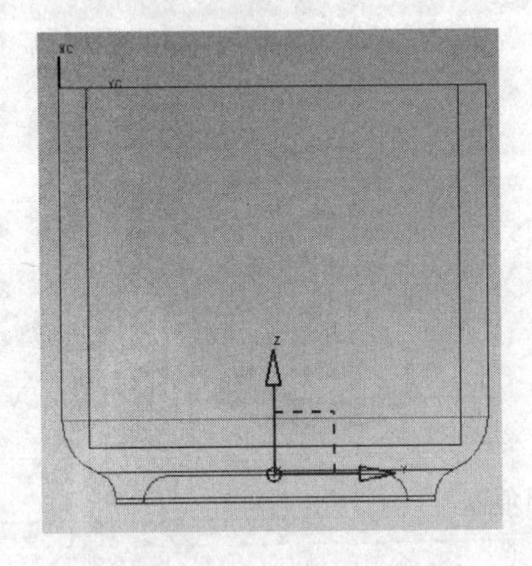

图 4-40 工作坐标系移动结果

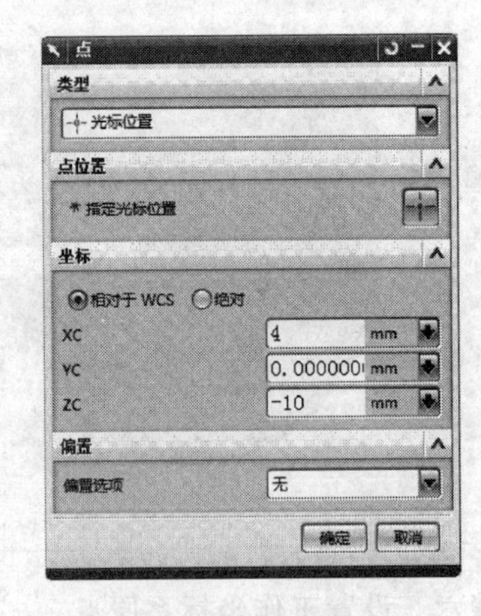

图 4-41 点对话框

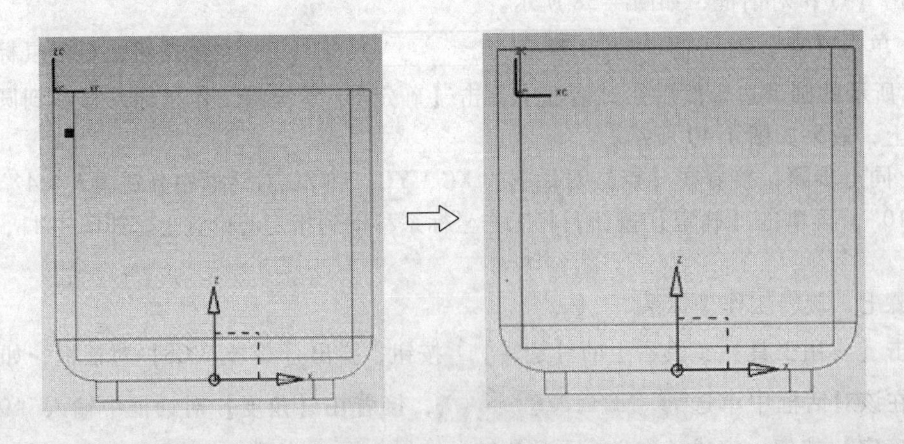

图 4-42 工作坐标下移

步骤八　创建杯把截面

单击【曲线】工具栏上的【椭圆】按钮，系统弹出【点】对话框；单击【确定】按钮，系统弹出【椭圆】对话框；在该对话框的【长半轴】和【短半轴】文本框中分别输入“9”和“4.5”，【旋转角度】文本框中输入“90”；最后单击【确定】按钮，即可完成椭圆截面的创建，如图4-45、图4-46所示。

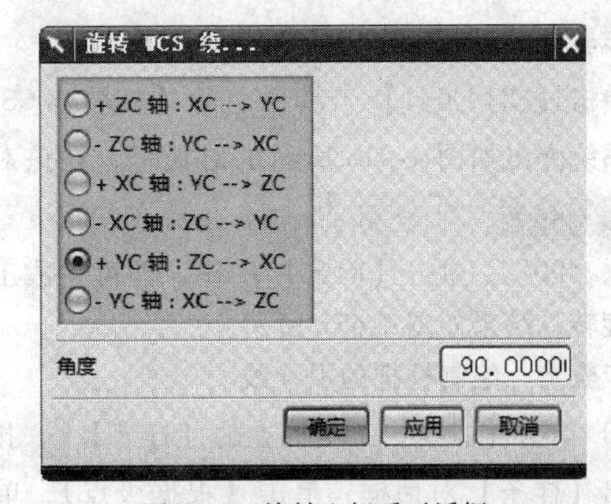

图4-43　旋转坐标系对话框

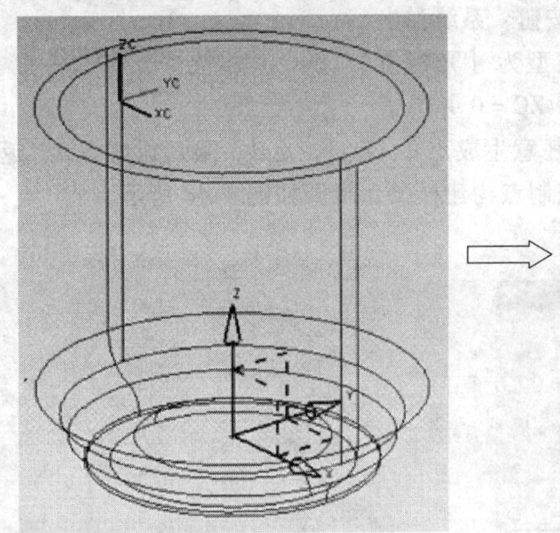

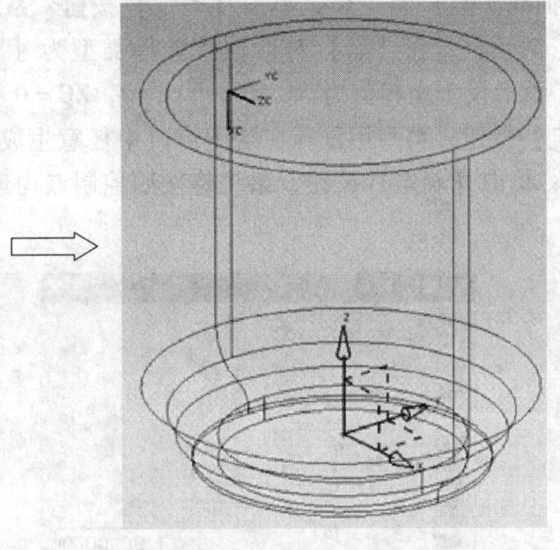

图4-44　旋转工作坐标系

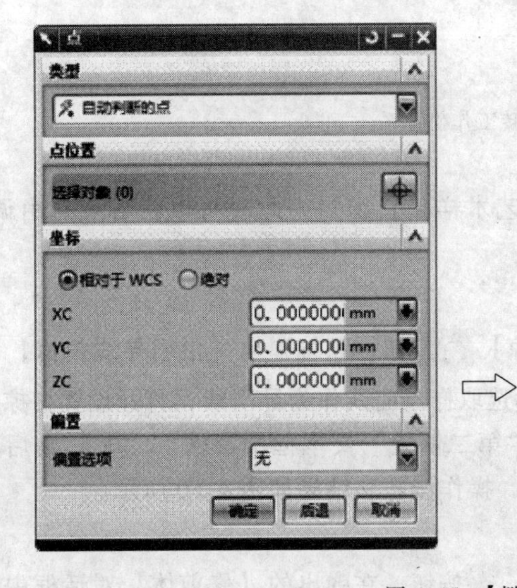

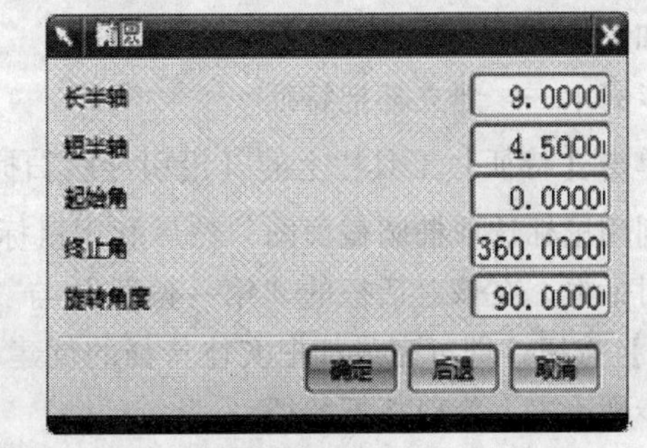

图4-45　【椭圆】对话框

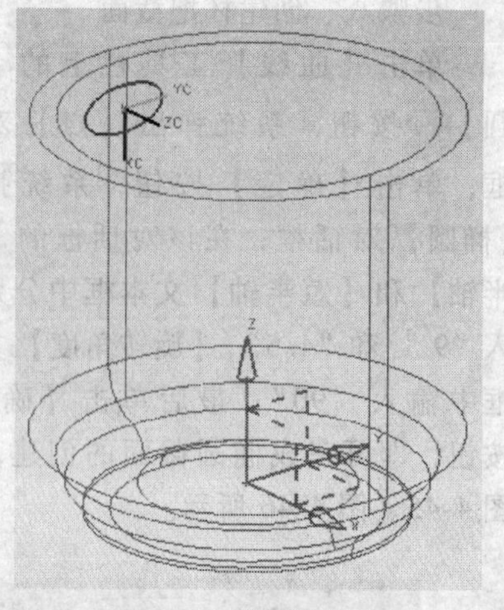
图 4-46　椭圆的构建

步骤九　旋转工作坐标系

单击【实用工具】工具栏上的【旋转 WCS】按钮，系统弹出如图 4-47a 所示的对话框，在该对话框中单选 + XC 轴：YC --> ZC 按钮，接着在“角度”文本框中输入“90”，单击【确定】按钮，即可完成工作坐标系的旋转，结果如图 4-47b 所示。

步骤十　绘制杯把的引导线

1）单击【曲线】工具栏上的【样条】按钮，系统弹出【样条】对话框；单击【根据极点】，单击【确定】按钮，系统弹出【根据极点生成样条】对话框；设置【曲线次数】为“3”，单击【确定】按钮，系统弹出【点】对话框；在【点】对话框中选择类型为【光标位置】，然后设置坐标值为 XC = 0，YC = 0，ZC = 0 并单击【确定】按钮；再利用鼠标在绘图窗口中任意生成点 2、点 3、点 4，最后设置点 5，返回对话框；单击【确定】按钮，系统将按照控制点构建样条，步骤如图 4-48 所示。

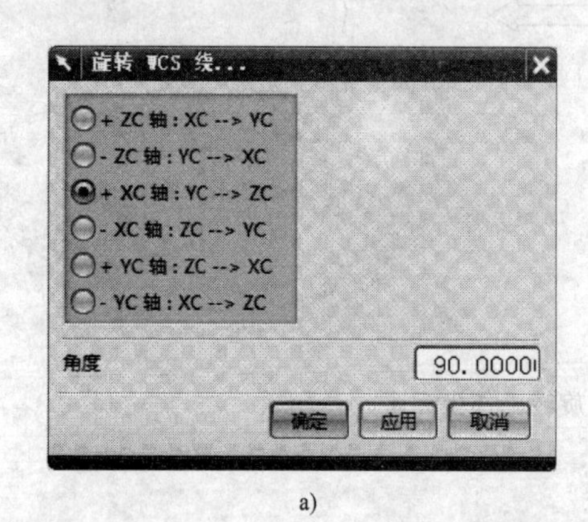

a)

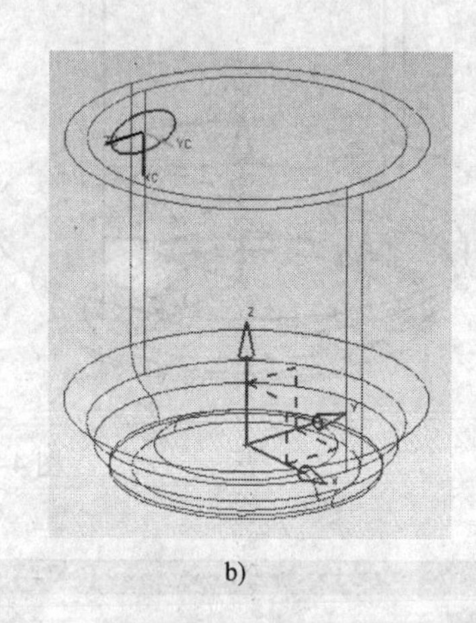
b)

图 4-47　旋转工作坐标系

2）双击样条曲线后，系统将自动弹出【艺术样条】窗口，此时可以将各点自由调节，效果如图 4-49 所示。

步骤十一　建立杯把特征

单击【特征】工具栏上的【沿引导线扫掠】按钮，系统弹出【沿引导线扫掠】对话框；利用鼠标选取椭圆截面图，然后利用鼠标选取样条曲线作为导引线；打开设置扫掠实体参数对话框，在该对话框的“第一偏置”与“第二偏置”文本框中都输入“0”；最后单击【确定】按钮，即可完成杯把实体特征的创建，操作步骤和结果如图 4-50 所示。

步骤十二　修剪杯把特征

单击【特征操作】工具栏上的【修剪体】按钮，在弹出的【修剪体】对话框中点击

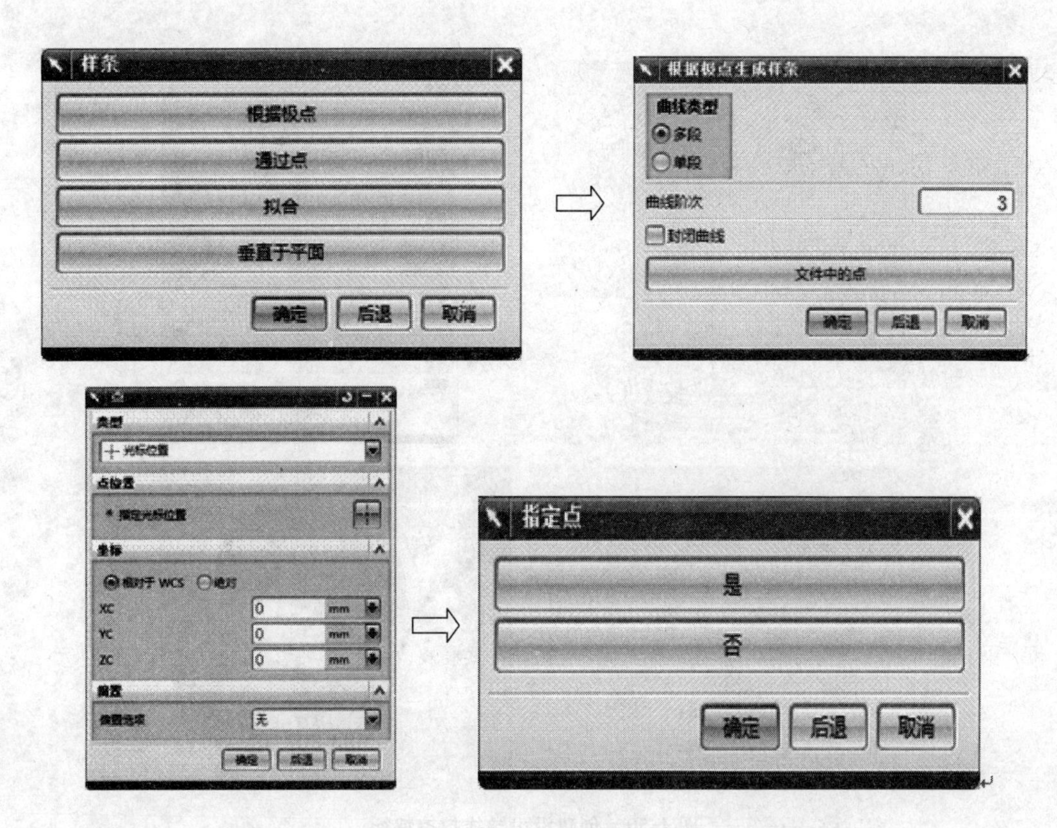

图 4-48 指定点对话框

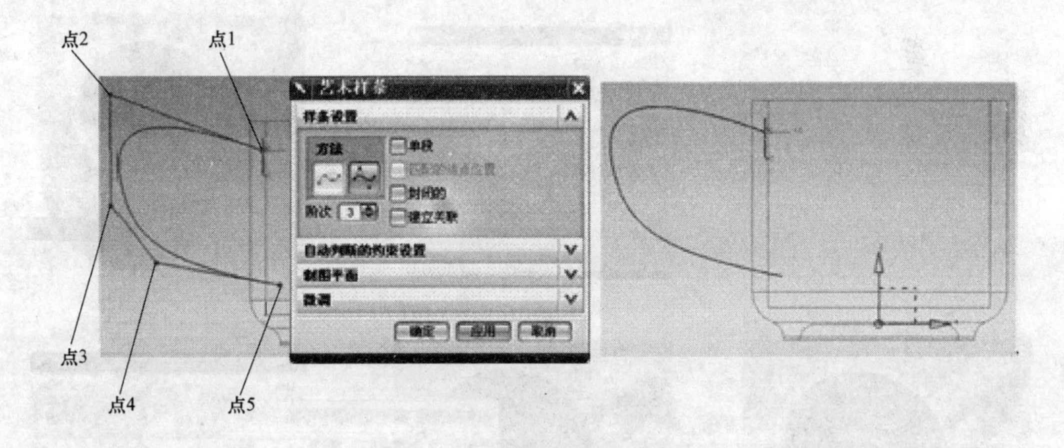

图 4-49 绘制杯把的引导线

【选择体】，选取杯把特征；返回对话框中点击选取【刀具】；在杯内腔表面点击右键将弹出【选项条】对话框，在工具栏中选取单个面，然后选择杯内腔表面；选择要修剪的方向，单击【确定】按钮。这样杯把多余部分就被剪裁完，即完成杯把特征的修剪，效果如图 4-51 所示。

步骤十三 合并水杯主体与杯把特征

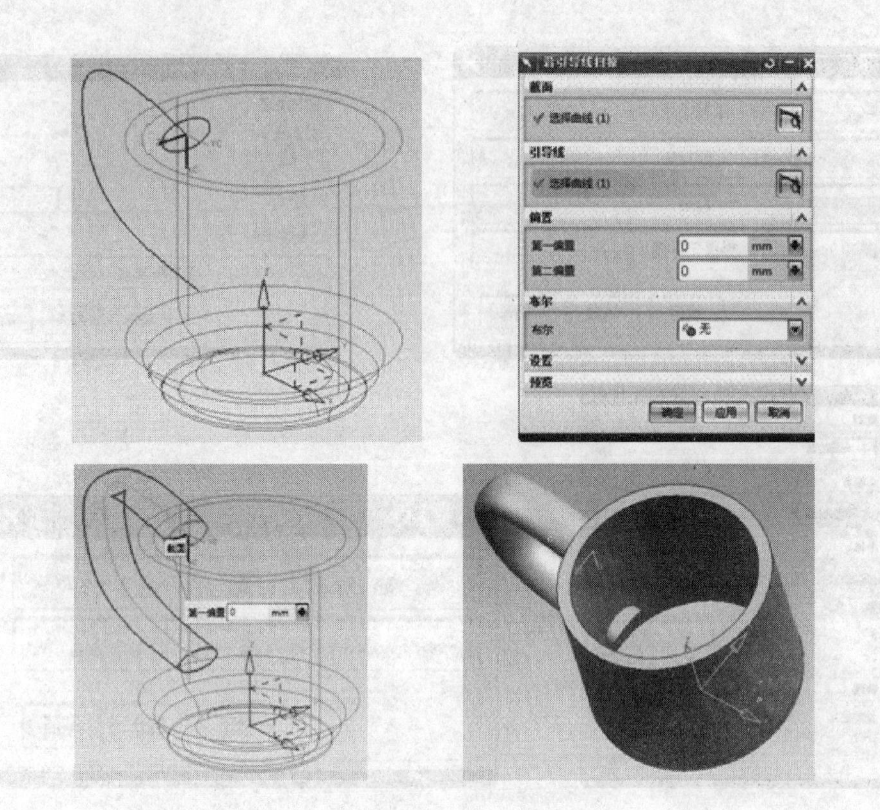

图 4-50　创建沿引导线扫掠特征

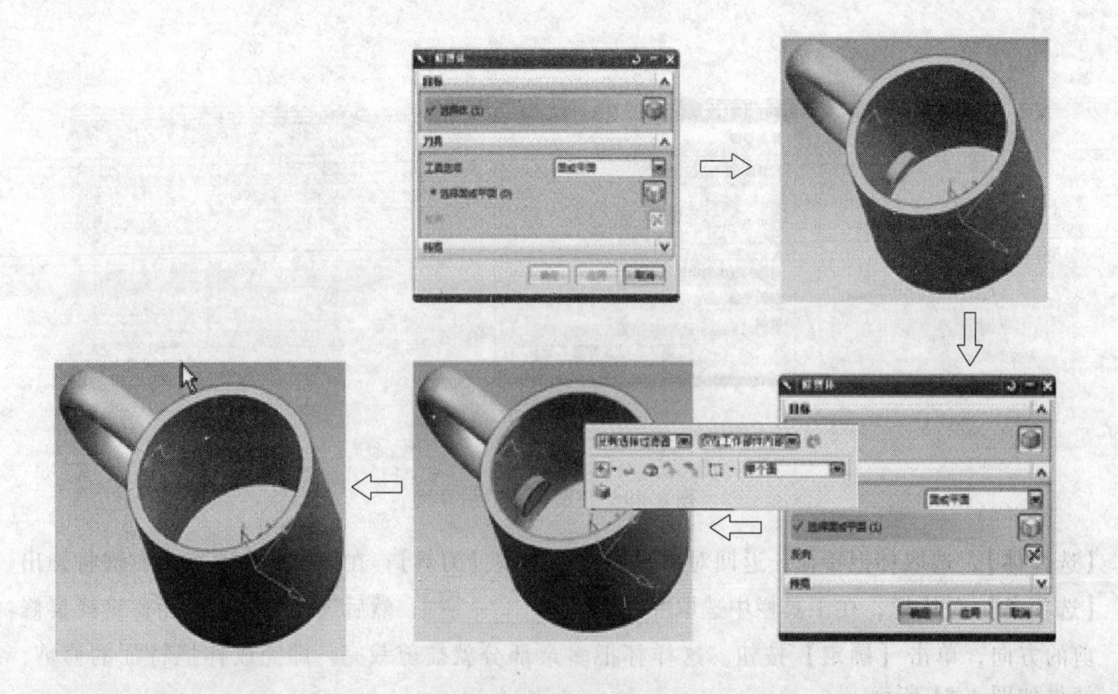

图 4-51　杯把的修剪

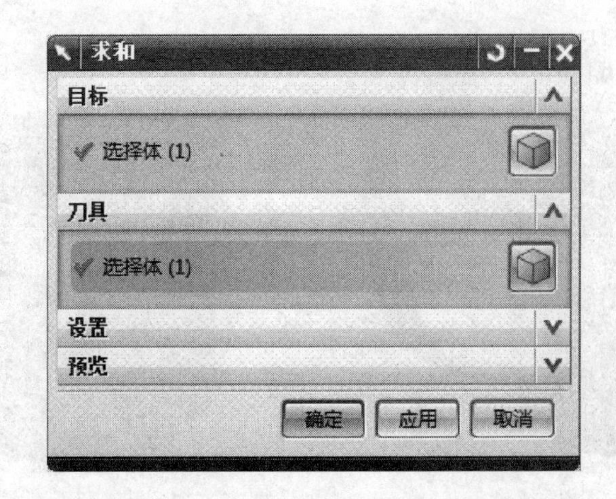

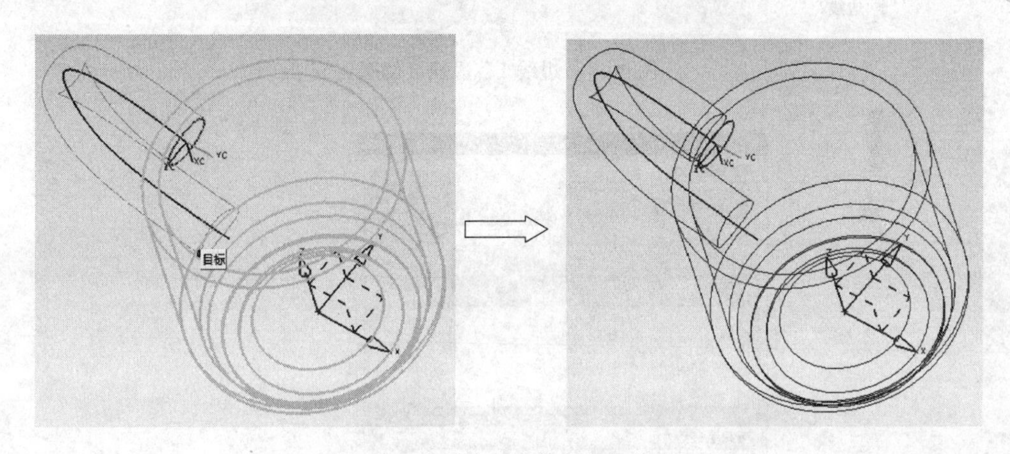

图 4-52　合并水杯主体与杯把特征

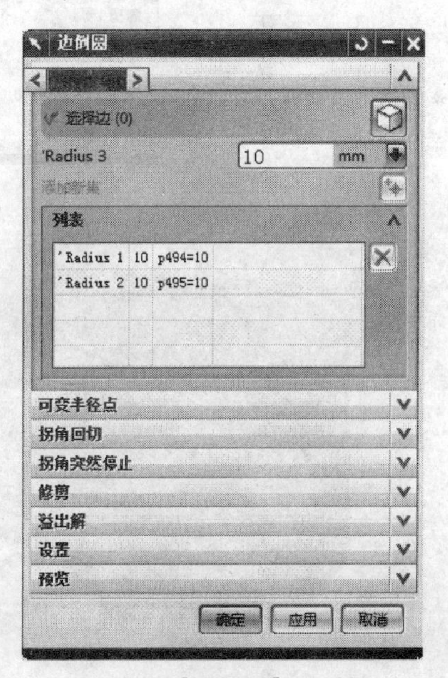

图 4-53　【边倒圆】对话框

单击【特征操作】工具栏上的【求和】按钮，打开【求和】对话框，系统将提示选择目标实体，在此选取杯把特征为目标实体，选择水杯主体为工作实体，然后单击【确定】按钮，即可完成水杯主体与杯把特征的结合，如图 4-52 所示。

步骤十四　建立倒圆角特征

1）单击【特征操作】工具栏上的【边倒圆】按钮，系统弹出【边倒圆】对话框（图 4-53）；利用鼠标指针选取想要进行倒圆角的边，在该对话框的【Radius1】文本框中输入“10”；单击【应用】按钮，即可完成倒圆角特征的构建。给“边线 1”、“边线 2”倒圆角，半径都为“10”，效果如图 4-54 所示。

2）步骤同上，给“边线 3”、“边线 4”倒圆角，半径都为“0.5”，设置及效果如图 4-55 所示。

3）完成后的水杯效果如图 4-56 所示。

图 4-54　边线 1、边线 2 倒圆角

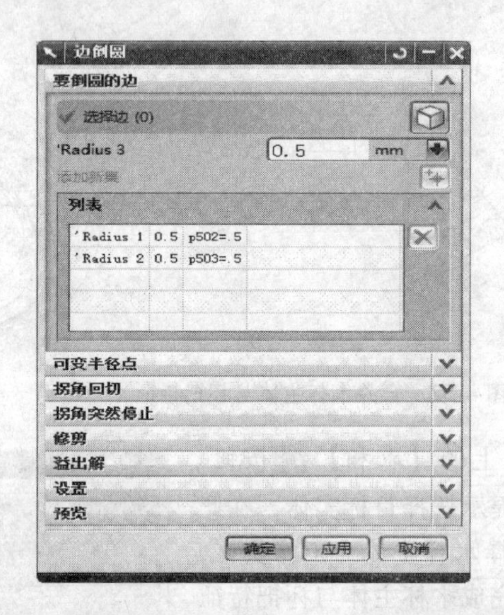

图 4-55　边线 3、边线 4 倒圆角

图 4-56 完成后的水杯效果图

任务二 设计球形滑槽连杆

实例分析

如图 4-57 所示，创建球形滑槽连杆实体模型主要由实体命令构建而成，通过特征和特征操作两大工具栏中的命令来完成，由【长方体】、【圆柱】、【球】、【圆锥】、【凸台】、【基本平面】、【修剪体】、【腔体】、【孔】、【键槽】、【创建坡口焊】等命令的综合应用获得所需效果。

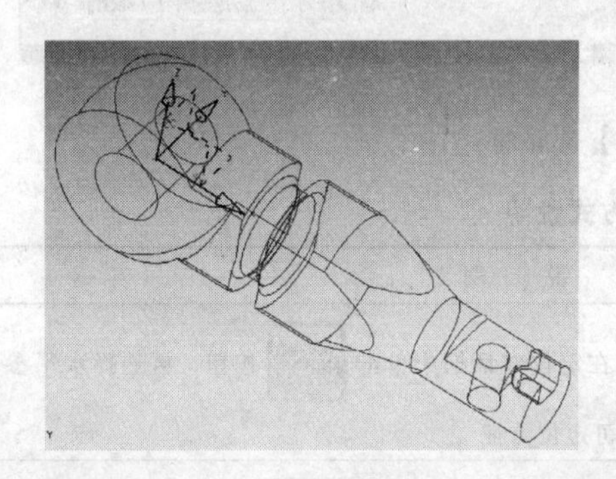

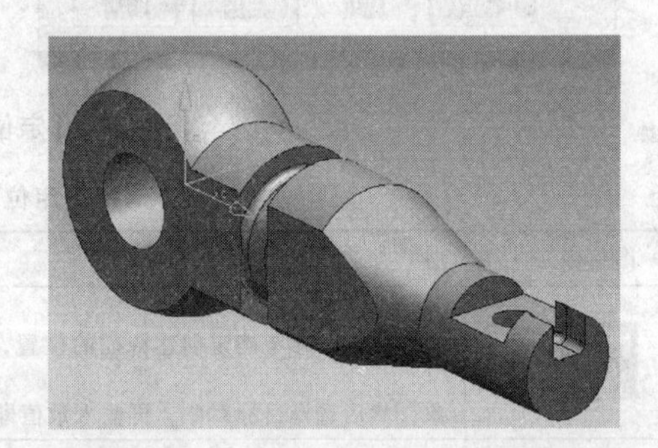

图 4-57 球形滑槽连杆

相关知识

一、凸台特征

【凸台】是设计过程中最常用的功能之一，其操作对话框如图 4-58 所示，内容包括【选择步骤】、【过滤器】、【直径】、【高度】、【锥角】和【反侧】。

单击【特征】工具栏上的【凸台】按钮，系统会弹出【凸台】对话框，如图 4-58 所示。创建圆台特征的操作步骤为：先选择平面，然后确定尺寸，再定位。选择平面时，可以通过【过滤器】选择平面或基准面。【定位】用于定位凸台特征与模型特征的相对位置。如图 4-59 所示，【定位】对话框的各选项代表了不同的定位方式，用户可根据创建特征所依附的特征形状，选择合适的定位选项。定位方式的具体说明见表4-4。

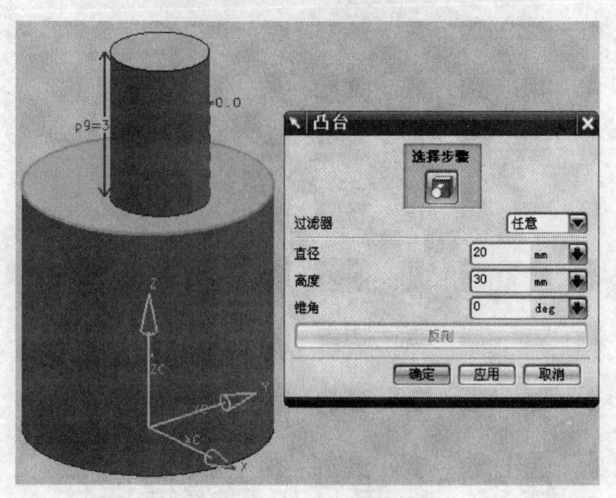

图4-58 【凸台】对话框

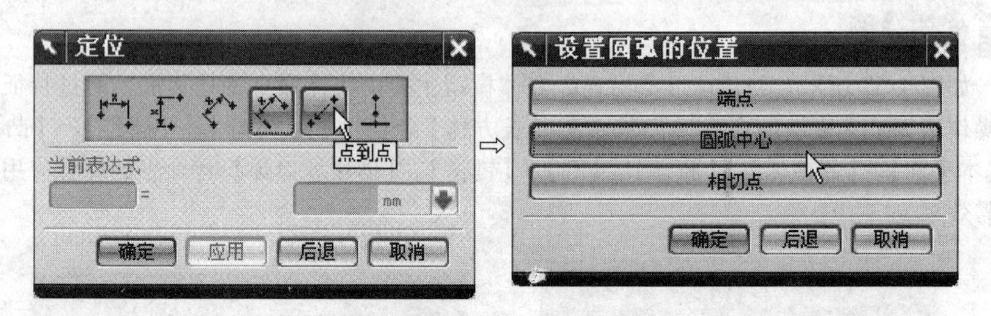

图4-59 【定位】对话框

表4-4 定位方式说明

图 标	说 明
	通过水平参考确定创建特征的位置，在定位对话框中单击按钮，再选择水平参考对象，然后选择目标对象，再输入数值即可定位特征
	通过竖直参考确定创建特征的位置，在定位对话框中单击按钮，再选择竖直参考对象，然后选择目标对象，再输入数值即可定位特征
	通过平行参考确定创建特征位置，在定位对话框中单击按钮，再选择平行参考对象，然后输入数值即可定位特征
	通过垂直参考点确定创建特征位置，在定位对话框中单击按钮，再选择垂直参考对象，然后输入数值即可定位特征
	通过参考点确定创建特征位置，在定位对话框中单击按钮，再选择参考对象，然后通过参考对象确定参考点，再输入数值即可定位特征

（续）

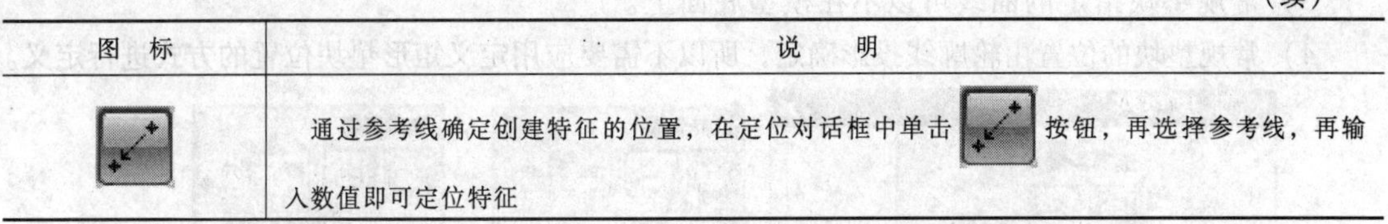

图 标	说 明
	通过参考线确定创建特征的位置，在定位对话框中单击 按钮，再选择参考线，再输入数值即可定位特征

二、垫块特征

【垫块】是指在特征面上增加一个指定形状垫块的操作，其创建方式有两种，分别是矩形和常规。这里仅介绍两种创建方式的区别。

单击【特征】工具栏上的【垫块】按钮，弹出【垫块】对话框，如图4-60所示。

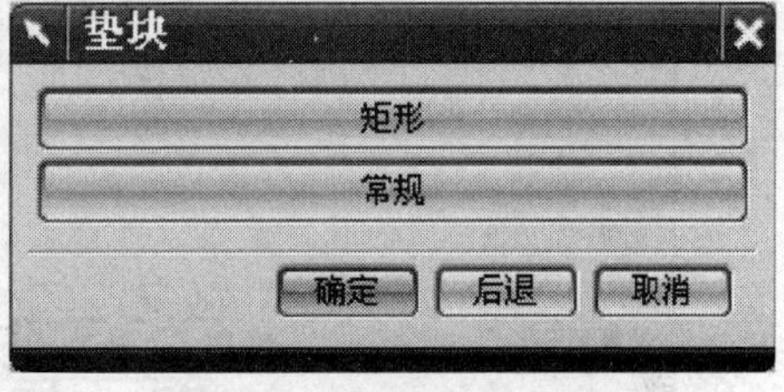

图4-60 【垫块】对话框

(1)【矩形】矩形垫块也可以称为直角坐标垫块，它是在实体表面上添加一个矩形凸台，通过【矩形垫块】对话框，如图4-61所示，可以对矩形的尺寸、拐角半径，以及拔锥角度等参数进行设置。

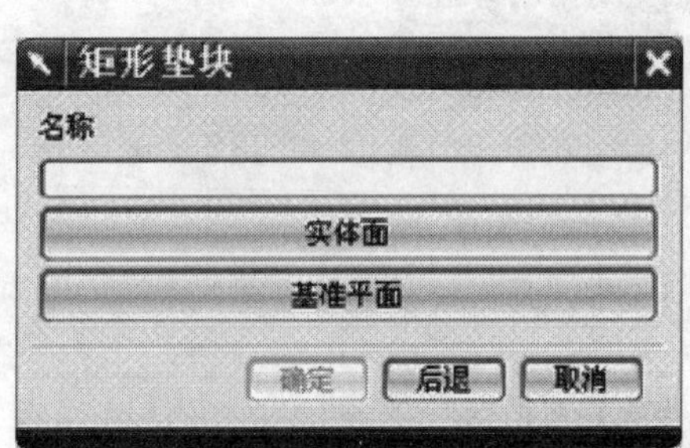

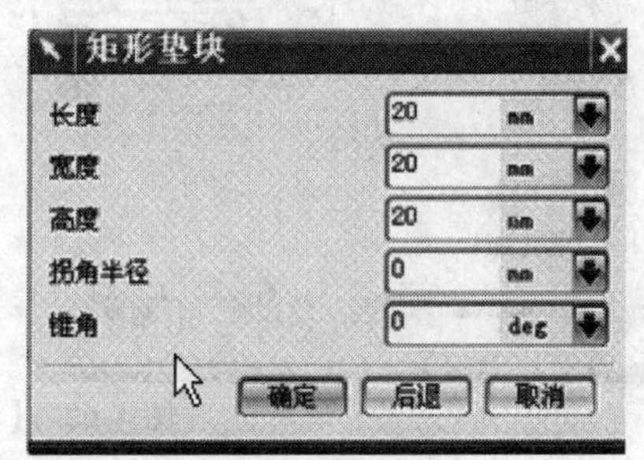

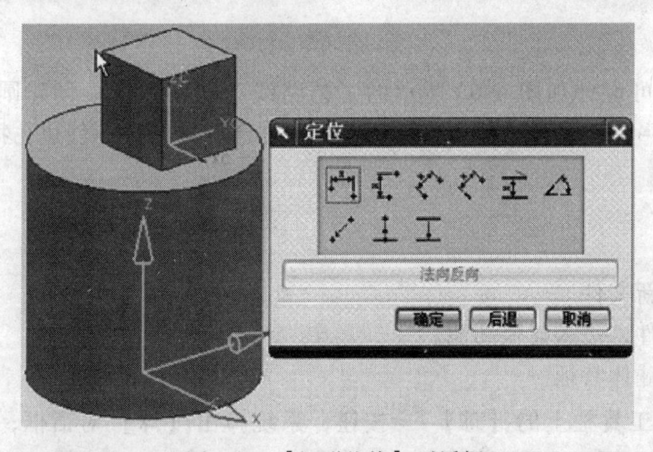

图4-61 【矩形垫块】对话框

(2)【常规】常规垫块在尺寸和位置方面更加灵活和方便，如图4-62所示。

1）常规垫块可以选择自由曲面作为放置面，而矩形垫块只能选择平面作为放置面。

2）常规垫块的放置面和底面可以通过封闭的曲线来定义，而这两个封闭的曲线可以是不同的曲线。用户可以根据工作需要自由进行复杂垫块的创建。

3）常规垫块指定的曲线可以不在模型底面上。

4）常规垫块的位置由轮廓线投影确定，所以不需要应用定义矩形垫块位置的方式进行定义。

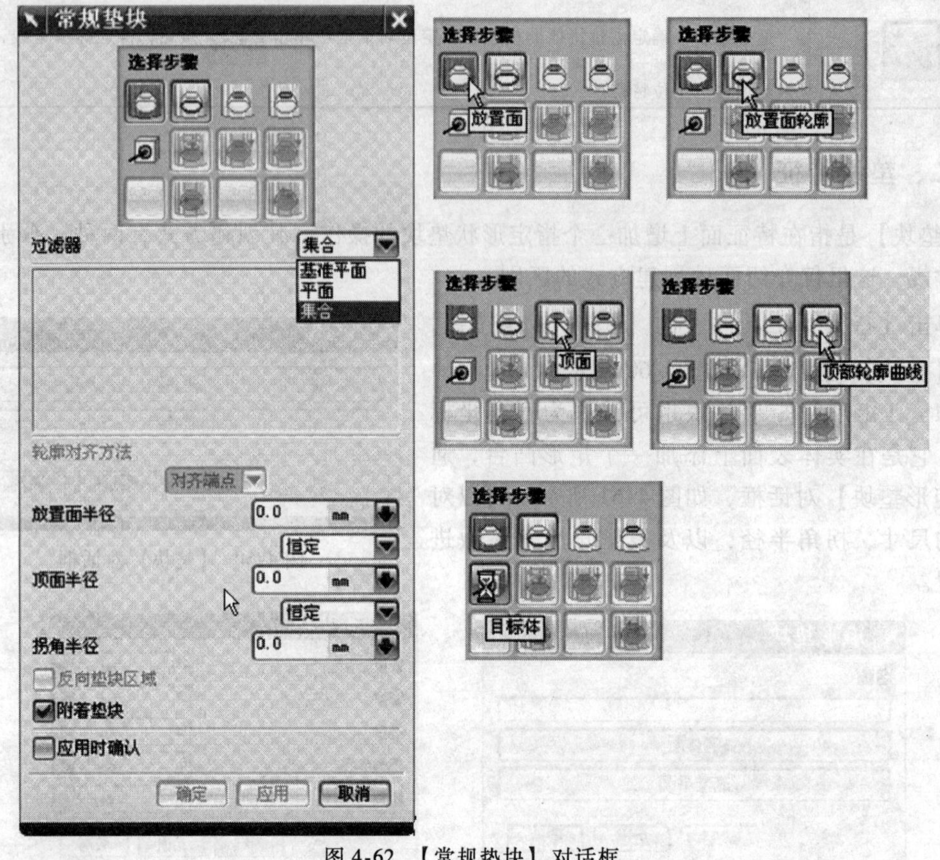

图 4-62 【常规垫块】对话框

工艺路线

根据上述分析可设计如图 4-63 所示的工艺路线：创建球体→创建圆柱体→创建圆锥体→创建凸台特征→创建基本平面→创建修剪体→创建腔体特征→创建孔特征→创建健槽特征→创建坡口焊等。

操作步骤

步骤一 创建新文件

创建一个新文件，进入建模功能。

步骤二 创建球体特征

单击【特征】工具栏上的【球】按钮，系统弹出【球】对话框；在【类型】对话框中选择【中心点和直径】按钮，然后利用【点】对话框设置点“0，0，0”为球的中心点，单击【确定】按钮；在【直径】对话框中输入“3”，单击【确定】按钮，系统即可创建球体特征。其操作示意图如图 4-64 所示。

步骤三 创建圆柱体特征

单击【特征】工具栏上的【圆柱体】按钮，系统弹出【圆柱体】对话框；在【类

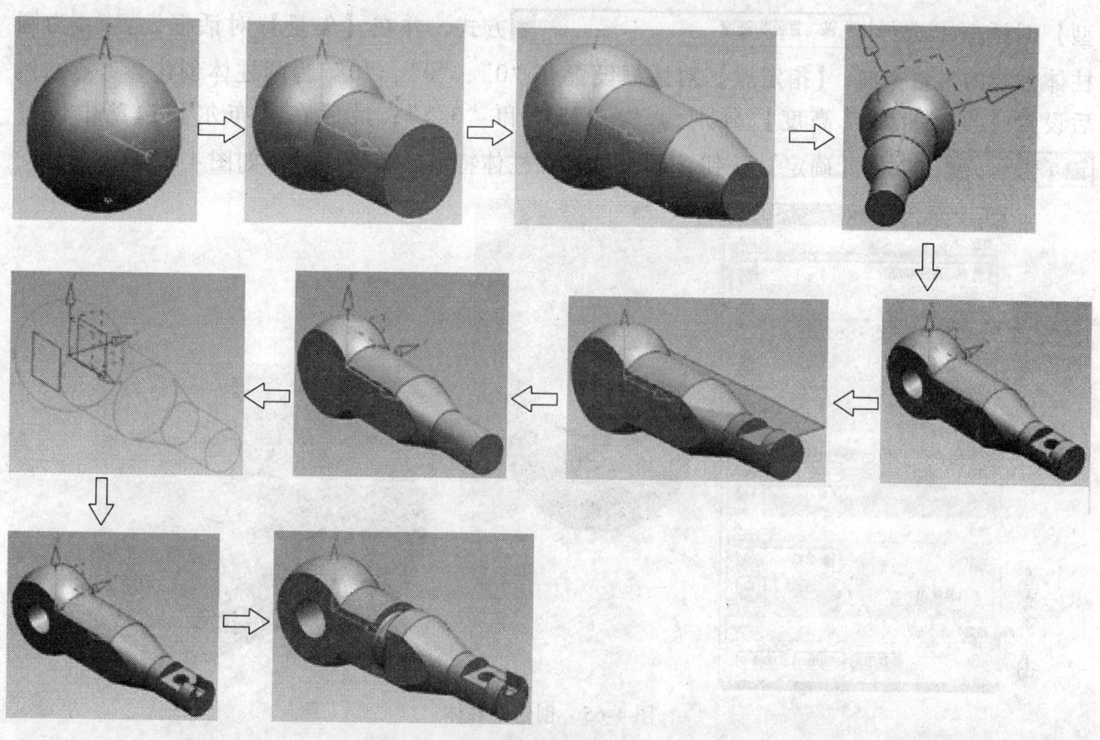

图 4-63 工艺路线

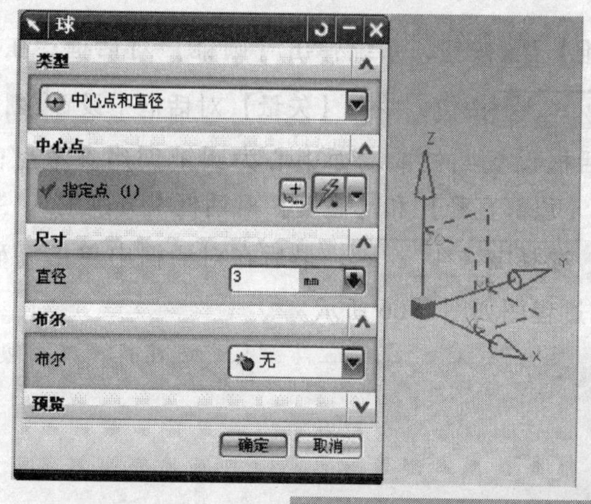

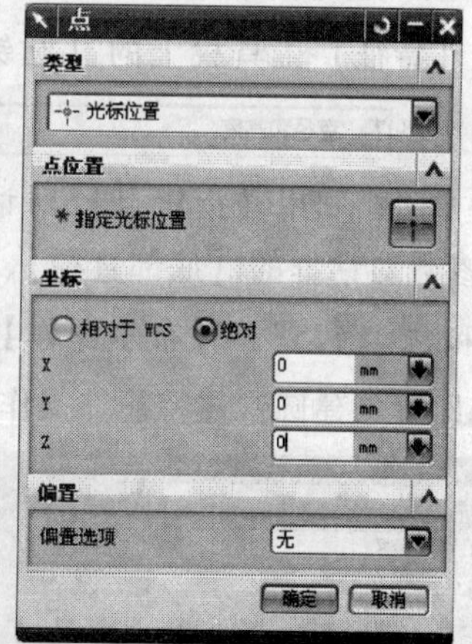

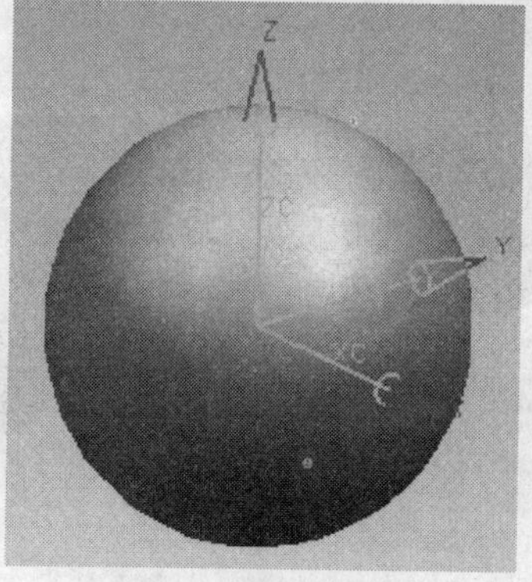

图 4-64 创建球体操作

型】对话框中选择「轴、直径和高度」方式，并在【矢量】对话框设置「ZC」为圆柱体轴线的矢量方向，【指定点】对话框设置点“0”、“0”、“0”为圆柱体创建参考点；然后设置【直径】和【高度】分别为“2.125”和“3.5”；最后在【布尔】选项中设置「求和」，单击【确定】按钮，即可创建圆柱体特征。其操作过程如图4-65所示。

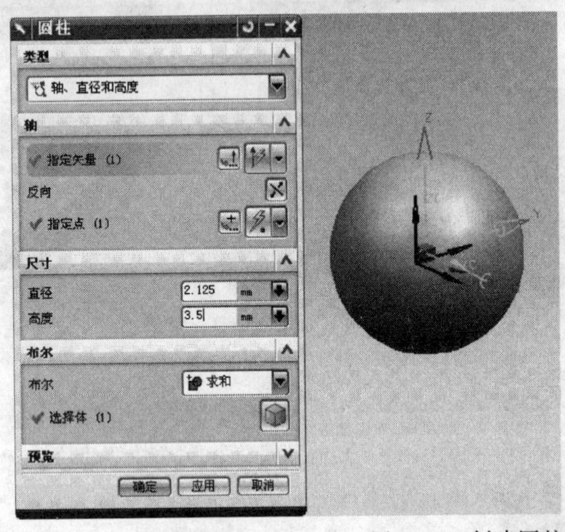

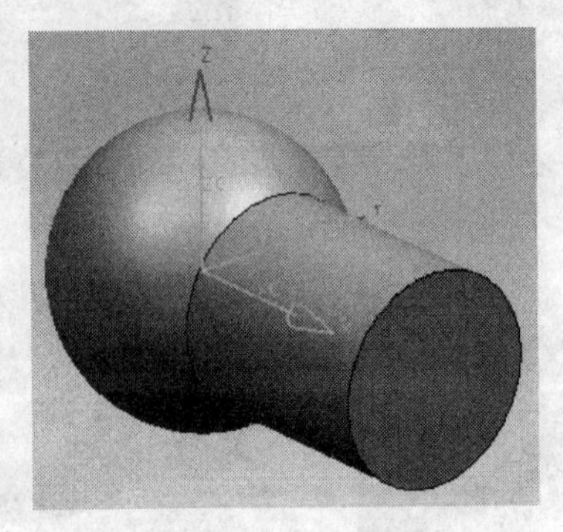

图4-65　创建圆柱体

步骤四　创建圆锥体特征

单击【特征】工具栏上的【圆锥】按钮，系统弹出【圆锥】对话框；在【类型】对话框中选择「直径和高度」按钮，并在【矢量】对话框中设置「ZC」为圆锥轴线的矢量方向；利用【指定点】对话框设置圆柱前端面中心为圆锥创建参考点；然后在【圆锥】参数对话框的【底部直径】、【顶部直径】和【高度】对话框中分别输入“2.125”、“1.25”和“1.625”；【布尔操作】选择「求和」；最后在对话框中单击【确定】按钮，系统即可创建圆锥体特征。操作过程图如图4-66所示。

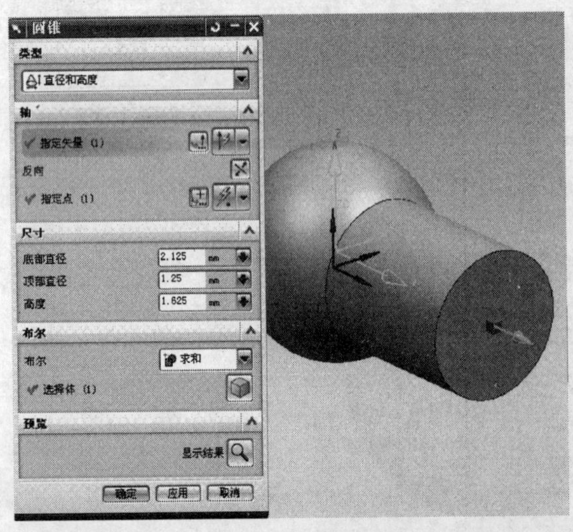

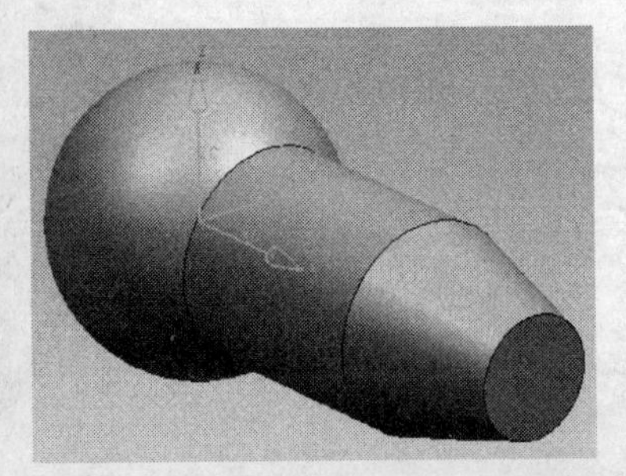

图4-66　创建圆锥体

步骤五 创建凸台特征

单击【特征】工具栏上的【凸台】按钮，系统弹出【凸台】对话框；此时用户在绘图工作区中选取圆锥体的前端面作为圆台的旋转面，再在对话框的【直径】、【高度】和【锥角】文本框中分别输入法“1.25”、“2”和“0”；单击【确定】按钮，系统会弹出【定位】对话框；单击【点到点】按钮，随后选取前端面的圆边作为定位目标边，在弹出的【设置圆弧的位置】对话框中单击【确定】按钮，系统即可创建圆台特征。其操作过程如图4-67所示。

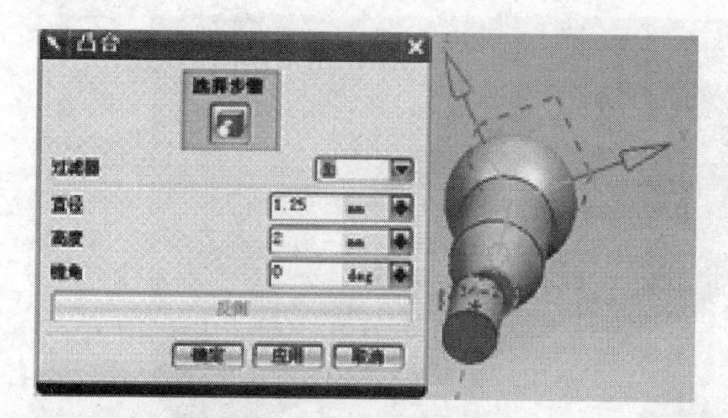

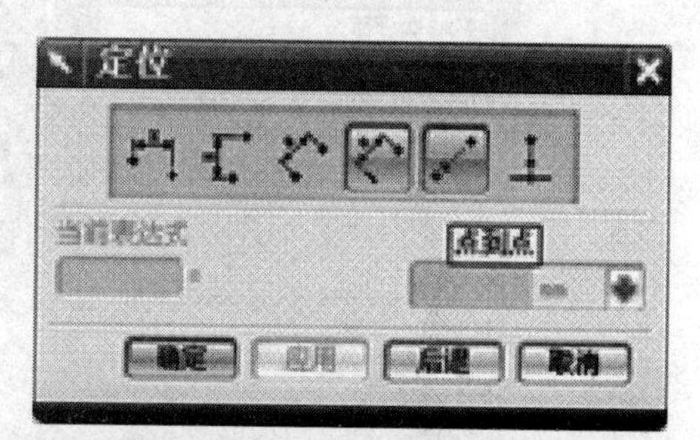

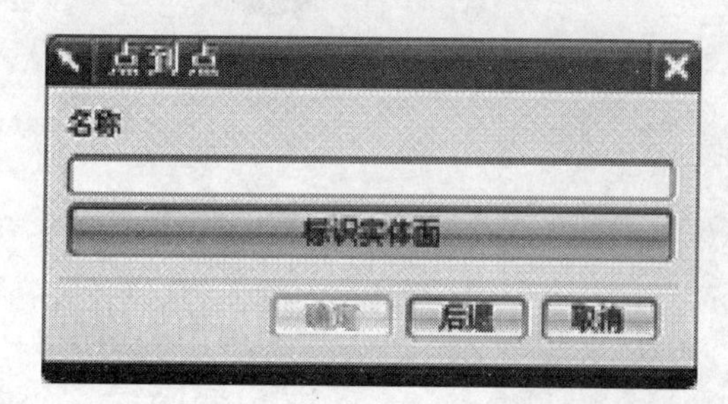

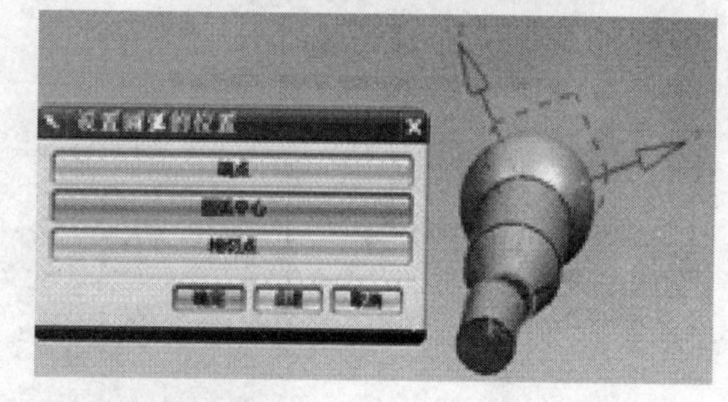

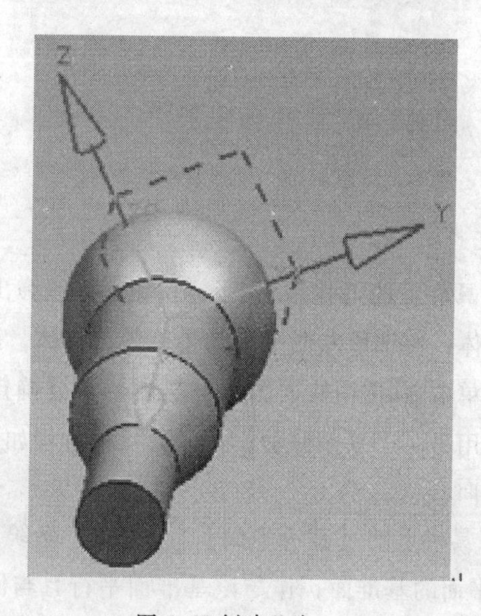

图4-67 创建凸台

步骤六　创建基准平面

单击【特征操作】工具栏上的【基准平面】按钮，系统弹出【基准平面】对话框；在【类型】对话框中选择 XC-ZC 平面 按钮，并在【偏置和参考】对话框中输入“0.781”；单击【确定】按钮，即可创建平面。再按照同样操作，在【基准平面】对话框的【偏置和参考】对话框中输入“-0.781”，创建平面。其操作过程如图4-68所示。

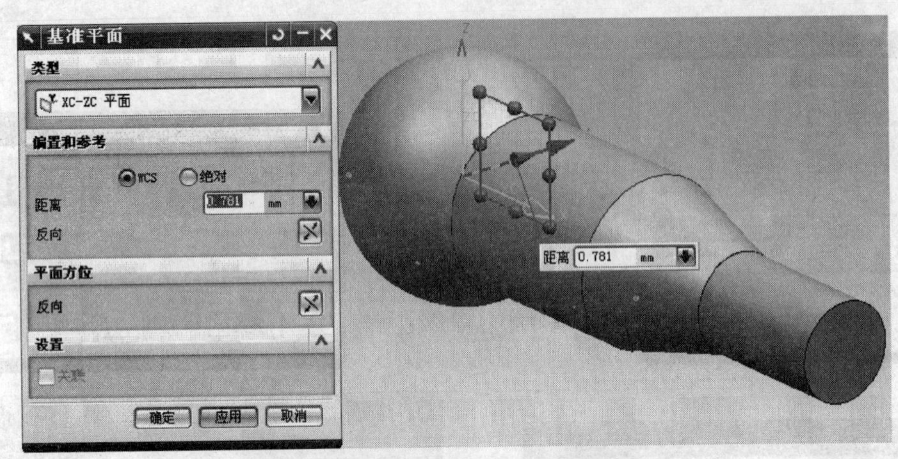

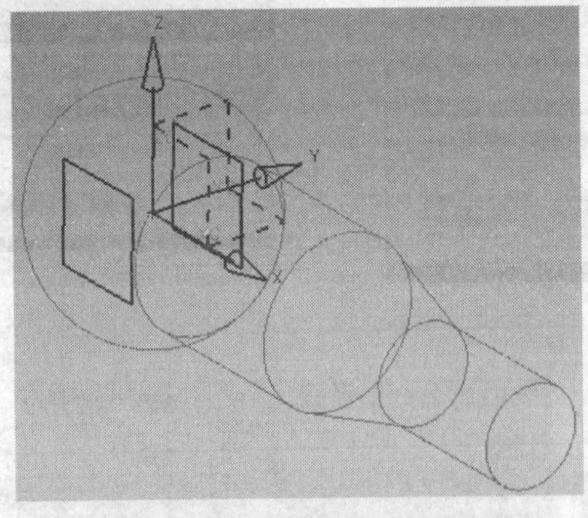

图4-68　创建基准平面

步骤七　创建修剪体

单击【特征操作】工具栏上的【修剪体】按钮，系统弹出【修剪体】对话框；先选取整个实体作为修剪目标体，再选取左侧平面作为修剪刀具体，系统会在屏幕上预先显示修剪结果；如果方向不对，单击按钮修改方向；最后单击【确定】按钮，即可完成修剪操作。按照同样的过程，利用另一个平面修剪实体。其操作过程如图4-69所示。

步骤八　创建基准平面

单击【特征操作】工具栏上的【基准平面】按钮，系统弹出【基准平面】对话框；创建一个平行于XC-YC平面的基准面，作与该基准面平行且与圆台顶部相切的基准面。其操作过程如图4-70所示。

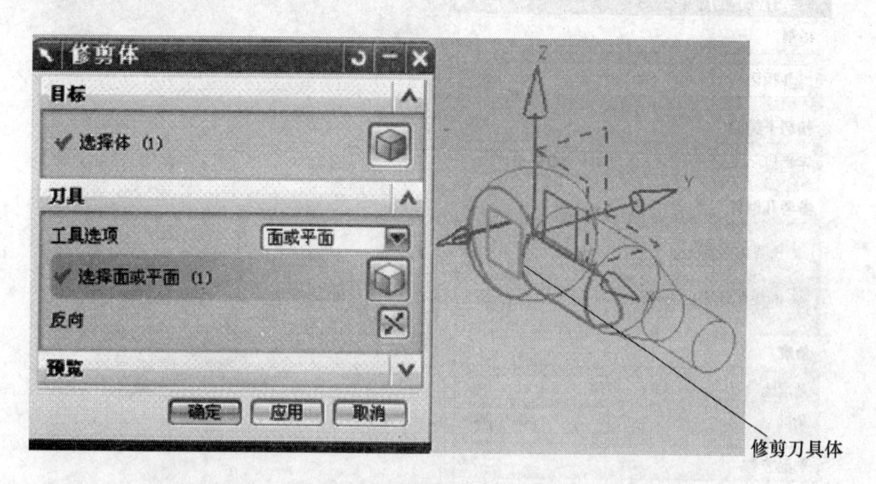
修剪体
目标
选择体 (1)
刀具
工具选项
面或平面
选择面或平面 (1)
反向
预览
确定
应用
取消
修剪刀具体

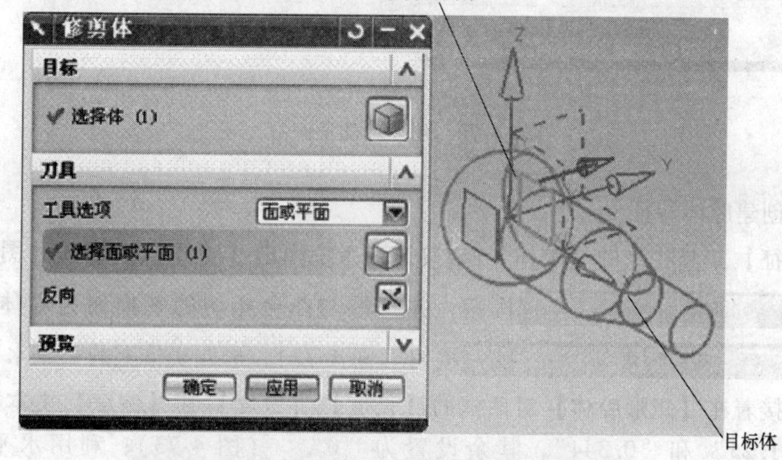
修剪刀具体
修剪体
目标
选择体 (1)
刀具
工具选项
面或平面
选择面或平面 (1)
反向
预览
确定
应用
取消
目标体

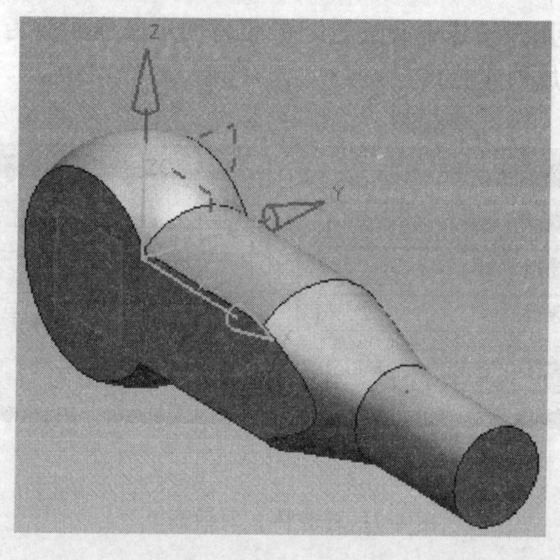

图 4-69 修剪实体

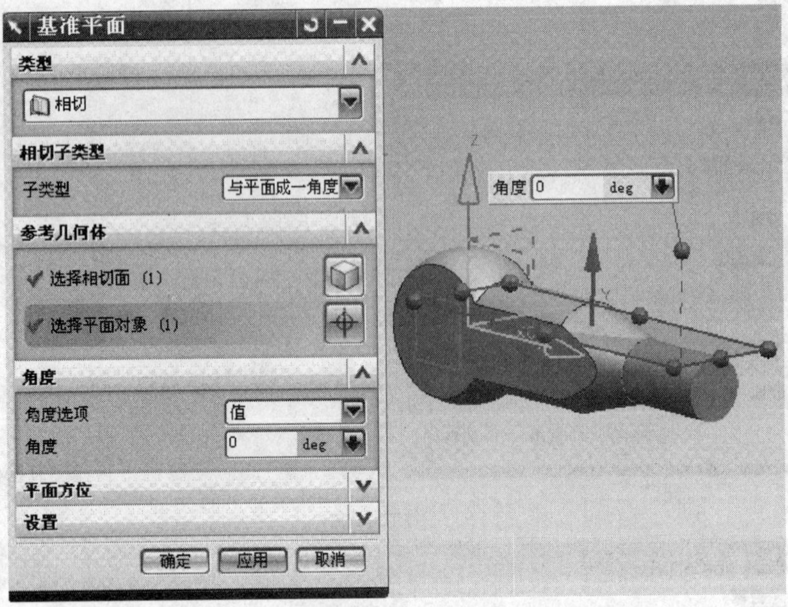

图 4-70　创建基准平面

步骤九　创建腔体特征

单击【特征】工具栏上的【腔体】按钮，系统弹出【腔体】对话框（图 4-71）；单击矩形按钮，并选取与凸台相切的基准面为腔体的旋转面；再单击接受默认边按钮（图 4-72），选取实体上的一条水平面边为水平参考对象；接着在【矩形腔体】对话框的【长度】、【宽度】和【深度】文本框中分别输入“1”、“1.25”和“0.344”，其余设置为“0”（图 4-73）；利用水平定位功能(图 4-74)，定位圆台端面圆弧边缘中心点与矩形腔体的中心线距离为“1”（图 4-75）；最后单击【确定】按钮，完成创建腔体。

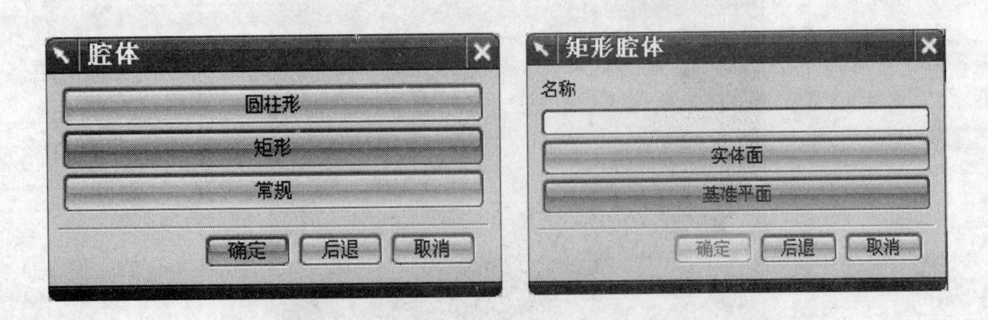

图 4-71　【腔体】对话框

步骤十　创建圆柱体特征

按照步骤三的操作过程，设置“+ZC”轴为圆柱的轴线方向，设置圆柱体的【直径】

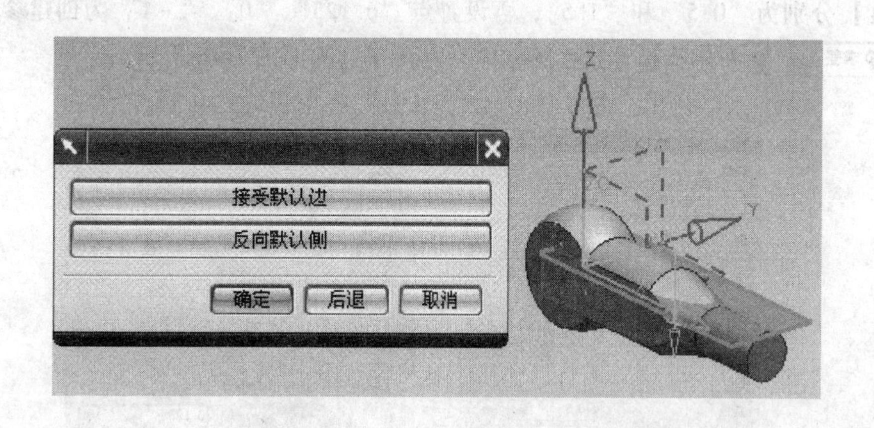

图 4-72 接受默认边

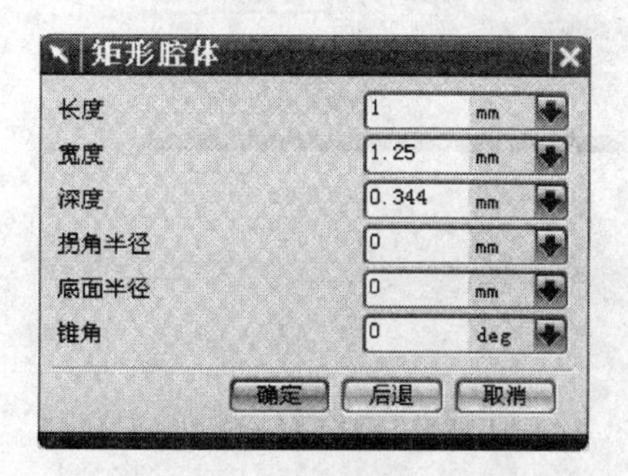

图 4-73 【矩形腔体】设置

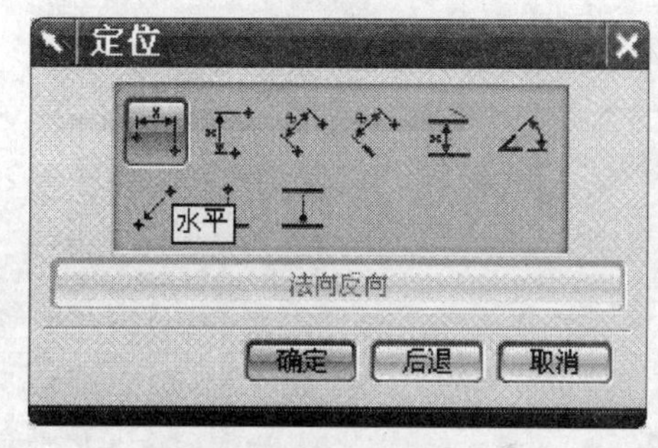

图 4-74 【定位】设置

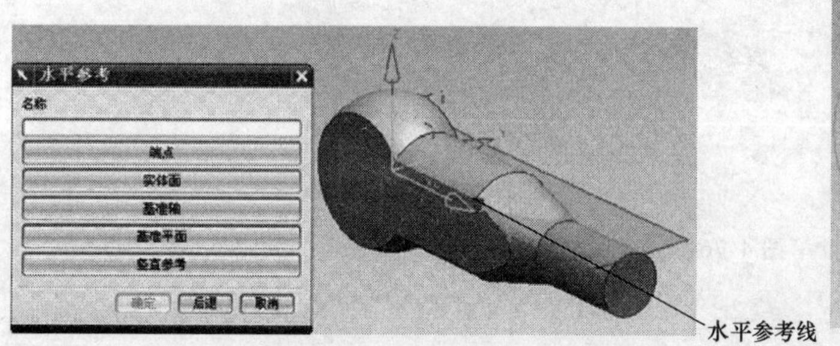

a)

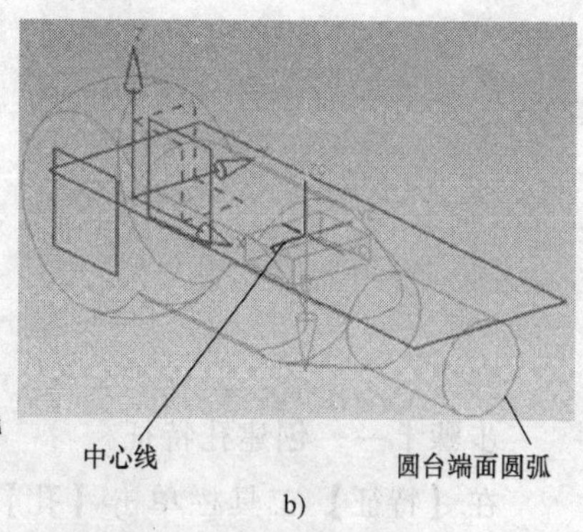

b)

c)

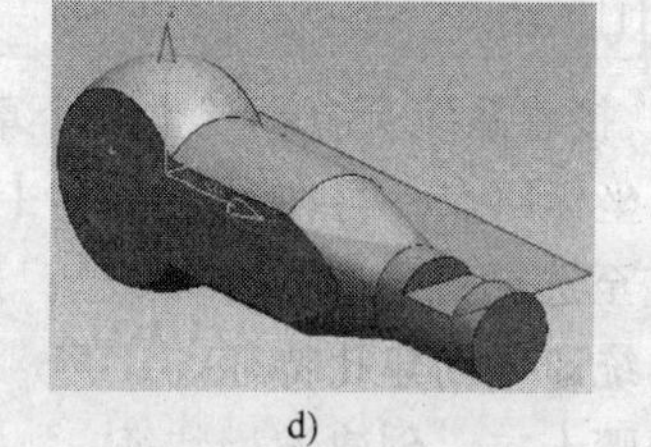

d)

图 4-75 创建腔体

和【高度】分别为“0.5”和“1.5”，再设置点“6.125”、“0”、“-1”为创建参考点，然后利用求差布尔操作方式创圆柱体。其操作过程如图4-76所示。

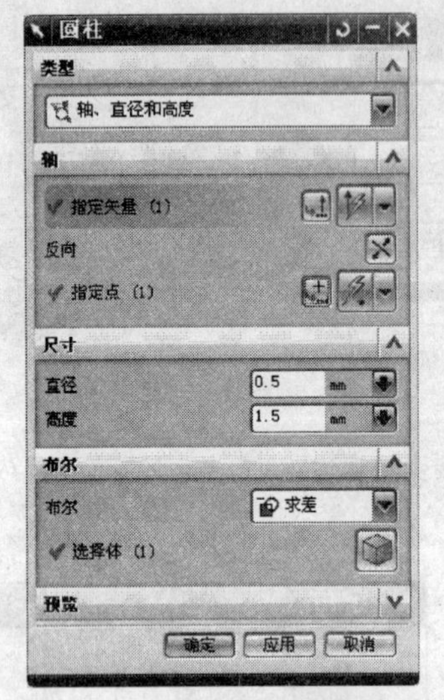

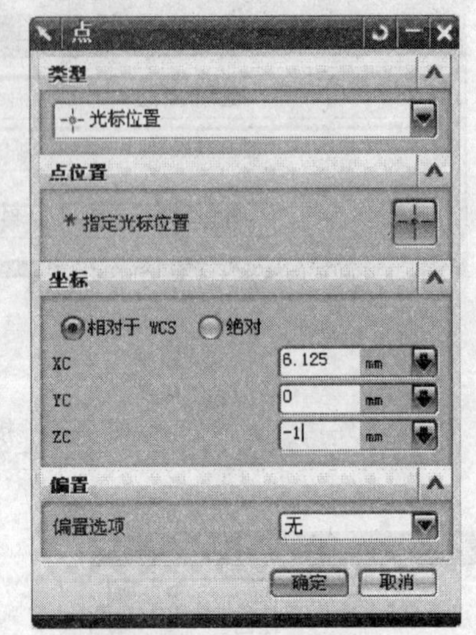

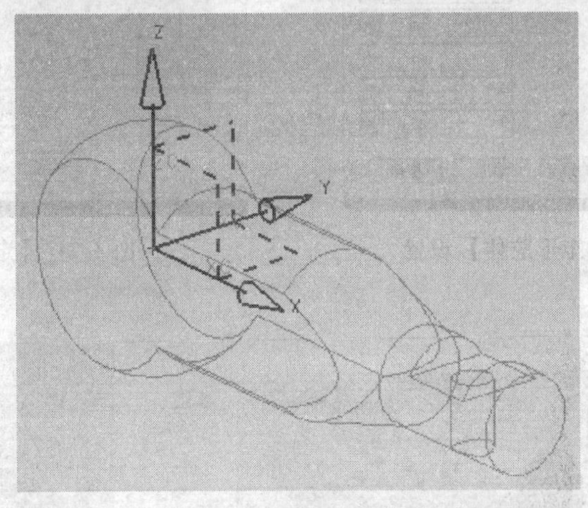

图4-76　创建圆柱体

步骤十一　创建孔特征

在【特征】工具栏单击【孔】按钮，系统弹出【孔】对话框；在【类型】对话框中选择常规孔按钮，选取实体的左侧面作为“孔的放置平面”（图4-77）；接着系统会自动建立一个草图，在草图上创建一个点作为指定点（图4-78），将点约束到坐标原点；再在对话框的【直径】文本框中输入“1.125”，然后【深度限制】选择为“直至选定对象”（图4-79）；选取左侧面的面作为直至选定的对象，单击【确定】按钮，系统即可创建孔特征。

步骤十二　创建键槽特征

单击【特征】工具栏上的【键槽】按钮，系统弹出【键槽】对话框（图4-80）；选

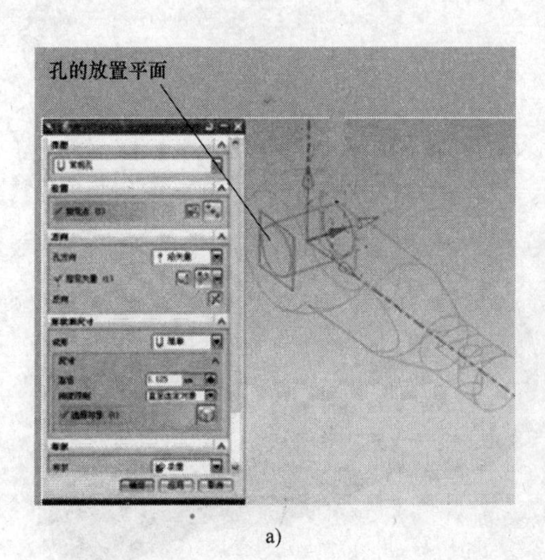

a)

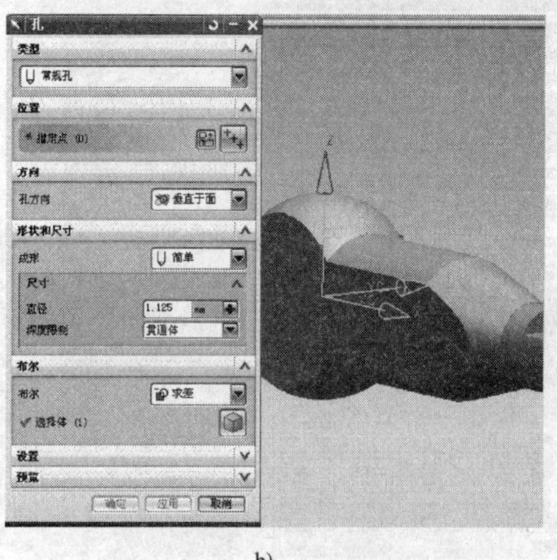

b)

图 4-77 孔的放置平面

择【U 型键槽】和【通槽】选项，并选取与凸台相切的基准面为腔体的放置面作为键槽放置面，并在随后弹出的对话框中单击 接受默认边 按钮 4-81；接着选取实体中的水平边作为水平参考（图 4-82)；然后选取圆台前端面和腔体的前端面作为键槽的“起始通过面”和“终止通过面”；再在【U 型键槽】对话框的【宽度】、【深度】和【拐角半径】对话框中分别输入“0.5”、“0.5”、“0.1”（图 4-83)；最后连续单击【确定】按钮，即可创建键槽特征。

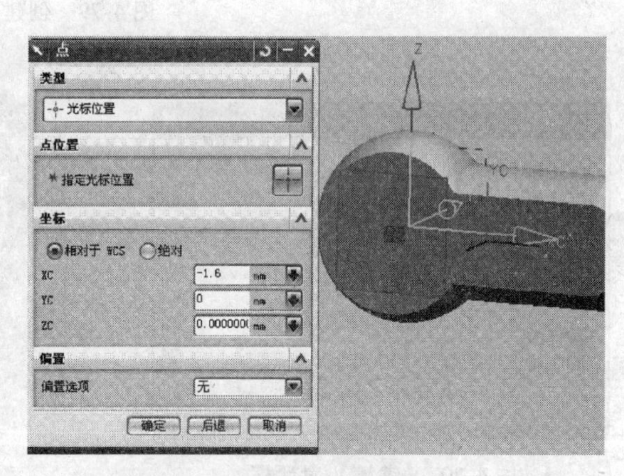

图 4-78 指定点

步骤十三 创建坡口焊特征

单击【特征】工具栏上的【槽】按钮，系统弹出【槽】对话框（图 4-84)；在弹出的对话框中单击 U 形槽 按钮，选择“放置面”；接着在系统弹出的【U 型槽】对话框的【槽直径】、【宽度】和【拐角半径】对话框中分别输入“1.5”、“0.5”和“0.1”（图 4-85)，单击【确定】按钮；随后选取凸台前端面圆边作为定位目标边（刀具边)，选取槽的前端面边作为定位目标边（刀具边)（图 4-86)；最后在弹出的【创建表达式】对话框输入距离参数为“4.5”（图 4-87)，单击【确定】按钮。

a)

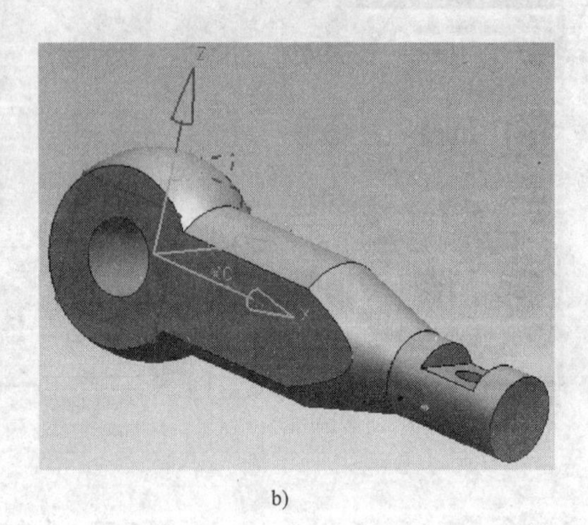

b)

图 4-79　创建孔

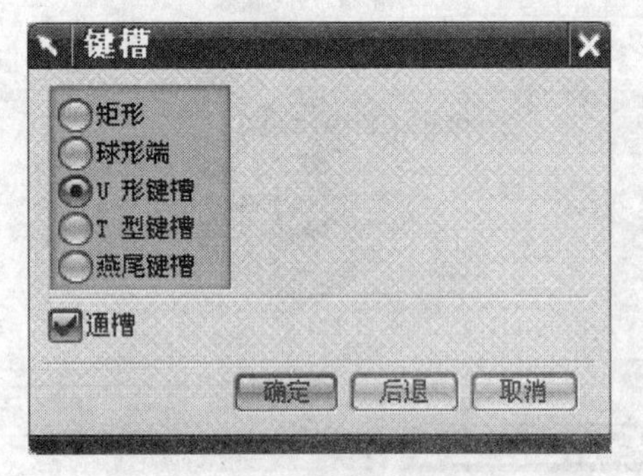

图 4-80　【键槽】对话框

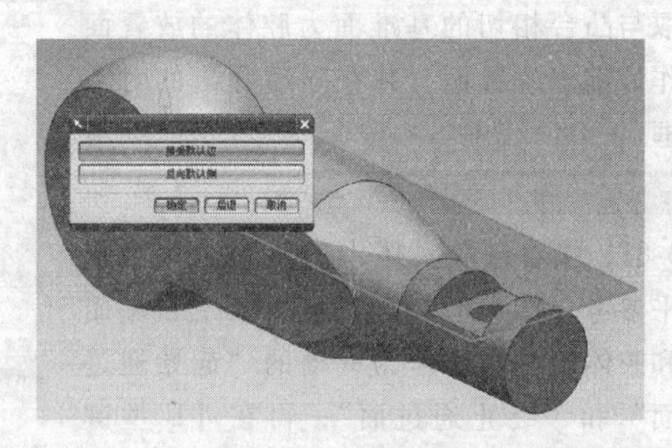

图 4-81　接受默认边

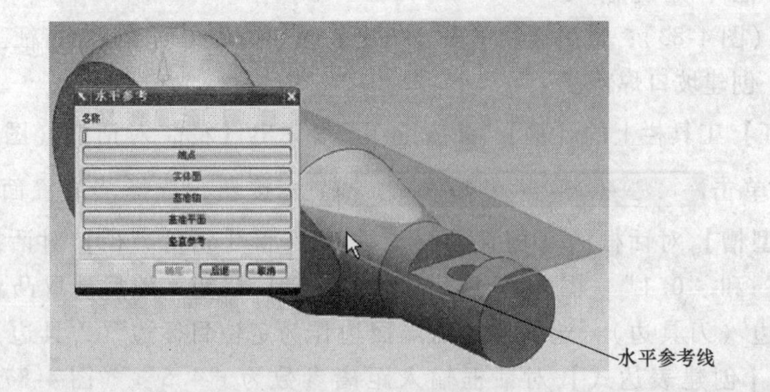

图 4-82　选取水平参考

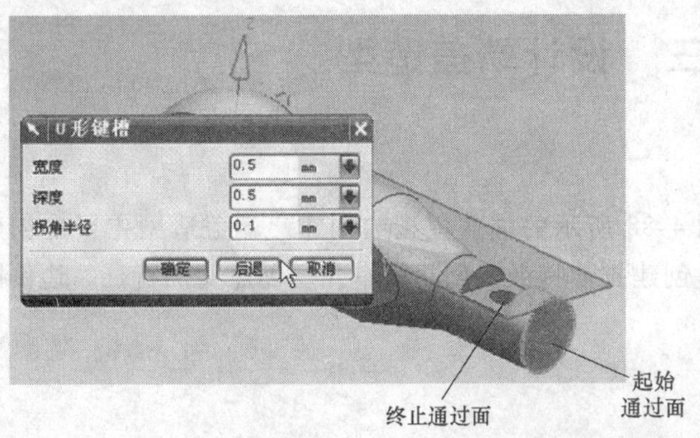

图 4-83 创建 U 形槽

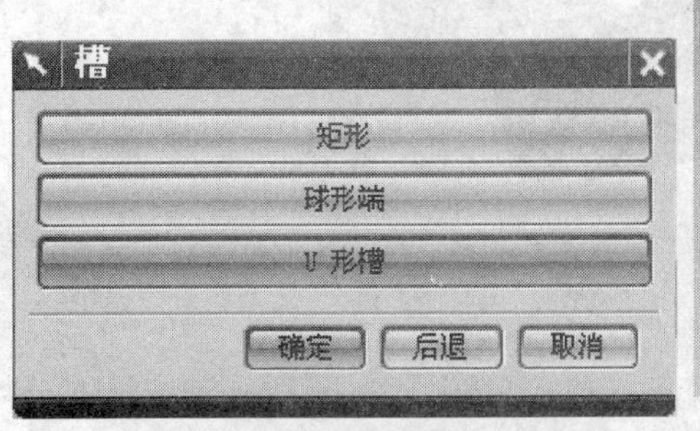

图 4-84 【槽】对话框

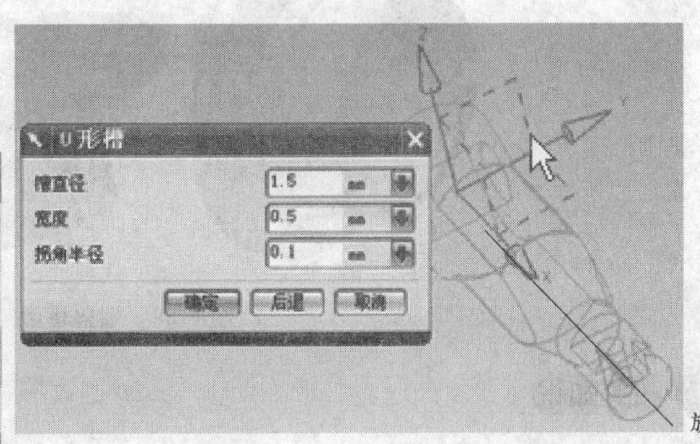

图 4-85 放置面与【U 形槽】

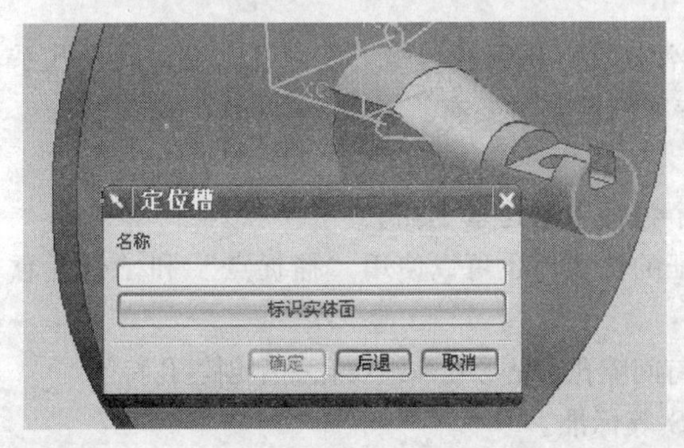

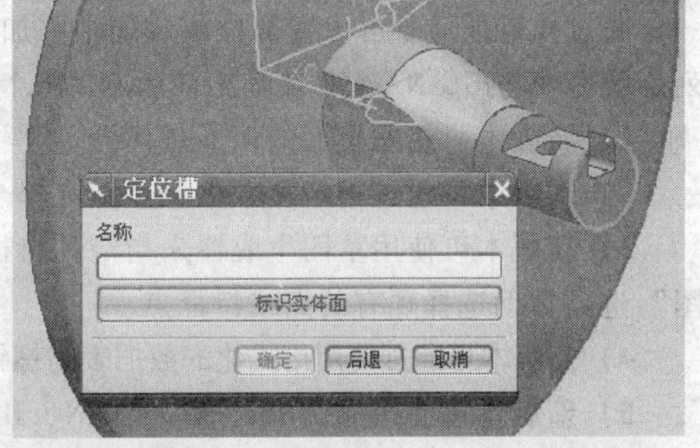

图 4-86 选取定位目标边

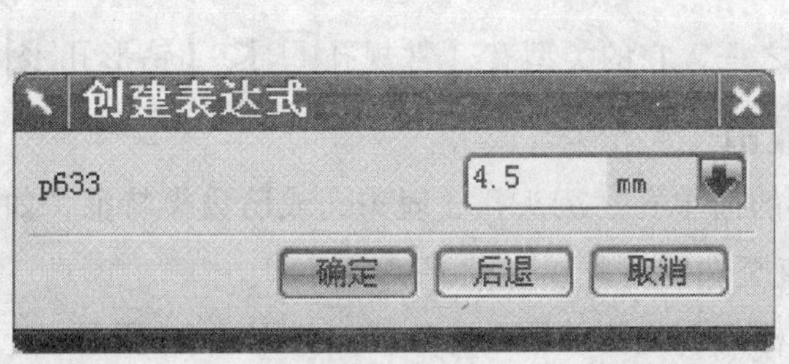

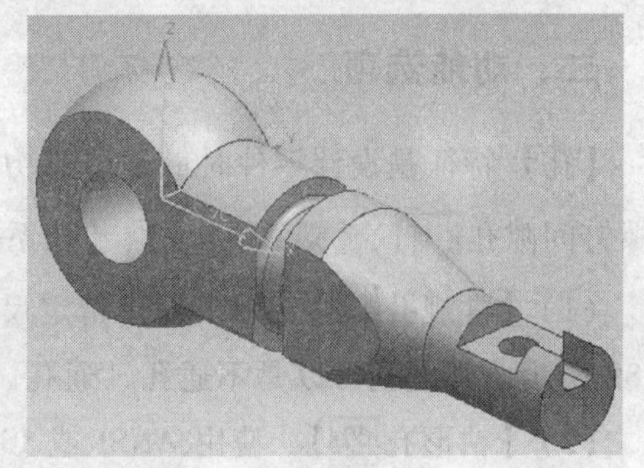

图 4-87 【创建表达式】对话框及结果

任务三　设计端盖造型

实例分析

根据已有的草图曲线，完成如图 4-88 所示的端盖模型的创建。端盖造型主要由创建回转特征、创建基准平面、创建草图、创建拉伸特征、创建简单孔、创建实例特征、边倒圆等命令的综合应用获得所需效果。

图 4-88　端盖模型

相关知识

一、孔特征功能描述

通过孔特征命令可以在部件或装配中添加常规孔、钻形孔、螺钉间隙孔、螺纹孔及孔系列。此命令与 UG NX 5.0 及其之前版本的孔特征的区别主要有：

1）新版本可在非平面的面上创建孔。

2）新版本可通过指定多个放置点，在单个特征中创建多个孔。

3）新版本可使用草图生成器来指定孔特征的位置，也可以使用“捕捉点”和“选择意图”选项帮助选择现有的点或特征点。

4）新版本可通过使用格式化的数据表为螺钉间隙孔、钻形孔和螺纹孔类型创建孔特征。

5）新版本可使用如 ANSI、ISO、DIN、JIS 等标准。

6）新版本可选择起始、结束或退刀槽倒斜角添加到孔特征上。

二、功能选项

【孔】特征是设计零件时最常用的功能之一，它的类型有【常规孔】、【钻形孔】、【螺钉间隙孔】、【螺纹孔】、【孔系列】。

（1）【常规孔】　用于创建指定尺寸的简单孔、沉头孔、埋头孔或已拔模特征，如图 4-89 所示。常规孔可以是不通孔、通孔、直至选定对象或直至下一个面。

（2）【钻形孔】　使用 ANSI 或 ISO 标准创建简单钻形孔特征，如图 4-90 所示。

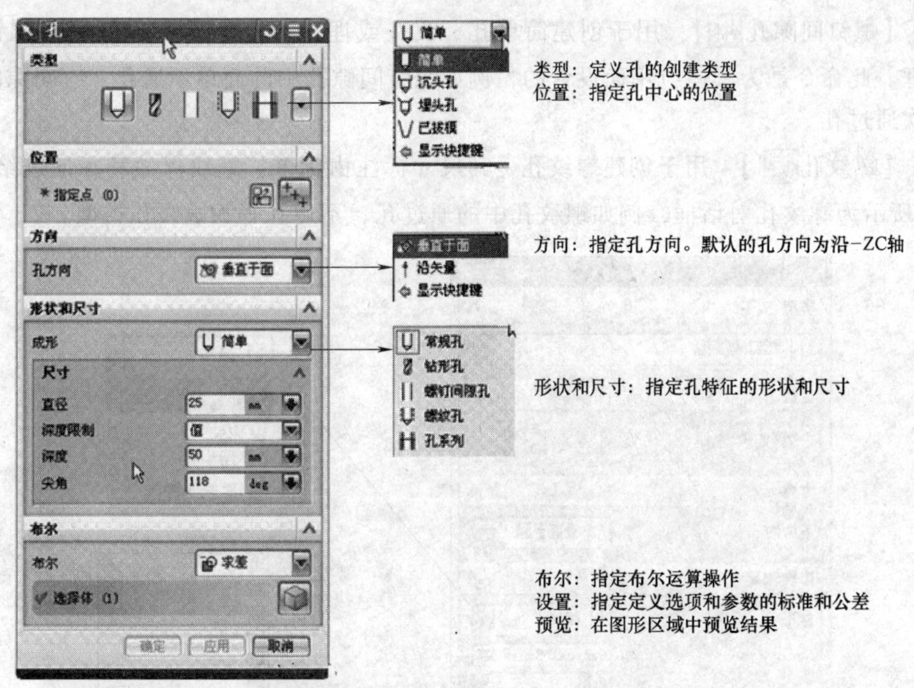

图 4-89 【常规孔】对话框

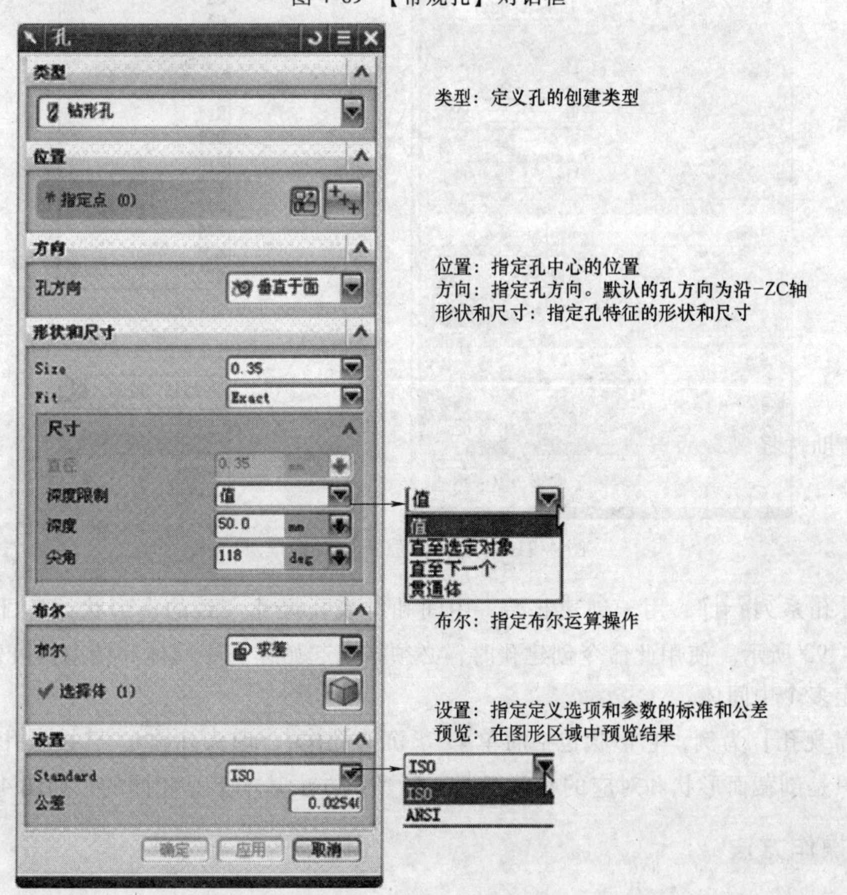

图 4-90 【钻形孔】对话框

(3)【螺钉间隙孔▯】 用于创建简单孔、沉头或埋头通孔，图 4-91 所示为螺钉间隙孔对话框。此命令是为具体应用而设计的，例如螺钉间隙孔中的简单不通孔、有间隙的埋头孔、单次通过孔。

(4)【螺纹孔▯】 用于创建螺纹孔，其尺寸标注由标准、螺纹尺寸和径向进给定义。图 4-92 所示为螺纹孔对话框，例如螺纹孔中的通过孔、不通孔等为螺纹孔类型。

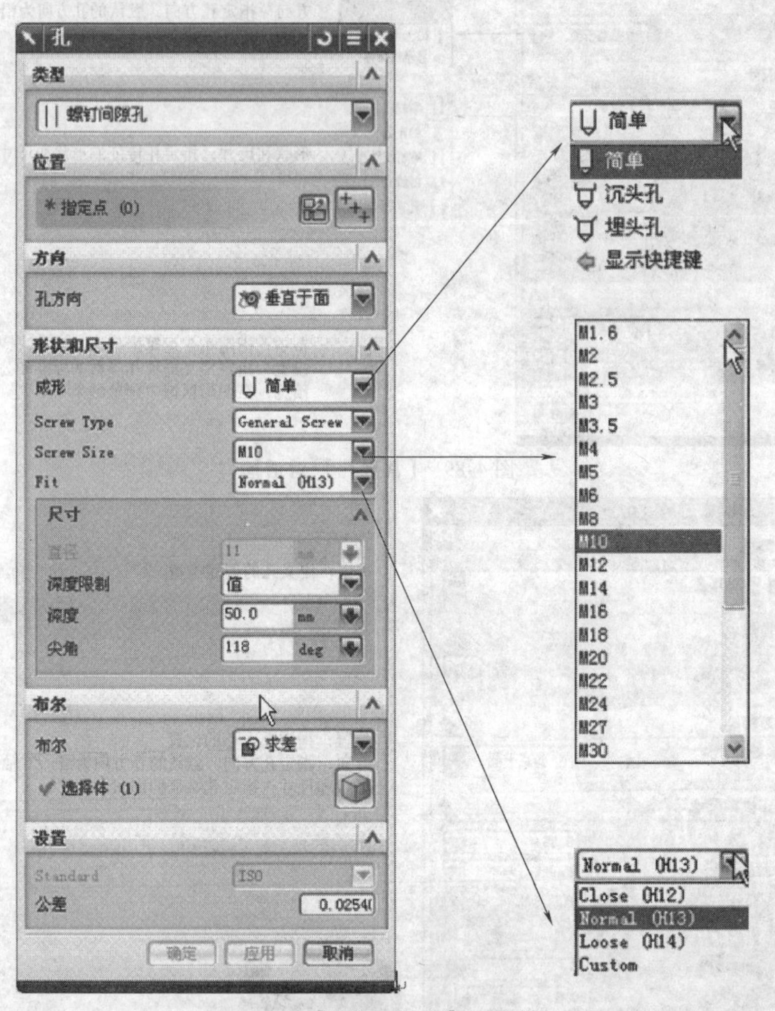

图 4-91 【螺钉间隙孔】对话框

(5)【孔系列▯】 用于创建起始、中间和结束孔尺寸一致的多形状、多目标的对齐孔，如图 4-93 所示。使用此命令创建孔时，必须指定起始体，中间体和结束体可以不指定，也可以指定多个中间体。

以【常规孔】为例，它形状包括简单▯、沉头孔▯、埋头孔▯、已拔模孔▯。这 4 种形状孔只是剖截面形状和对应的参数不同，而操作方法基本上是相同的，如图 4-94 所示。

三、操作方法

单击【特征】工具栏上的【孔】▯按钮，弹出【孔】对话框。如图 4-89 所示的【常

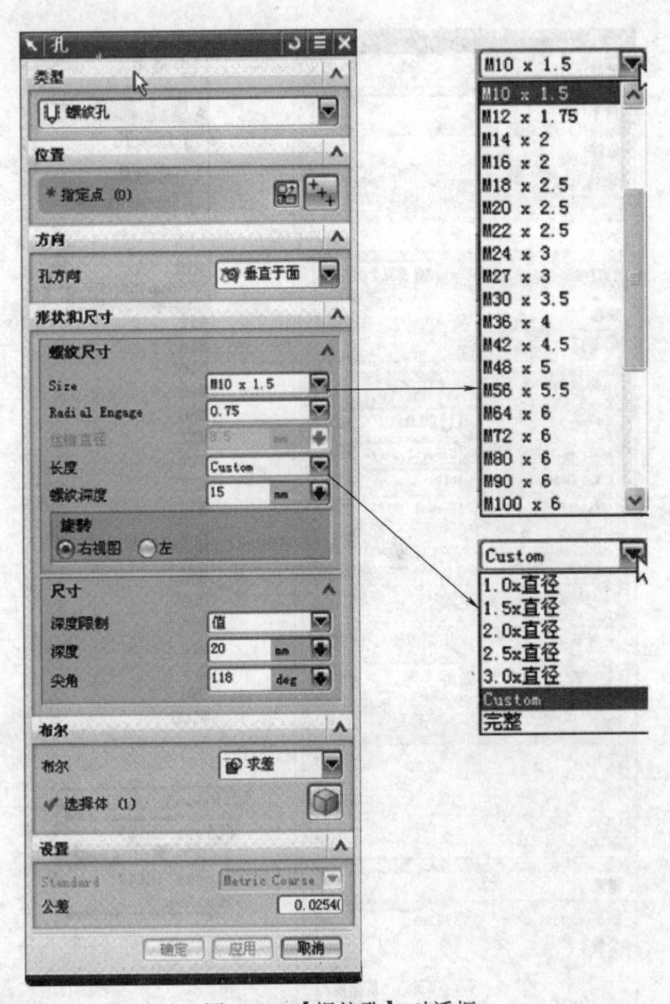

图 4-92　【螺纹孔】对话框

规孔】对话框中的主要内容包括类型、位置、方向、形状和尺寸等选择步骤。单击触定按钮生成孔特征。

1）简单孔就是直孔，通过孔参数即可创建直孔特征。孔的底部可以为平底，也可以为锥体，由尖角控制。当孔为能进孔时，不需要指定孔深，但必须指定通过面。

2）沉头孔的形状由沉头直径、沉头深度、孔直径和孔深度决定。

3）埋头孔的形状由埋头直径、埋头角度、孔直径和孔深度决定。

4）已拔模孔的形状由已拔模孔的孔直径、锥度和孔深度决定。

工艺路线

根据上述分析可设计如图 4-95 所示的工艺步骤，即打开草图→创建回转特征→创建基准平面→创建草图→创建拉伸特征→创建简单孔→创建实例特征→创建边倒圆→创建倒圆斜边。

操作步骤

步骤一　建立草图

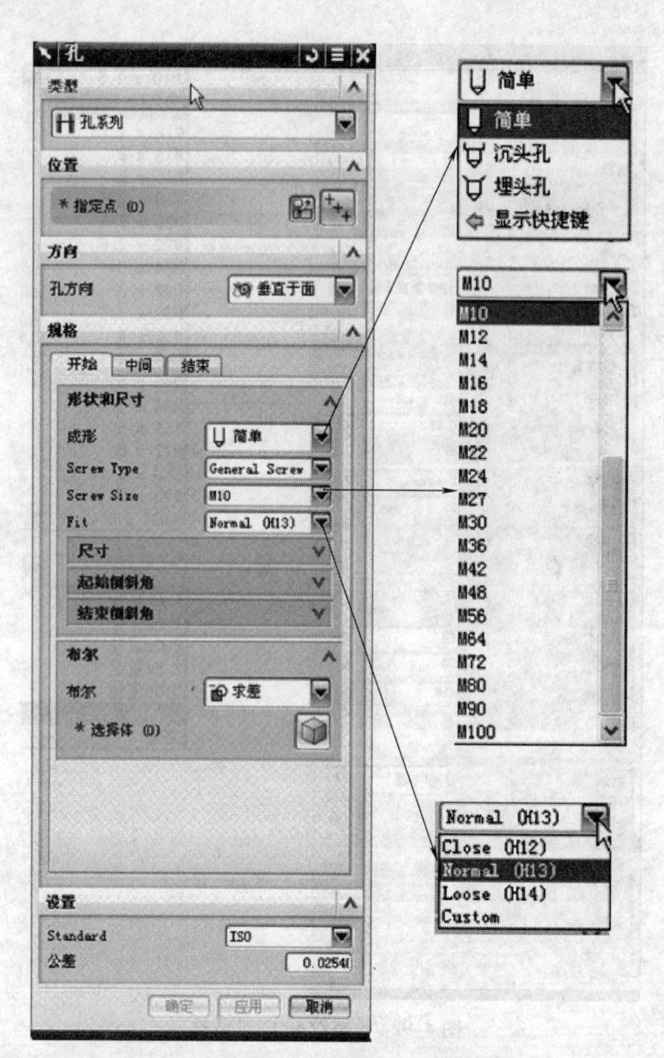

图 4-93 【孔系列】对话框

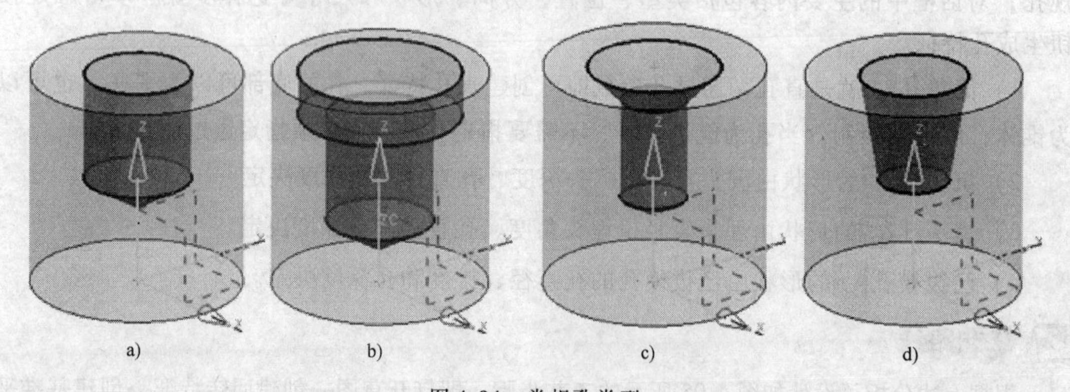

图 4-94 常规孔类型

a）简单孔 b）沉头孔 c）埋头孔 d）已拔模孔

建立如图 4-96 所示的端盖草图。

步骤二 创建回转体

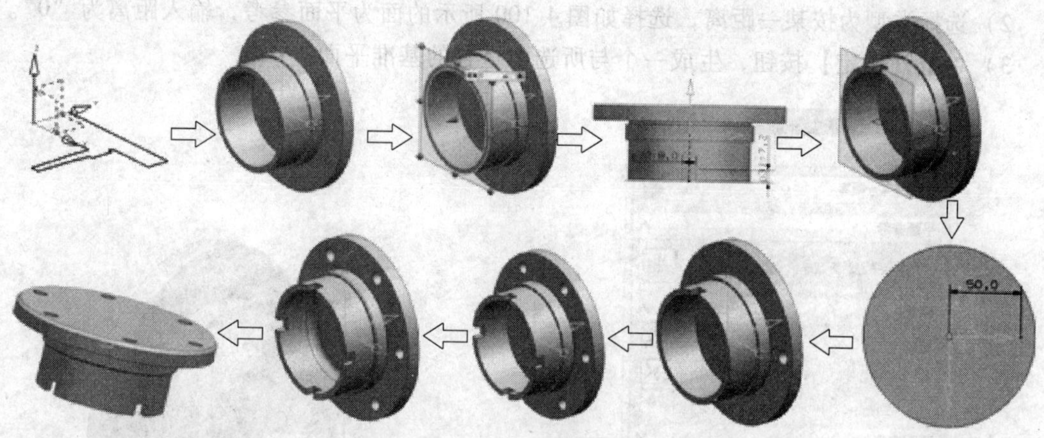

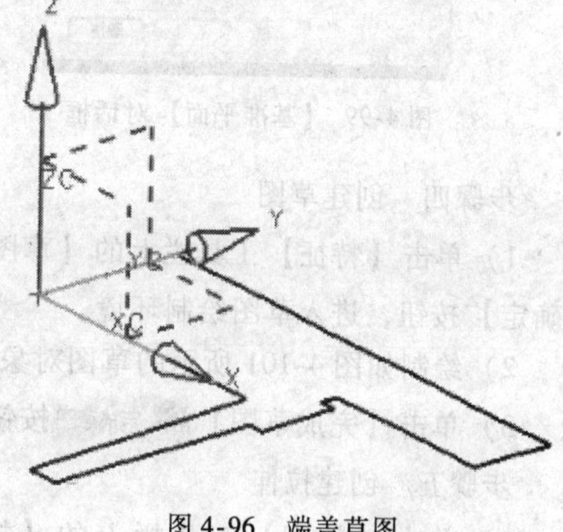

图 4-95　工艺路线

1）单击【特征】工具栏上的【回转】按钮，系统弹出【回转】对话框，如图 4-97 所示。

2）选择图 4-96 所示的草图曲线作为【截面曲线】，选择 YC 轴作为旋转轴、坐标原点作为旋转原点，输入【开始角度】为“0”、【结束角度】为“360”。

3）单击【确定】按钮，生成回转体，如图 4-98所示。

图 4-96　端盖草图

步骤三　创建基准平面绘制草图

1）单击【特征操作】工具栏上的【基准平面】按钮，系统弹出【基准平面】对话框，如图 4-99 所示。

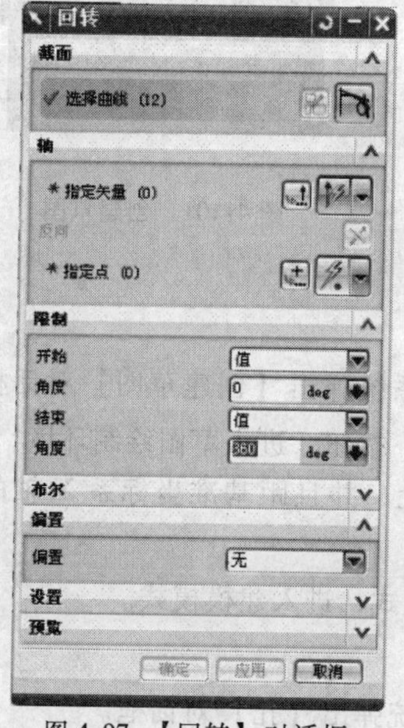

图 4-97　【回转】对话框

图 4-98　生成的回转体

2）选择类型为按某一距离，选择如图 4-100 所示的面为平面参考，输入距离为“0”。

3）单击【确定】按钮，生成一个与所选面重合的基准平面。

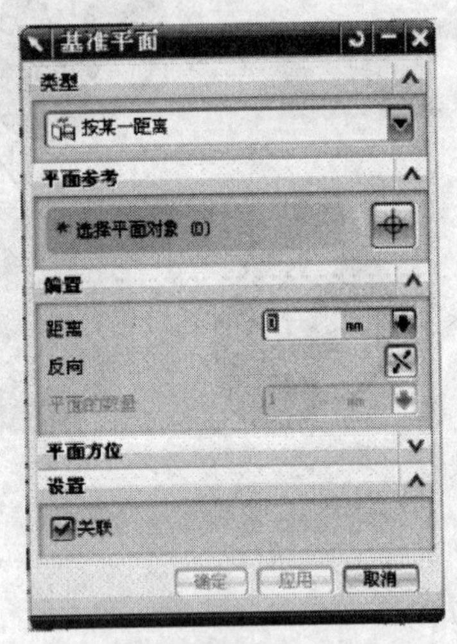

图 4-99 【基准平面】对话框

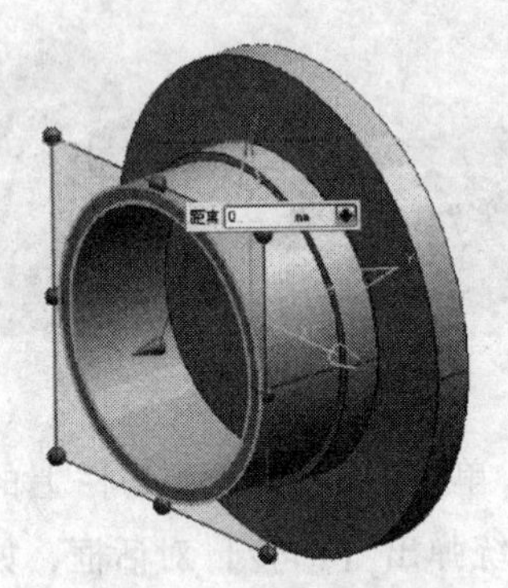

图 4-100 创建基准平面

步骤四 创建草图

1）单击【特征】工具栏上的【草图】按钮，系统弹出【创建草图】对话框，单击【确定】按钮，进入草图绘制环境。

2）绘制如图 4-101 所示的草图对象，并对其添加几何约束和尺寸约束，使其完全约束。

3）单击【完成草图】完成草图按钮，退出草图模式，进入建模模式。

步骤五 创建拉伸

1）单击【特征】工具栏上的【拉伸】按钮，系统弹出【拉伸】对话框，如图 4-102 所示。

2）选择上一步创建的草图曲线为截面曲线，如图 4-103 所示，输入【开始距离】和【结束距离】分别为“0”和“60”，设置【布尔】为求差 求差 。

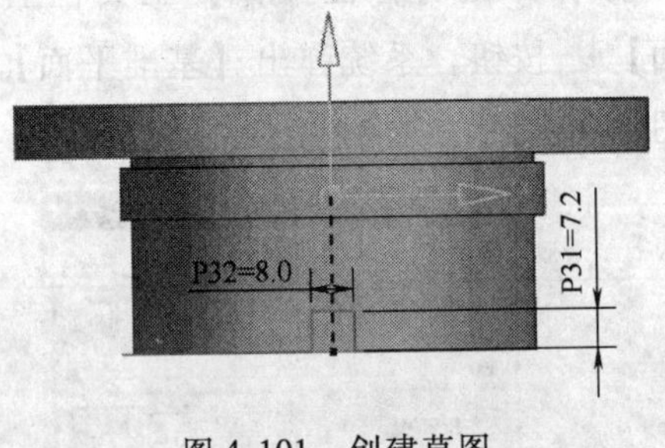

图 4-101 创建草图

3）单击【确定】按钮，完成拉伸，结果如图 4-104 所示。

步骤六 创建孔的中心点

1）单击【特征】工具栏上的【草图】按钮，系统弹出【创建草图】对话框，选择基准坐标系的 X-Z 平面为草图绘制平面，单击【确定】按钮，进入草图绘制环境。

2）绘制一个点，将其约束在基准坐标系的 X 轴上，并且距基准坐标系 Y 轴的距离为“50”，如图 4-105 所示。

3）单击【完成草图】完成草图按钮，退出草图模式，进入建模模式。

步骤七 创建通孔

1）单击【特征】工具栏上的【孔】按钮，系统弹出【孔】对话框。

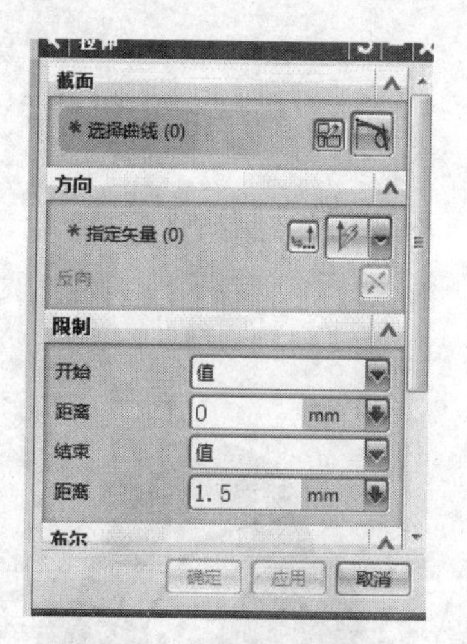

图 4-102 【拉伸】对话框

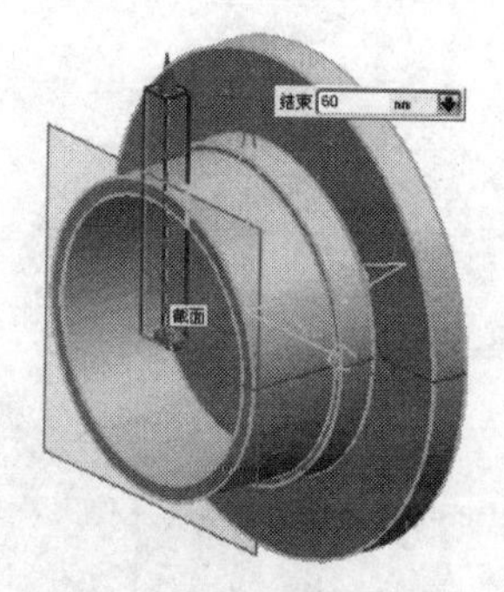

图 4-103 选择截面曲线

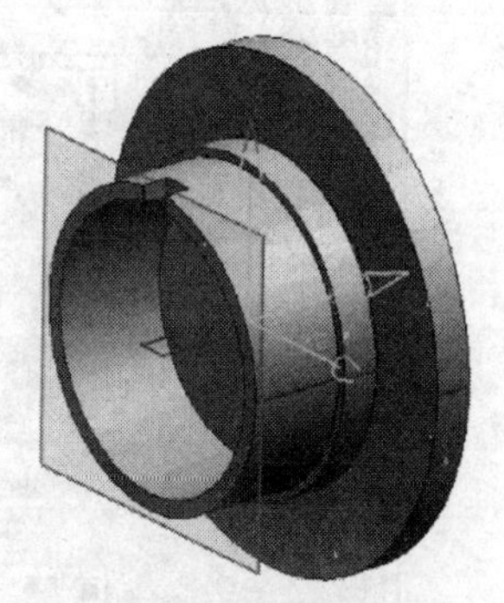

图 4-104 创建的拉伸特征

2）选择上一步创建的点作为它的定位点，其余选项设置如图 4-106 所示。

3）单击【确定】按钮，结果如图 4-107 所示。

步骤八 创建实例特征

1）单击【特征】工具栏上的【实例】按钮，系统弹出【实例】特征对话框，如图 4-108 所示。

2）单击【圆形阵列】按钮，系统弹出【实例】对话框，如图 4-109 所示。

3）在【实例】对话框中，选择“拉伸（5）“，出现如图 4-110 所示的阵列特征，单击【确定】按钮，系统弹出如图 4-111 所示的实例对话框。

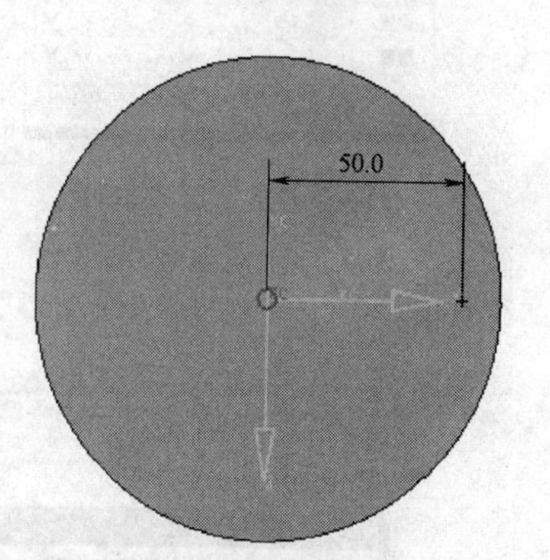

图 4-105 创建孔的中心点

4）设置【方法】为【常规】，输入【数字】和【角度】分别为“4”和“360/4”，单击【确定】按钮，弹出如图 4-111 和图 4-112 所示的【实例】参数和【选择基准轴】对话框。

5）单击【基准轴】按钮，弹出如图 4-113 所示的【选择一个基准轴】对话框，选择基准坐标系的 Y 轴，如图 4-114 所示，弹出如图 4-115 所示的【创建实例】对话框。

6）单击【是】按钮，生成凹槽的圆形阵列，如图 4-116 所示。

7）以同样的方法，创建通孔的圆形阵列，其中【数字】和【角度】分别为“6”和“360/6”，如图 4-117 所示。

步骤九 创建倒圆角特征

1）单击【特征操作】工具条上的【边倒圆】按钮，系统弹出【边倒圆】对话框，如图 4-118 所示。

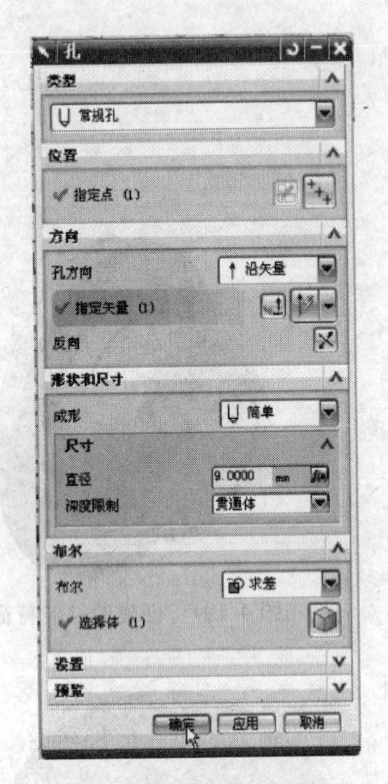

图 4-106 【孔】对话框

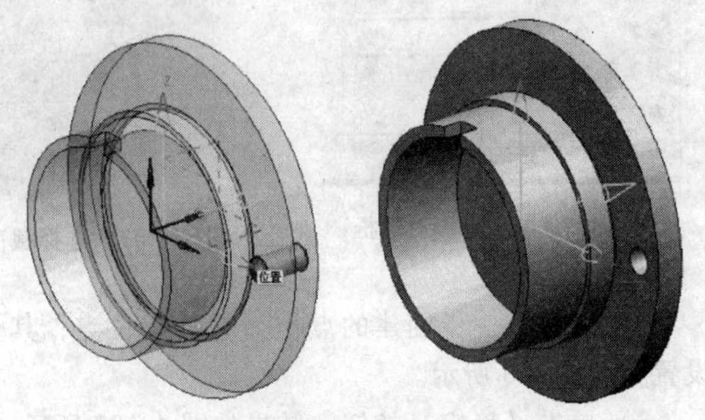

图 4-107 创建通孔

图 4-108 【实例】特征对话框

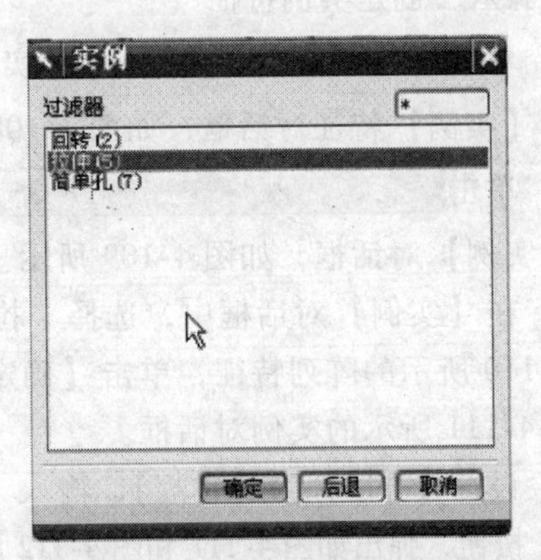

图 4-109 【实例】选择阵列的特征

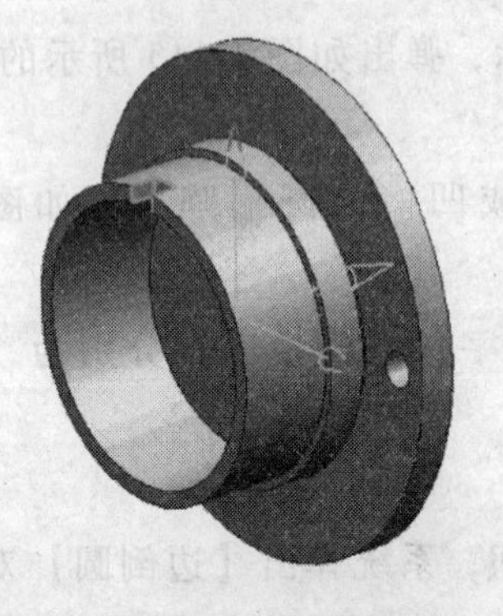

图 4-110 选择阵列的特征

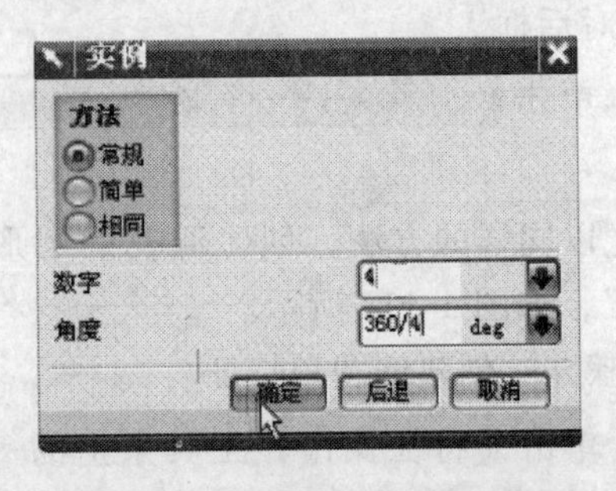

图 4-111 【实例】参数对话框

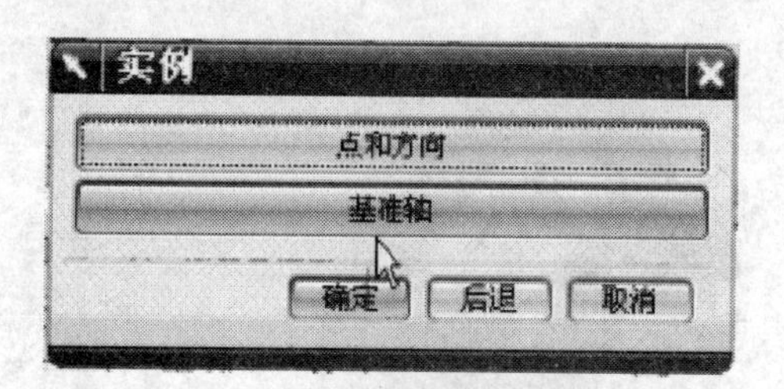

图 4-112 【实例】选择基准轴对话框

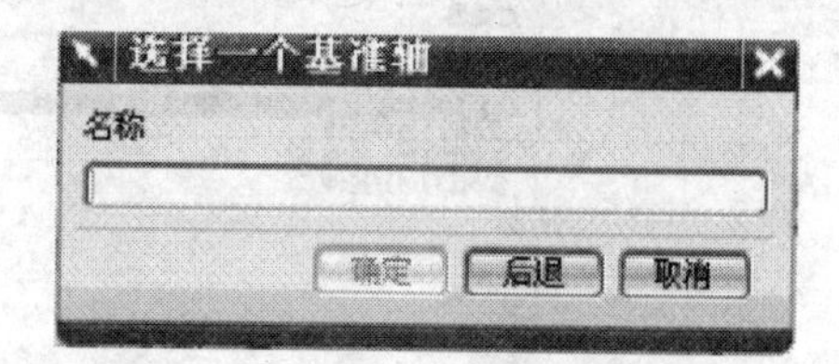

图 4-113 【选择一个基准轴】对话框

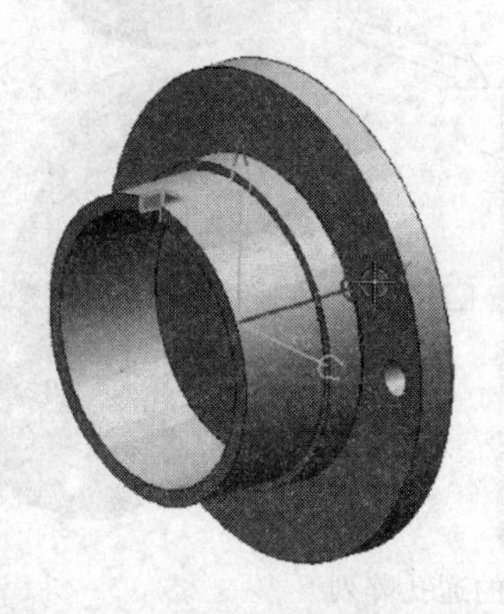

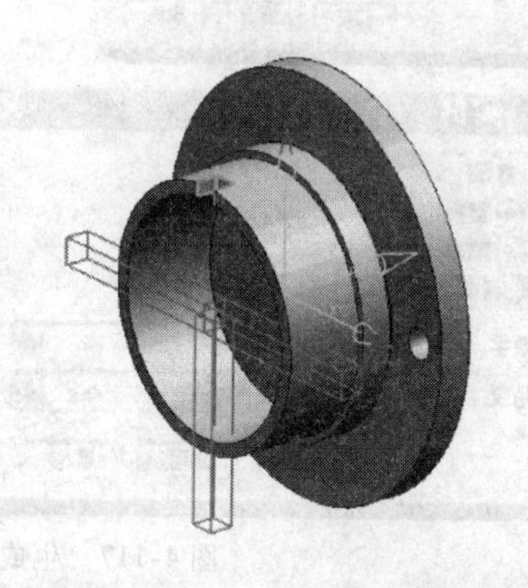

图 4-114 选择基准轴

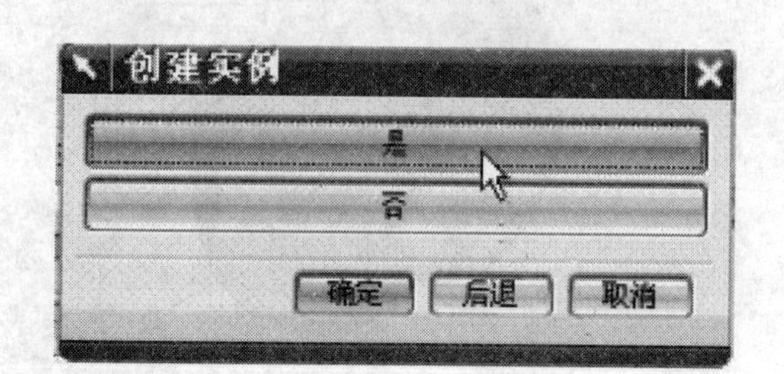

图 4-115 【创建实例】对话框

图 4-116 生成的凹槽阵列

2）选择如图 4-119 所示的“边 1”为【要倒圆的边】，输入半径为“1”。

3）单击【添加新集】图标，选择如图 4-120 所示的“边 2”为【要倒圆的边】，输入半径为“6”。

4）单击【确定】按钮，结果如图 4-121 所示。

步骤十 创建倒斜角特征

1）单击【特征操作】工具栏上的【倒斜角】按钮，系统弹出【倒斜角】对话框，如图 4-122 所示。

2）设置【横截面】为【对称】，输入【距离】为“2”，选择如图 4-123 所示的“边 3”。

3）单击【确定】按钮，生成倒斜角特征，完成端盖实体造型，如图 4-124 所示。

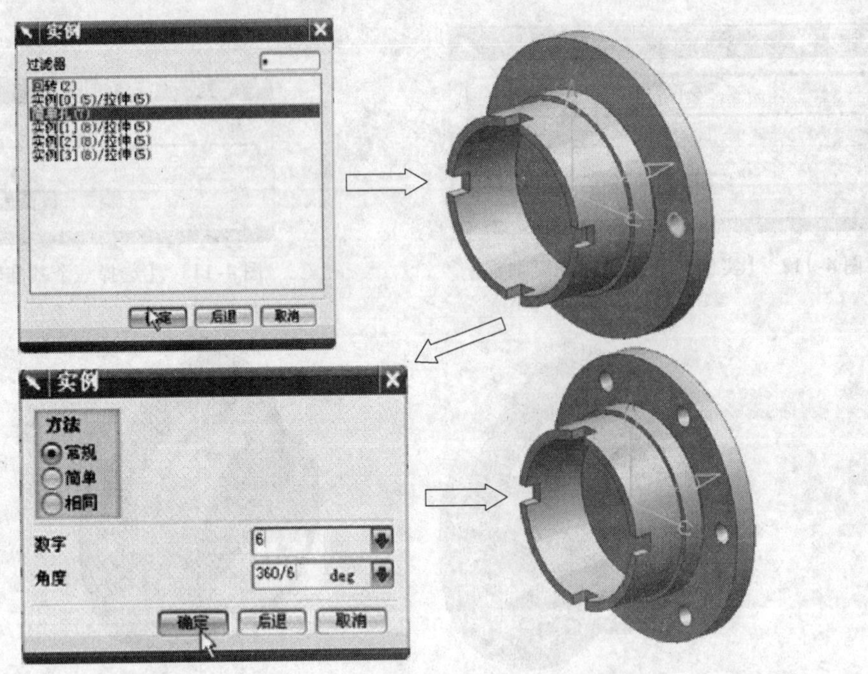

图 4-117　生成的通孔阵列

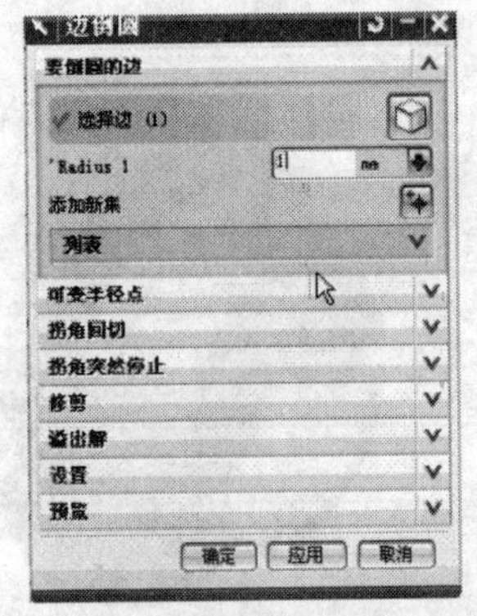

图 4-118　【边倒圆】对话框（边 1）

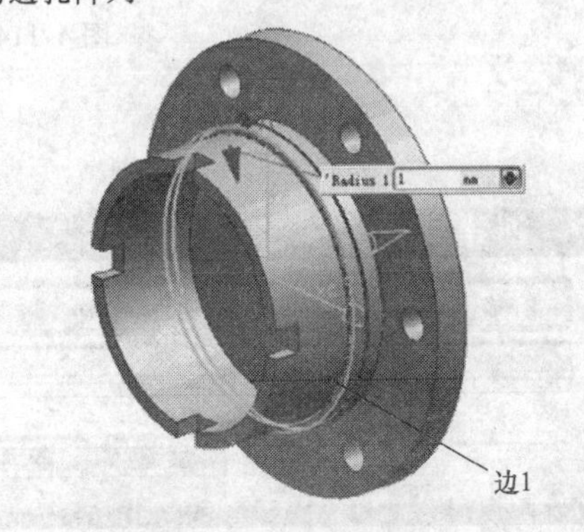

图 4-119　选择要倒圆的边（边 1）

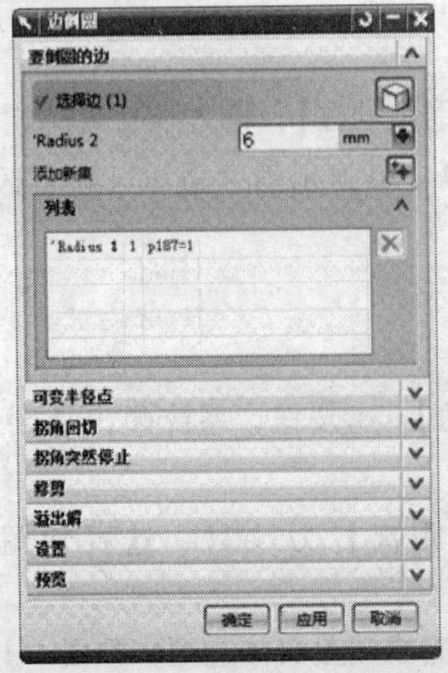

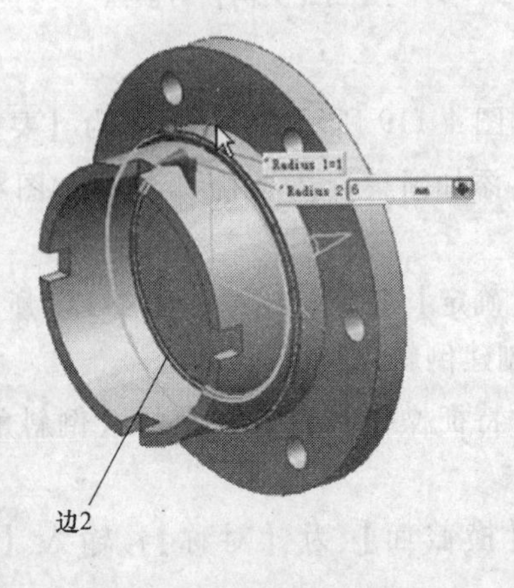

图 4-120　选要倒圆的边（边 2）

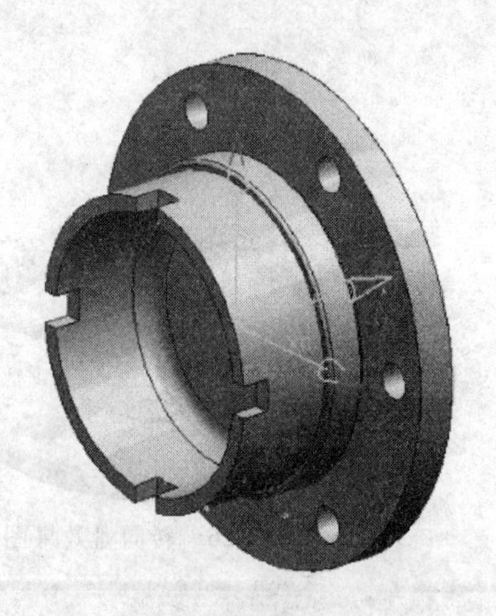
图 4-121　生成边倒圆特征

图 4-122　【倒斜角】对话框

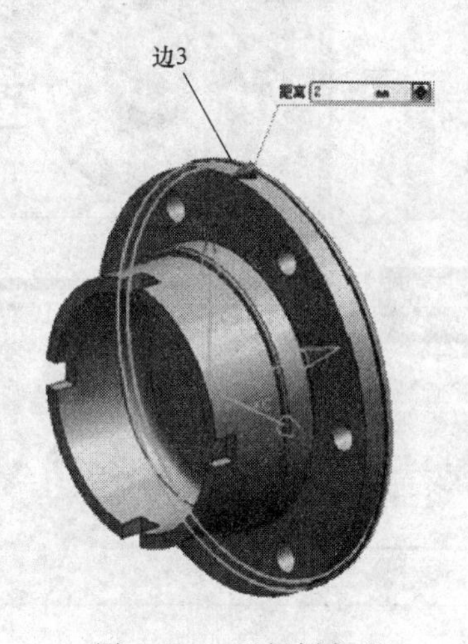

图 4-123　选择倒角边

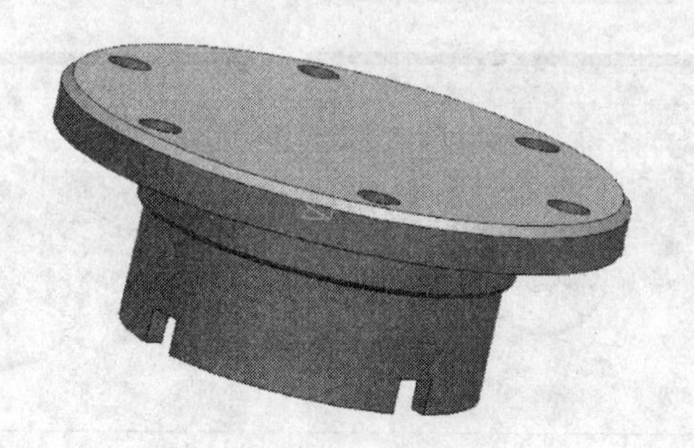
图 4-124　生成倒斜角特征

实训一　设计转向盘

【功能模块】

草图	实体	曲面	装配	制图	逆向
√	√				

【功能命令】

草图、管道、拉伸、布尔求和、引用几何体。

【素材（图 4-125）】

【结果（图 4-126）】

【操作提示】

草图→管道→拉伸→管道→几何体→布尔求和→完成任务。具体过程如图 4-127 所示。

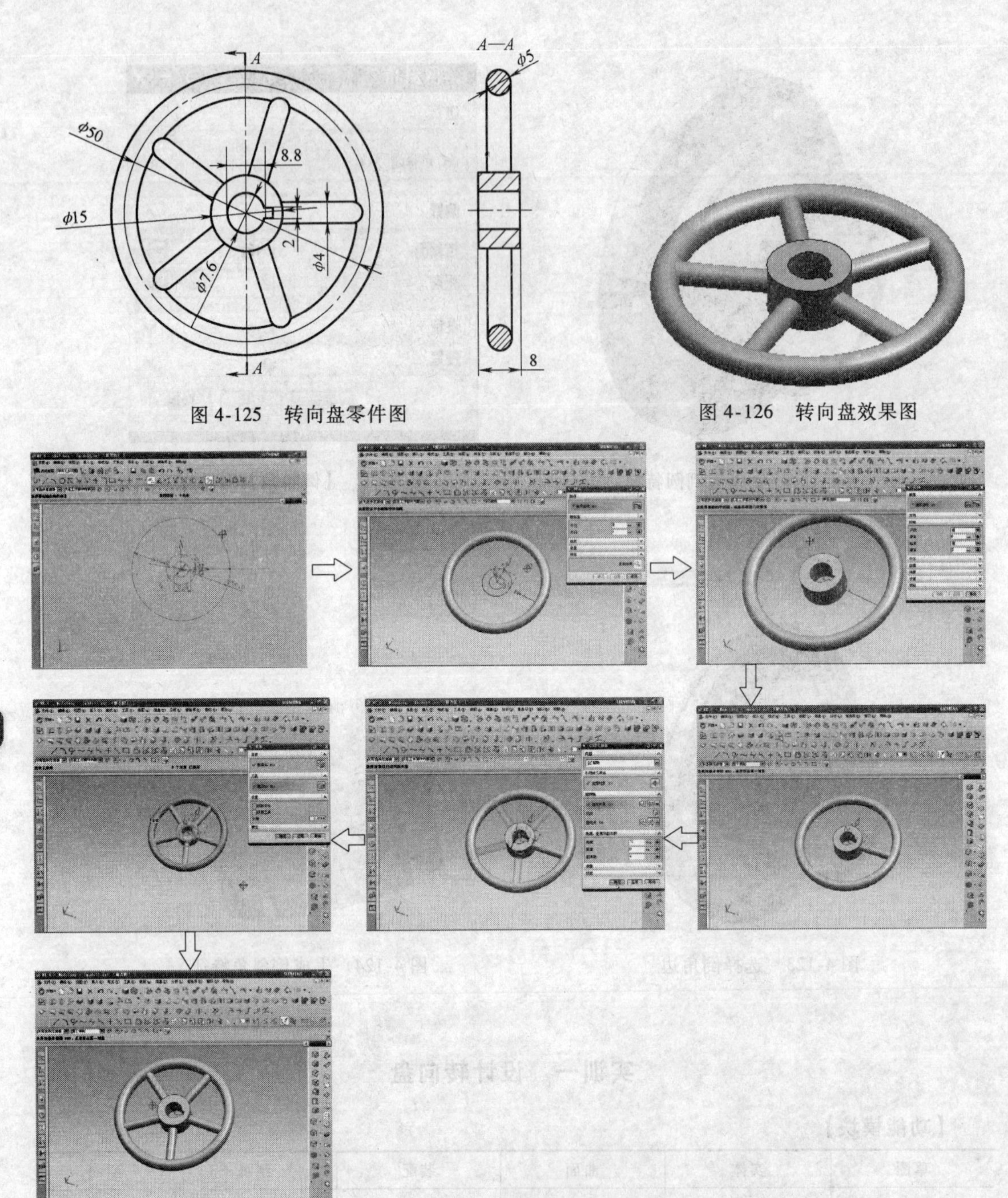

图 4-125　转向盘零件图

图 4-126　转向盘效果图

图 4-127　转向盘效果图操作过程

实训二　设计支架零件

【功能模块】

草图	实体	曲面	装配	制图	逆向
√	√				

【功能命令】

草图、拉伸、布尔求和、简单孔、沉头孔、倒斜角、边倒圆。

【素材（图 4-128）】

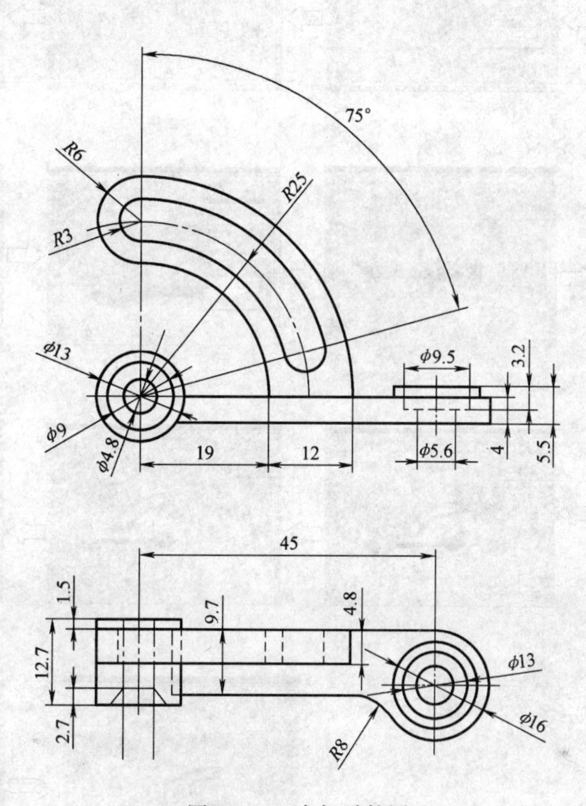

图 4-128 支架零件图

【结果（图 4-129）】

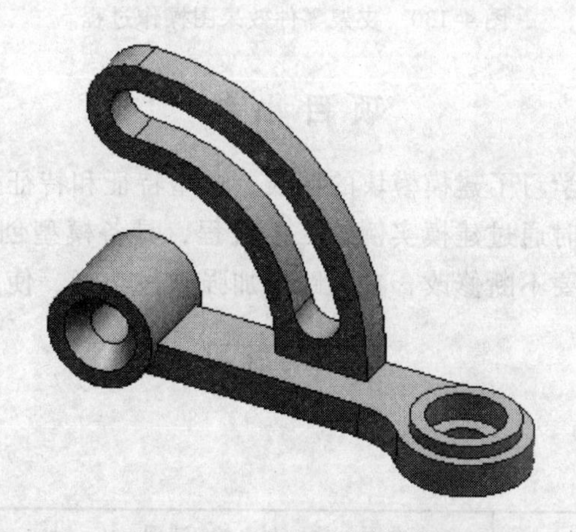

图 4-129 支架零件效果图

【操作提示】

草图→拉伸→布尔求和→简单孔→沉头孔→倒斜角→边倒圆。具体过程如图 4-130 所示。

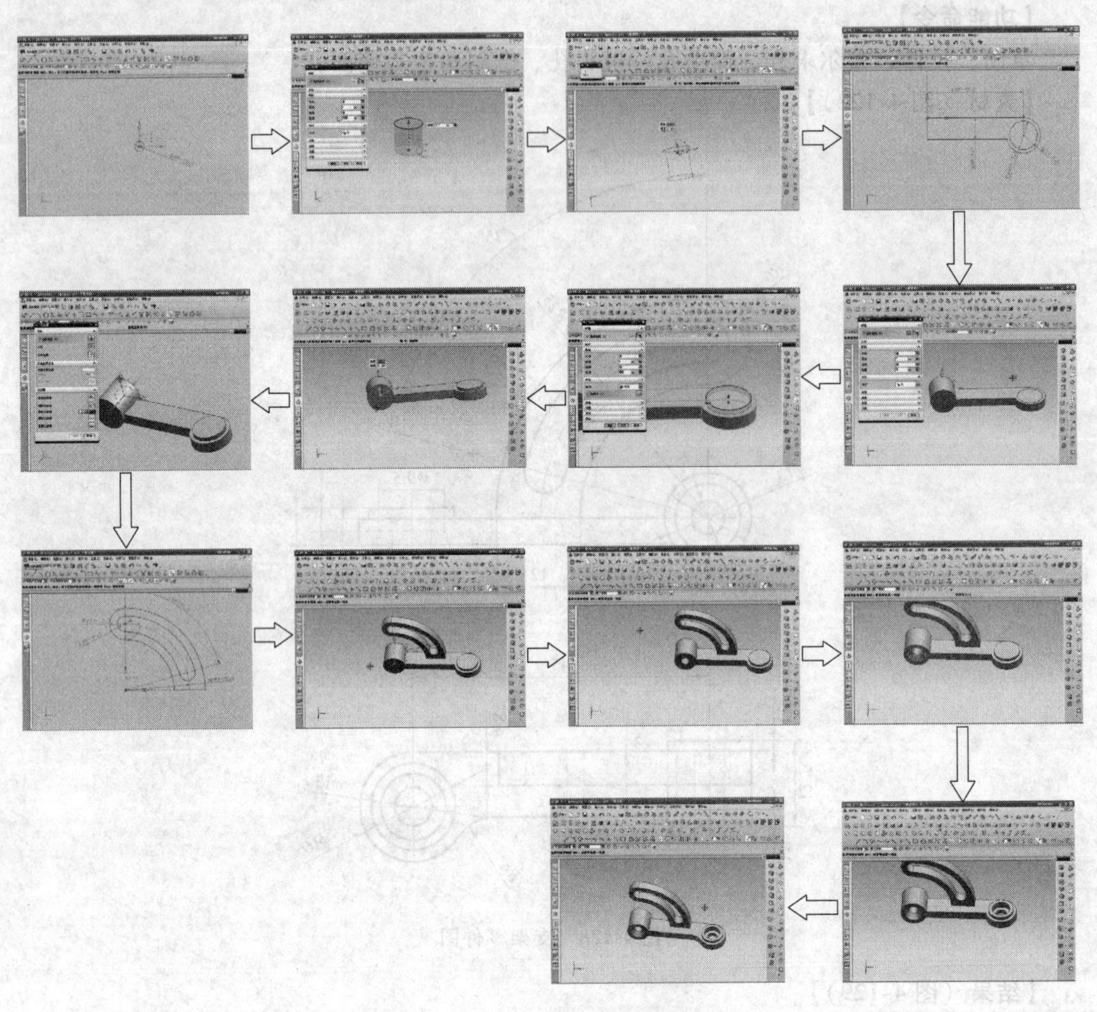

图 4-130　支架零件效果图操作过程

项 目 小 结

本项目通过实例训练学习了建模模块的曲线、成型特征和特征操作，使用这些方法可以创建和编辑实体特征。同时通过建模实例的工艺流程，具备模型创建工艺路线分析的能力。在复杂零件的造型过程中要不断修改，在实践中加强软件功能、使用方法的训练。

思考与练习

1. 端盖零件设计

【功能模块】

草图	实体	曲面	装配	制图	逆向
√	√				

【功能命令】

回转、基准平面、草图、拉伸、简单孔、实例特征、边倒圆、倒斜角。

【素材（图 4-131）】

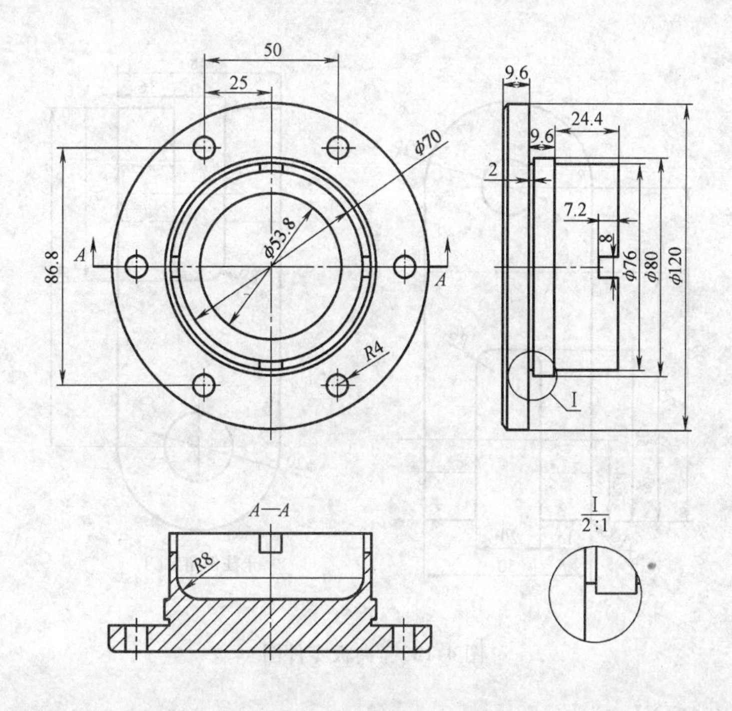

图 4-131　端盖零件图

【结果（图 4-132）】

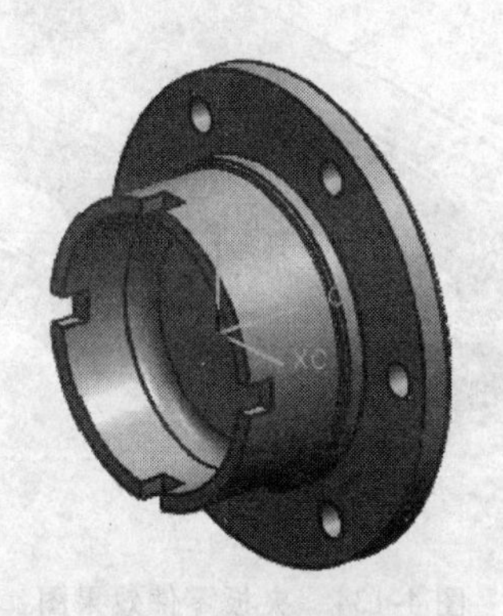

图 4-132　端盖零件效果图

2. 夹板零件设计

【功能模块】

草图	实体	曲面	装配	制图	逆向
√	√				

【功能命令】

草图、拉伸、布尔求交、边倒圆、倒斜角。

【素材（图 4-133）】

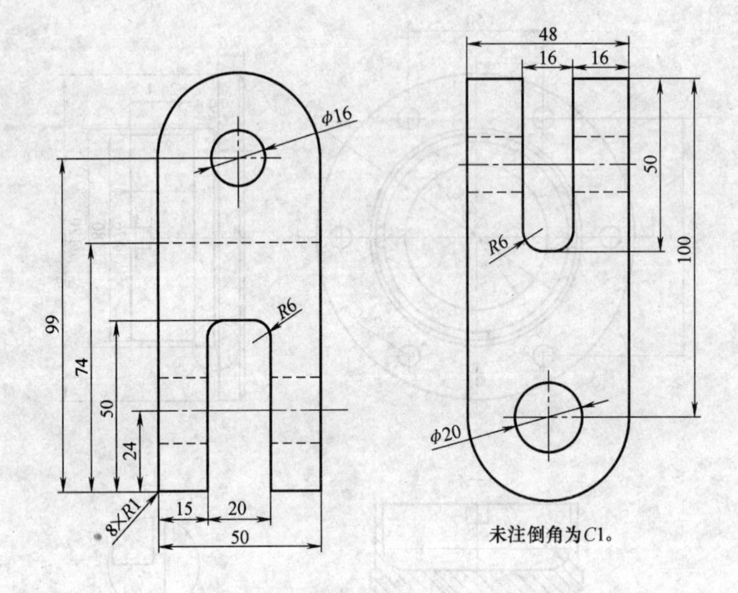

图 4-133 夹板零件图

【结果（图 4-134）】

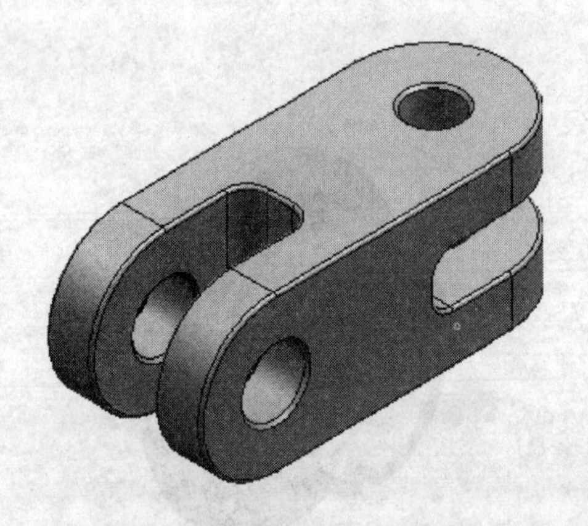

图 4-134 夹板零件效果图

3. 水杯零件设计

【功能模块】

草图	实体	曲面	装配	制图	逆向
√	√				

【功能命令】

圆柱体、扫掠、抽壳、曲线、边倒圆、布尔运算。

【素材（图 4-135）】

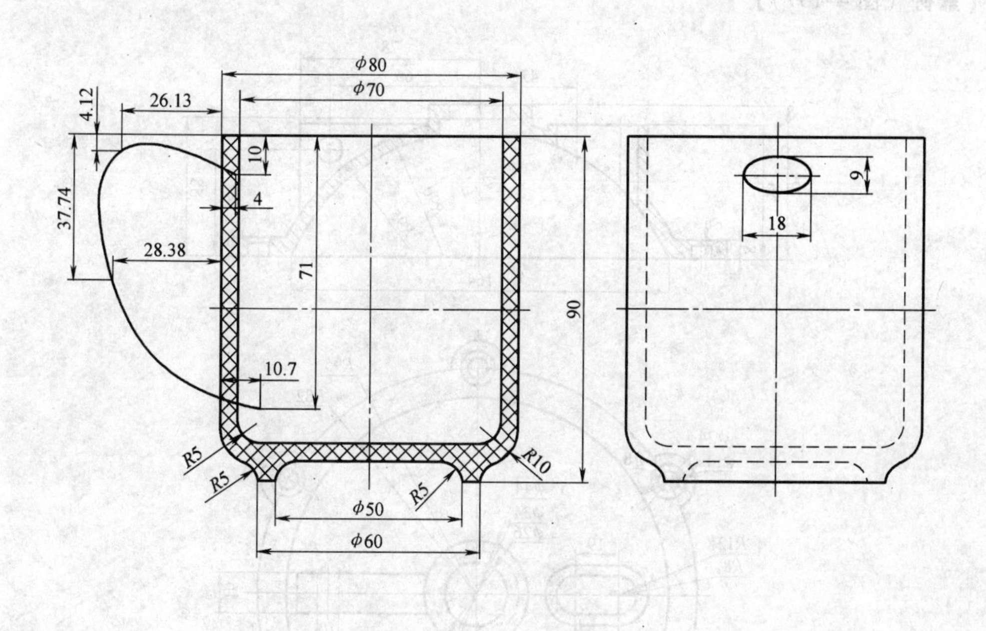

图 4-135 水杯零件图

【结果（图 4-136）】

图 4-136 水杯效果图

4. 盖零件设计

【功能模块】

草图	实体	曲面	装配	制图	逆向
√	√				

【功能命令】

草图、拉伸、回转、简单孔、沉头孔。

【素材（图 4-137)】

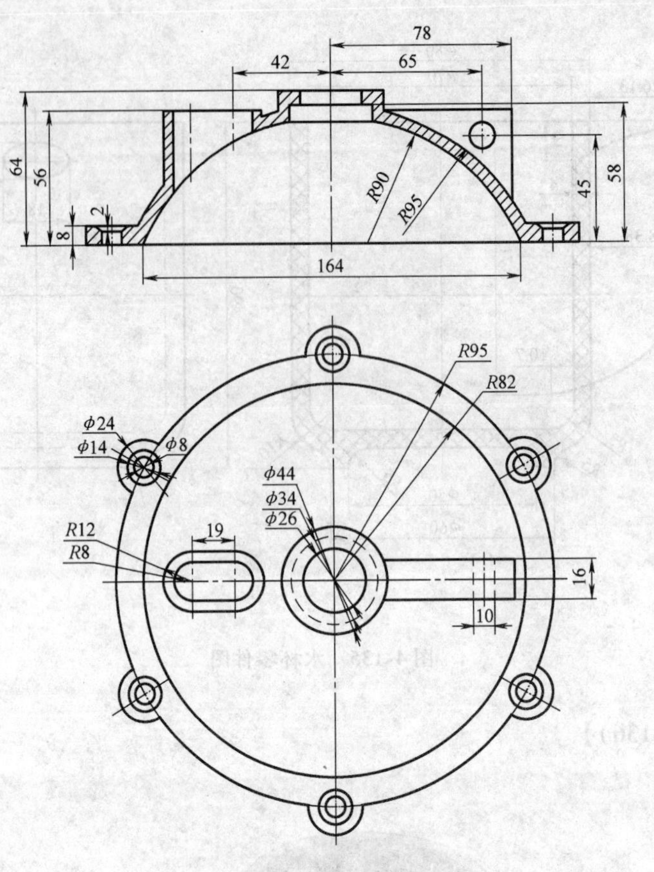

图 4-137　盖零件图

【结果（图 4-138)】

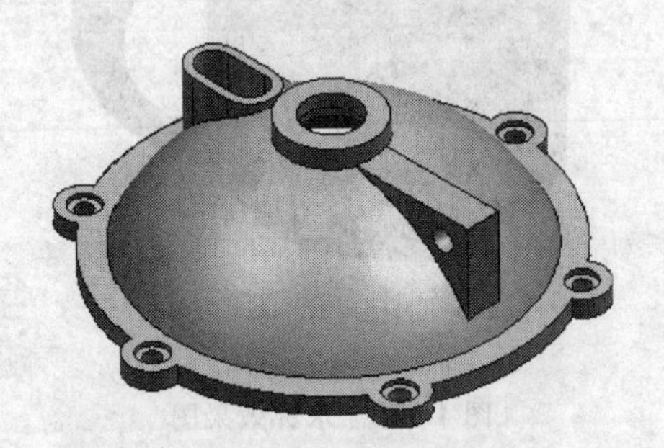

图 4-138　盖零件效果图

项目五 UG NX 6.0曲面造型

日常生活中的许多产品都涉及复杂曲面，运用之前所学的实体造型方法无法实现。UG NX 6.0 提供了强大的曲面造型功能，可以根据用户的要求设计出不同形状的复杂曲面，并且创建的曲面还可以与实体特征进行混合应用，满足复杂产品的造型设计要求。

知识目标

- 掌握一般曲面的创建方法
- 掌握曲面的编辑方法
- 掌握曲面生成实体的方法

技能目标

- 具备快速创建一般曲面的技能
- 具备编辑曲面的技能
- 具备将曲面快速生成实体的技能
- 具备参数化设计理念，提高沟通效率
- 具备用关系式表达曲线的能力，提高空间想象能力
- 具备设计具有流线形曲面特征的产品，将艺术融入产品设计的能力

任务一　设计吹风机喷嘴

实例分析

如图 5-1 所示的吹风机喷嘴模型主要由实体和曲面构建而成，通过草图、回转特征、椭圆曲线、通过曲线组的曲面、拉伸特征、抽壳等命令的综合应用获得所需效果。

相关知识

通过曲线组是指用多组同方向的曲线来创建一个曲面。在创建过程中，每一条曲线都必须单击鼠标中键来确定曲线及其方向，此命令将通过一组多达 150 个的截面线串来创建片体或实体。截面线串可以由一个对象或多个对象组成，并且每个对象既可以是曲线、实体边，也可以是实体面。通过曲线组类似于直纹面，但是可以指定两个以上的截面线串。其内容包括截面、连续性、对齐等。

单击【曲面】工具栏上的【通过曲线组】按钮，弹出如图 5-2 所示的【通过曲线组】对话框。各选项的说明如下：

1）【截面】：选取截面线串和点。

2）【连续性】：选择第一个和/或结束曲线截面处的约束面，然后指定连续性。

3）【对齐】：通过定义对齐参数如何沿截面线串隔开新曲面的等参数曲线，来控制特征的形状。

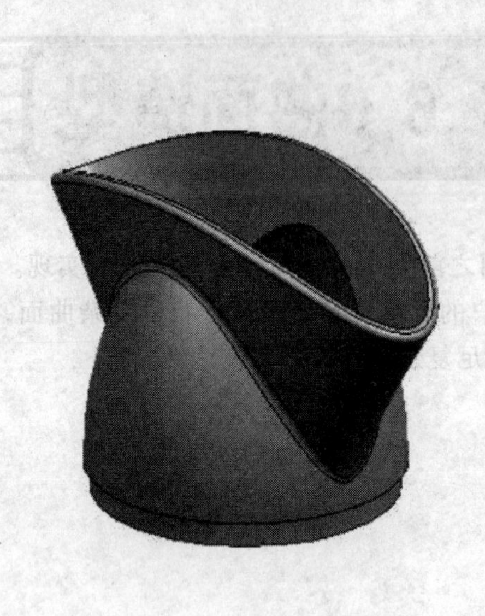

图 5-1　吹风机喷嘴模型

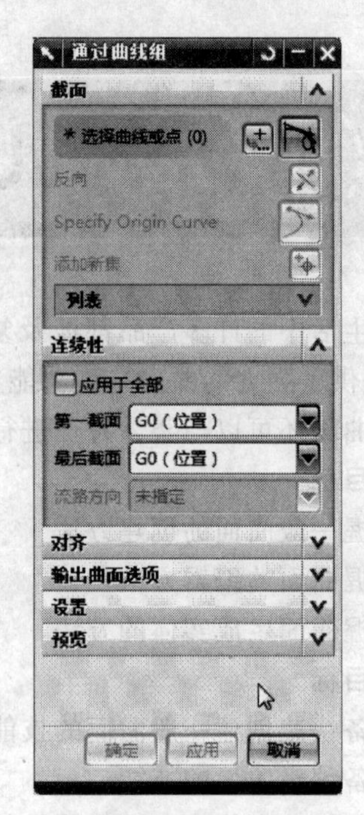

图 5-2　【通过曲线组】对话框

4）【输出曲面选项】：设置补片类型、构造方法和 V 向封闭等参数。

5）【设置】：设置公差、阶次等参数。

功能要点：

1）对于单个补片来说，至少需要选两条，最多选 25 条线串；对于多个补片，线串的数量取决于 V 向阶次。所指定的线串的数量至少要比 V 向阶次多一个。

2）截面线串可以由一个对象或多个对象组成，并且每个对象既可以是曲线、实体边，也可以是实体面。

3）选曲线时，鼠标单击的部位要保持一致，否则会造成曲面的扭曲。

4）通过此命令将新曲面约束为与相切曲面 G0、G1 或 G2 连续。

工艺路线

根据上述分析可设计如图 5-3 所示的工艺步骤，即建立风嘴机身→创建风嘴口→修整风嘴口效果→抽壳风嘴口→风嘴导圆修整。

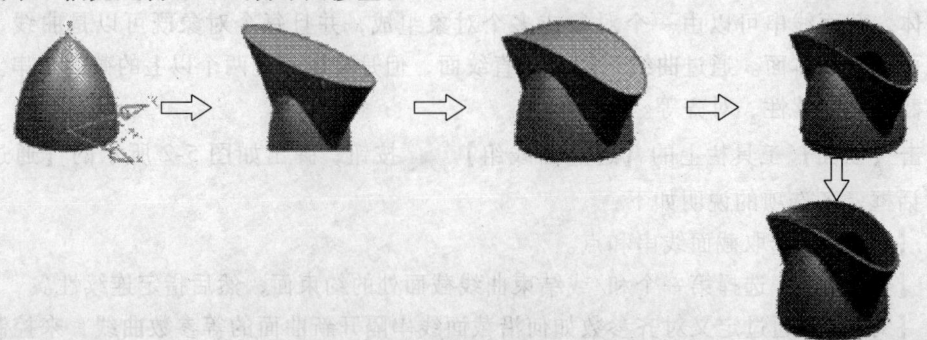

图 5-3　工艺路线图

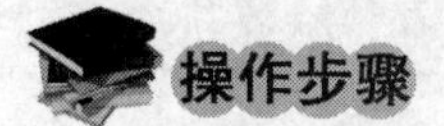

操作步骤

步骤一　新建文件

单击【文件】工具栏上的【新建】按钮，系统弹出【新建】对话框，输入文件名为"fengzui_ nozzle"，单位选择【毫米】，单击【确定】。

步骤二　创建草图

1）单击【特征】工具栏上的【草图】按钮，系统弹出【创建草图】对话框，如图5-4所示；在【类型】下拉菜单中选择【在平面上】，选择XC-ZC平面作为草图平面，其余保持默认设置；单击【确定】进入草图绘制环境。

2）绘制如图5-5所示的草图对象，并对其添加尺寸约束和几何约束，使其完全约束。

3）单击【草图生成器】工具栏上的【完成草图】按钮，退出草图模式，进入建模模式。

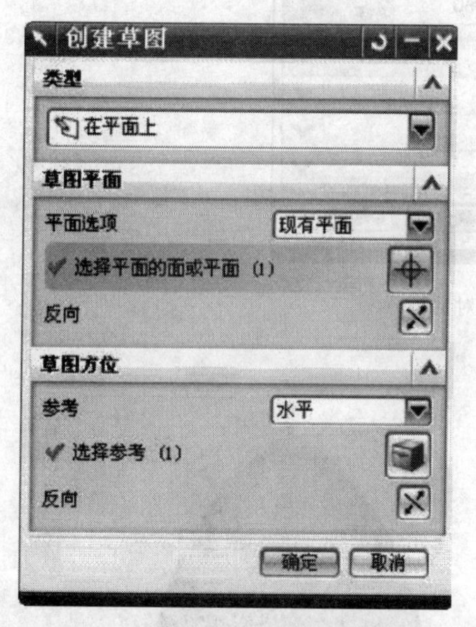

图5-4　【创建草图】对话框

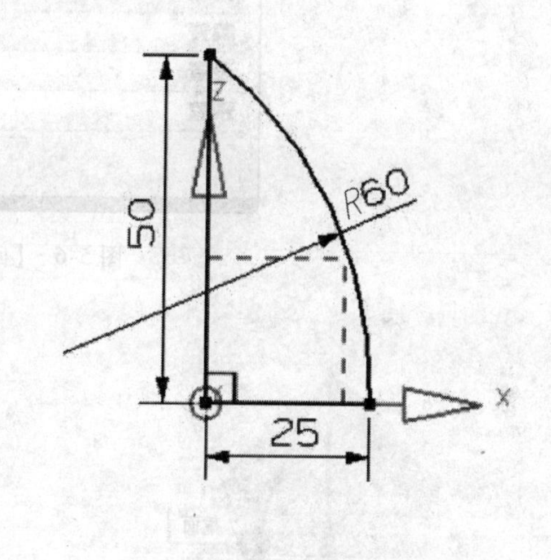

图5-5　草图

步骤三　创建回转体

1）单击【特征】工具栏上的【回转】按钮，系统弹出【回转】对话框，如图5-6所示。

2）选择步骤二创建的草图曲线为截面曲线。

3）系统默认ZC轴正向为【指定矢量】，WCS原点为【指定点】，如图5-7所示，故此处保持默认设置。

4）输入开始角度和结束角度，分别为"0"和"360"。

5）单击【确定】，结果如图5-8所示。

步骤四　创建3条椭圆曲线

1）单击【曲线】工具栏上的【椭圆】按钮，系统弹出【点】对话框，如图5-9所示。

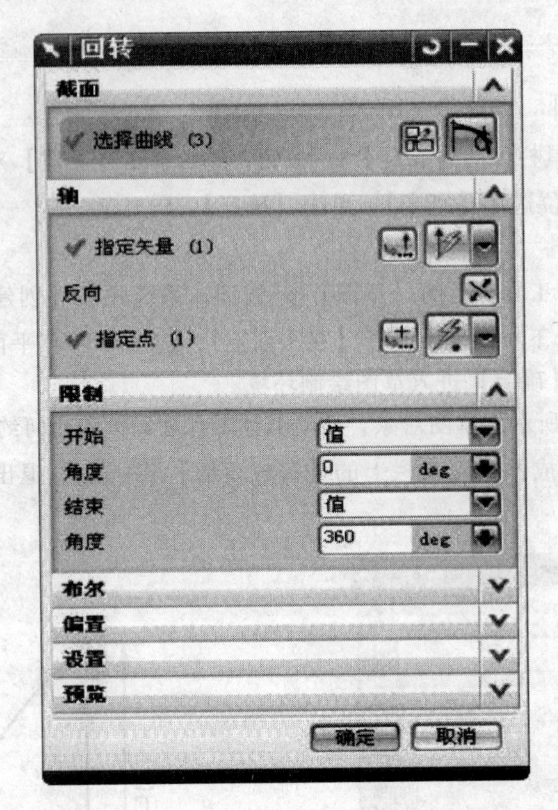

图 5-6 【回转】对话框

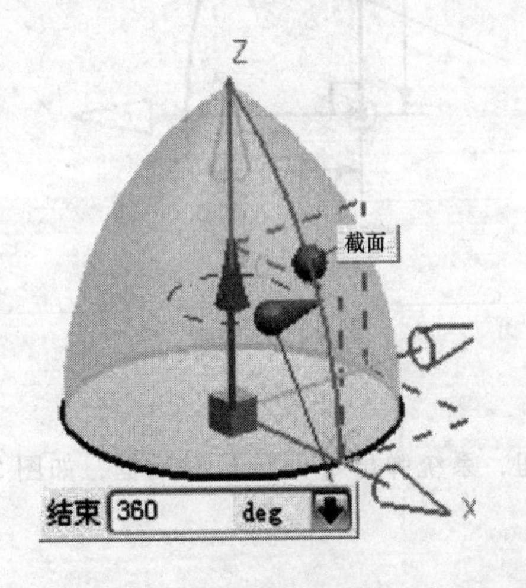

图 5-7 创建回转体

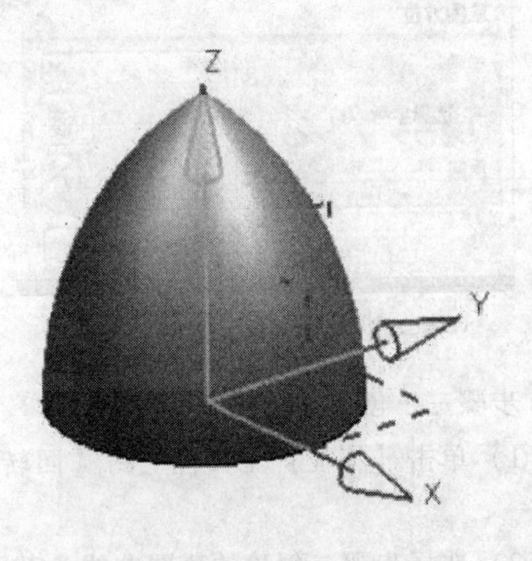

图 5-8 回转结果

2）系统提示指定椭圆中心，输入椭圆中心坐标为（0，0，0），单击【确定】。

3）弹出【椭圆】对话框，输入如图 5-10 所示的椭圆参数。

4）单击【确定】，第一条椭圆曲线创建完毕，结果如图 5-11 所示。

5）第二条椭圆曲线中心坐标为（0，0，5），各参数如图 5-10 所示。

6）第三条椭圆曲线中心坐标为（0，0，55），各参数如图 5-12 所示。

7）结果如图 5-13 所示。

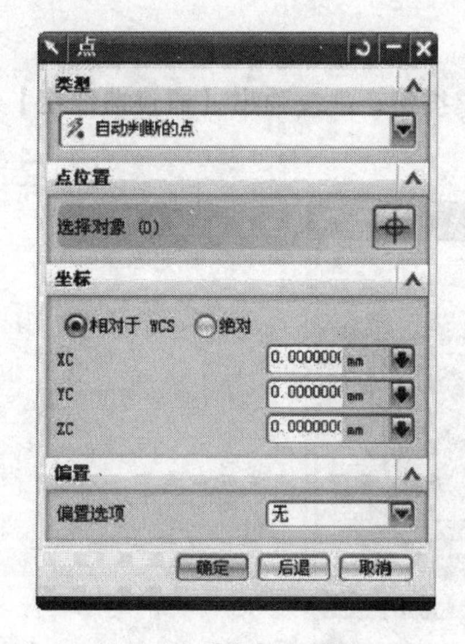

图 5-9　【点】对话框

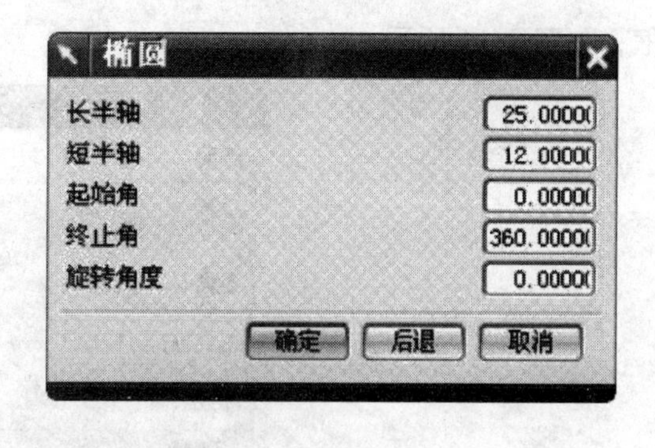

图 5-10　【椭圆】对话框

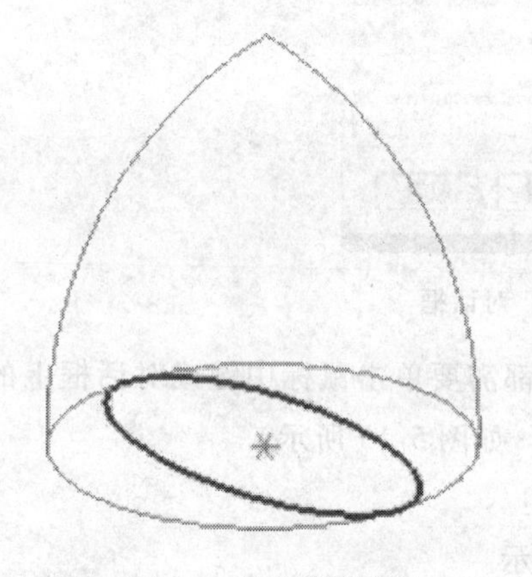

图 5-11　创建椭圆结果

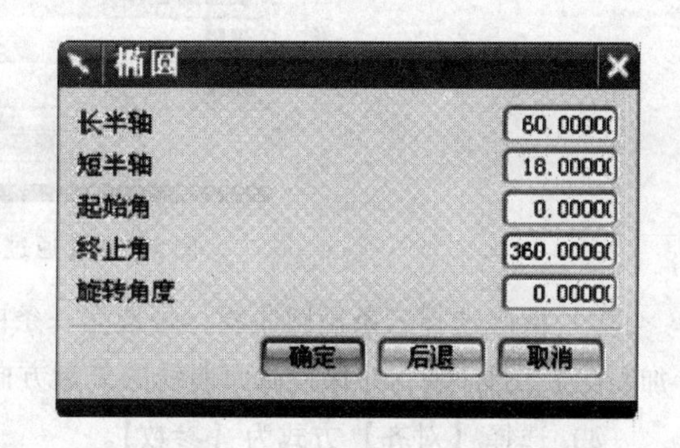

图 5-12　【椭圆】对话框

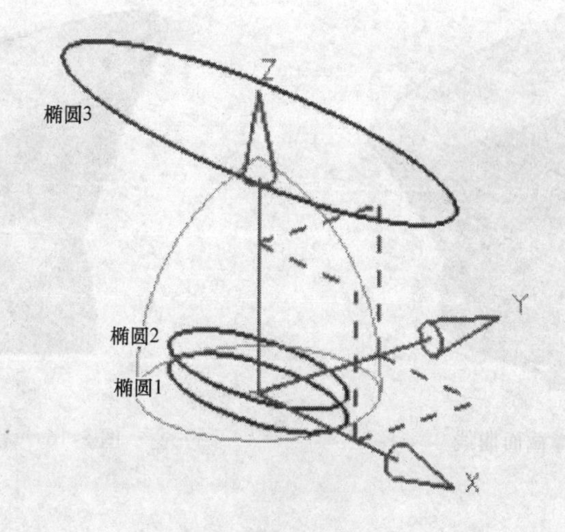

图 5-13　创建 3 条椭圆曲线

步骤五　创建通过曲线组的曲面

1）单击【曲面】工具栏上的【通过曲线组】按钮，系统弹出【通过曲线组】对话框，如图5-14所示。

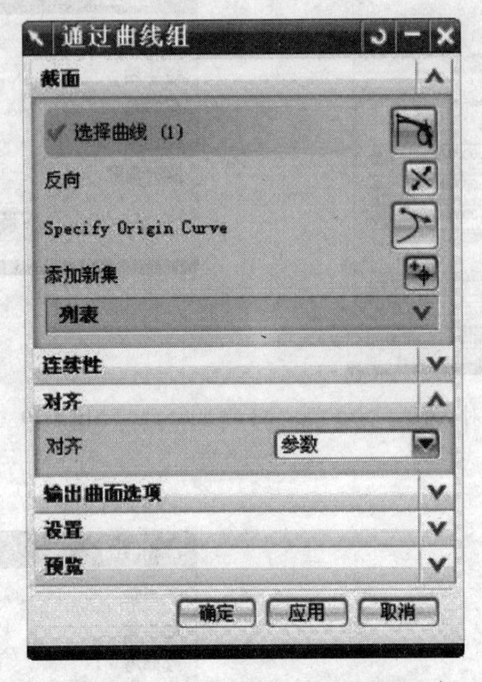

图5-14　【通过曲线组】对话框

2）依次选择三条椭圆曲线，每选完一条曲线，都需要单击鼠标中键或对话框上的【添加新集】图标，并保持截面曲线的矢量方向一致，如图5-15所示。

3）选择【对齐】方式为【参数】。

4）单击【确定】，完成曲线组结果如图5-16所示。

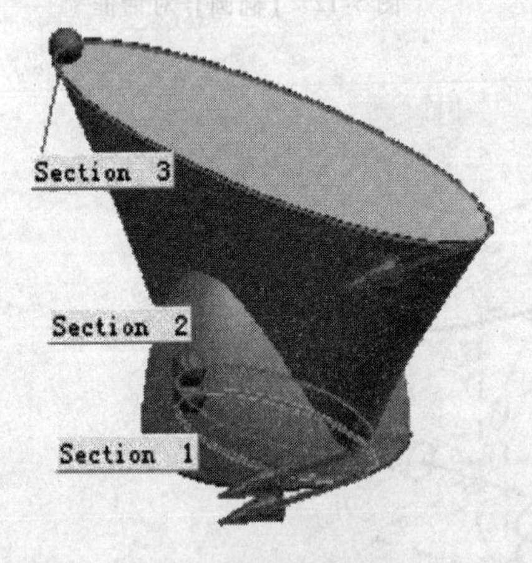

图5-15　选择截面曲线

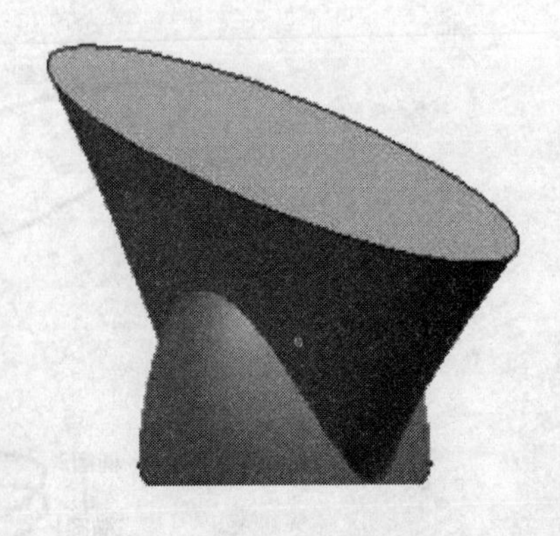

图5-16　完成曲线组结果

步骤六　布尔运算

单击【操作特征】工具栏上的【求和】按钮，选择如图5-17所示的目标和刀具，单击【确定】。

步骤七 创建草图

1）单击【特征】工具栏上的【草图】按钮，系统弹出【创建草图】对话框；在【类型】下拉选项中选择【在平面上】，选择 XC-YC 平面为草图平面，其余为默认设置；单击【确定】，进入草图绘制环境。

2）绘制如图 5-18 所示的草图对象，并对其添加尺寸约束和几何约束，使其完全约束。

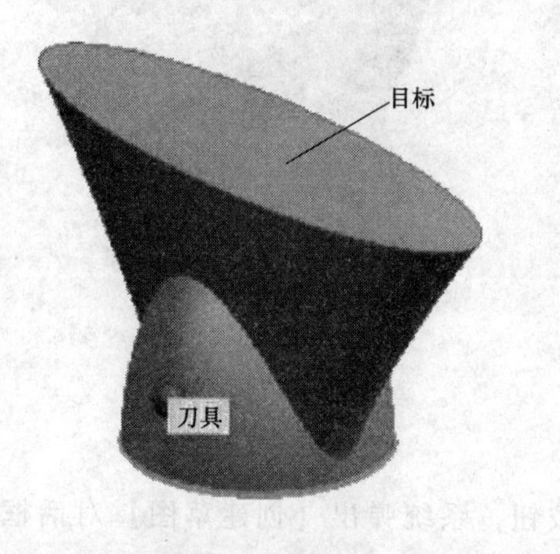

图 5-17 求和

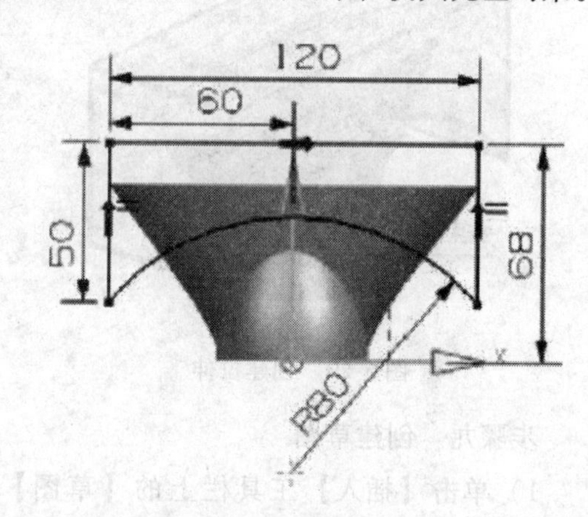

图 5-18 草图

3）单击【完成草图】命令，退出草图模式，进入建模模式。

步骤八 拉伸

1）单击【特征】工具栏上的【拉伸】按钮，系统弹出如图 5-19 所示的【拉伸】对话框。

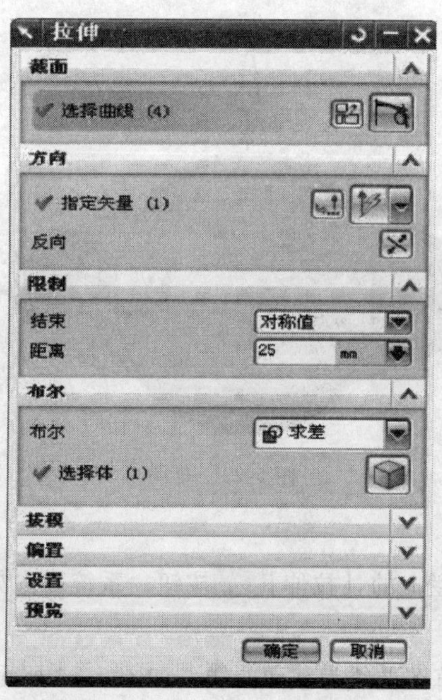

图 5-19 【拉伸】对话框

2）选择步骤七绘制的草图曲线为截面曲线，如图5-20所示。

3）在【开始】下拉选项中，【值】选项中选择【对称值】，输入【距离】为"25"。

4）在【布尔】下拉选项中选择【求差】，系统自动选中实体。

5）单击【确定】，拉伸结果如图5-21所示。

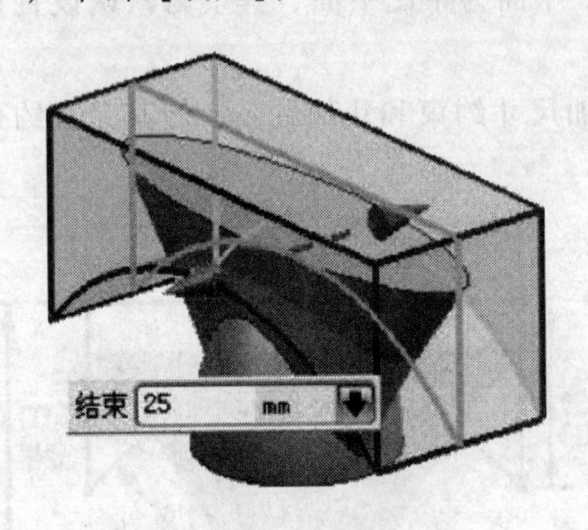

图5-20　创建拉伸

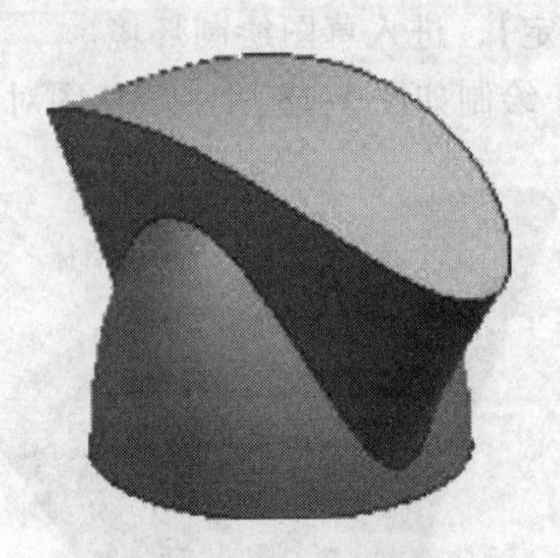

图5-21　拉伸结果

步骤九　创建草图

1）单击【插入】工具栏上的【草图】按钮，系统弹出【创建草图】对话框；在【类型】下拉选项中选择【在平面上】，选择XC-YC平面为草图平面，其余保持默认设置；单击【确定】，进入草图绘制环境。

2）绘制如图5-22所示的草图对象，并对其添加尺寸约束和几何约束，使其完全约束。

3）单击【草图生成器】工具栏上的【完成草图】按钮，退出草图模式，进入建模模式。

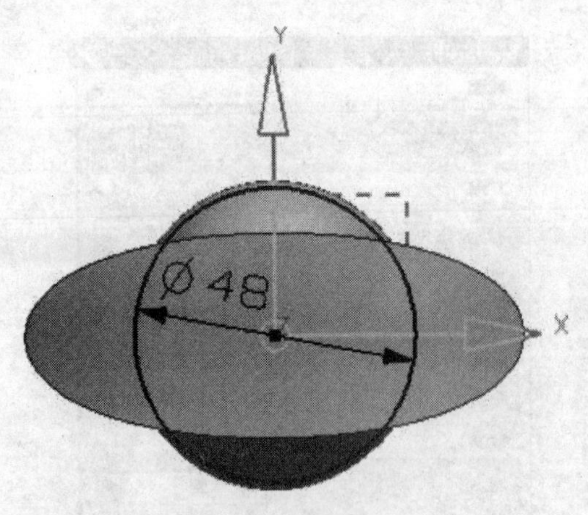

图5-22　草图

步骤十　拉伸

1）单击【特征】工具栏上的【拉伸】按钮，系统弹出如图5-23所示的【拉伸】对话框。

2）选择步骤九绘制的草图曲线为截面曲线，如图5-24所示。

3）单击【反向】图标，或直接双击矢量箭头，反转默认的拉伸方向。

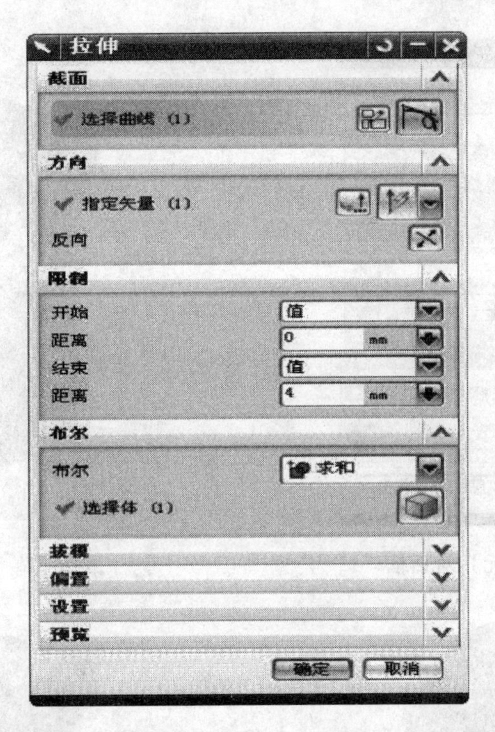

图 5-23 【拉伸】对话框

4）输入开始距离和结束，分别为“0”和“4”。

5）在【布尔】下拉选项中选择【求和】，系统自动选中实体。

6）单击【确定】，拉伸求和结果如图 5-25 所示。

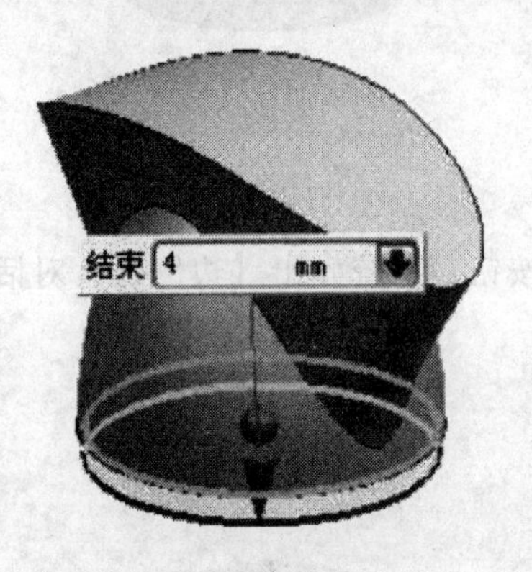

图 5-24 创建拉伸

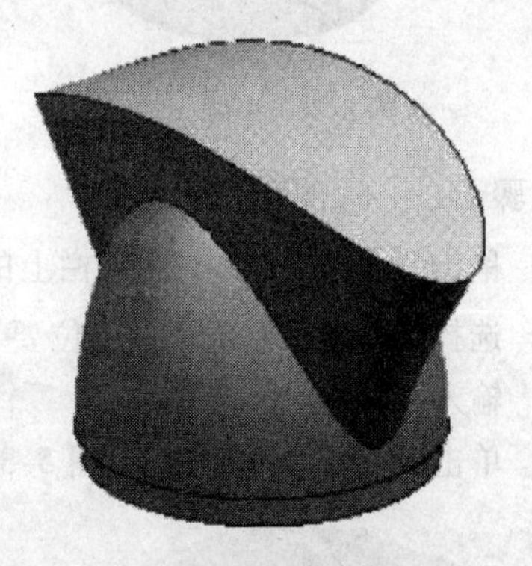

图 5-25 拉伸求和结果

步骤十一 抽壳

1）单击【操作特征】工具栏上的【抽壳】按钮，系统弹出【壳单元】对话框，如图 5-26 所示。

2）在【类型】下拉选项中选择【移除面，然后抽壳】。

3）选择如图 5-27 所示的面为【要冲裁的面】。

4）输入【厚度】为“2”，如图 5-28 所示。

5）单击确定，最终抽壳结果如图 5-29 所示。

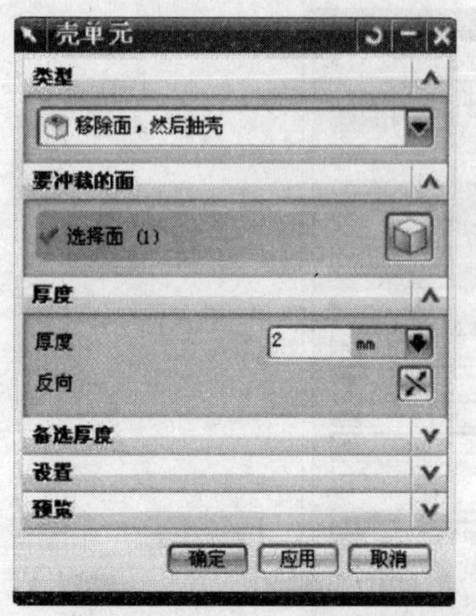

图 5-26 【壳单元】对话框

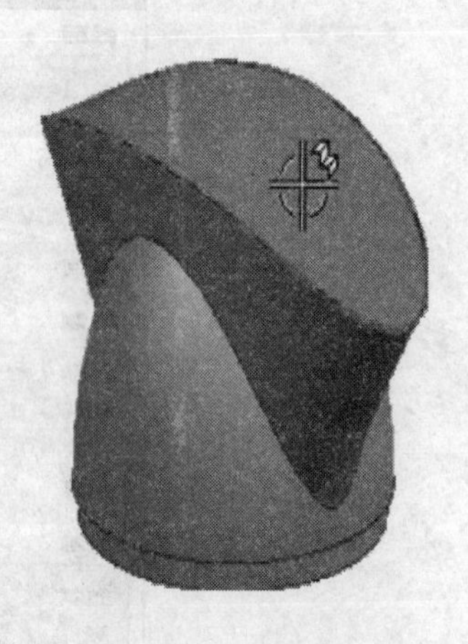

图 5-27 选择要移除的面

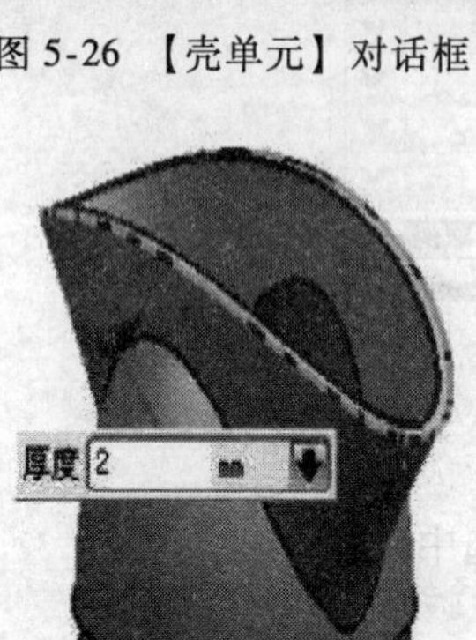

图 5-28 抽壳厚度

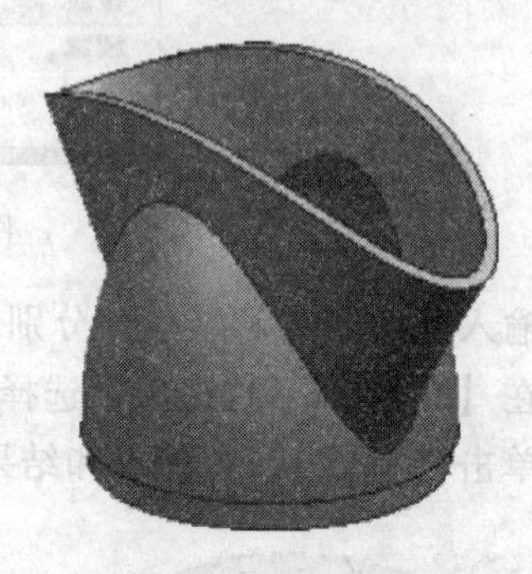

图 5-29 抽壳结果

步骤十二 边倒圆

1）单击【操作特征】工具栏上的【边倒圆】按钮，系统弹出【边倒圆】对话框。

2）选择如图 5-30 所示的边位要导的边。

3）输入半径值为“2”。

4）单击确定，倒圆结果如图 5-31 所示。

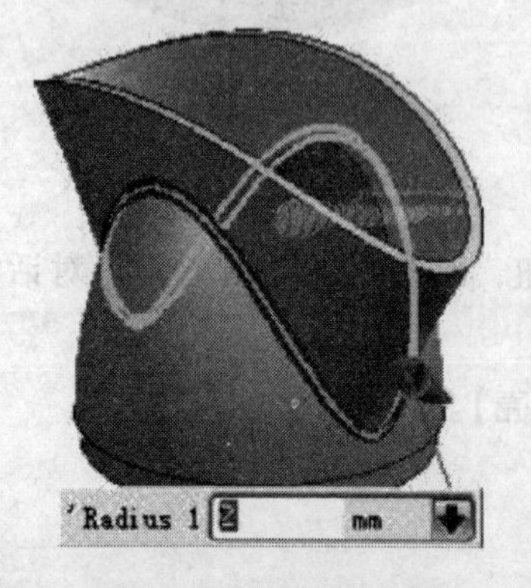

图 5-30 边倒圆及半径

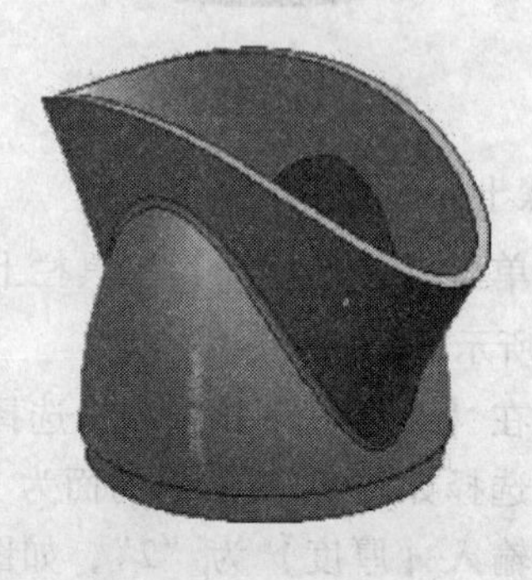

图 5-31 倒圆结果

步骤十三 边倒圆

1）单击【操作特征】工具栏上的【边倒圆】按钮，系统弹出【边倒圆】对话框。

2）选择如图 5-32 所示要倒圆的边。

3）输入半径值为“1”。

4）单击确定，风嘴最终效果如图 5-33 所示。

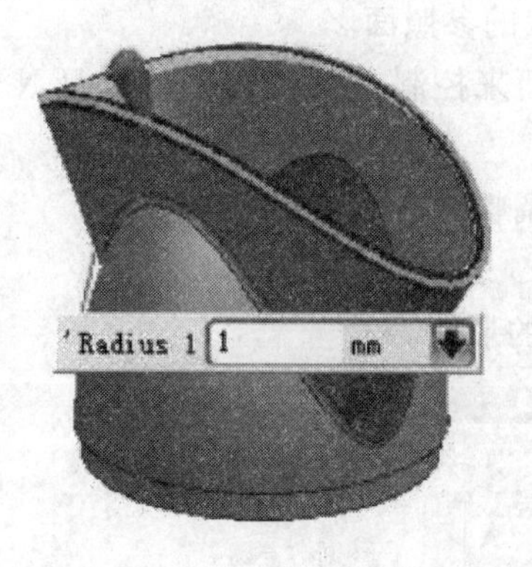

图 5-32 边倒圆及半径

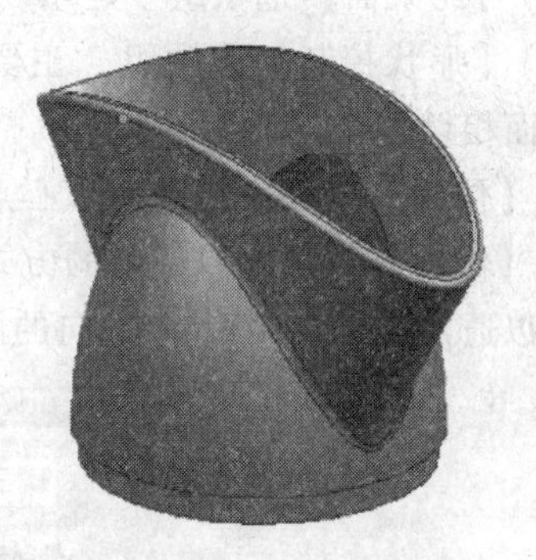

图 5-33 风嘴最终效果

任务二 创建 CD 外壳模型

实例分析

图 5-34 所示的 CD 机外壳主要由复杂的曲面组成。在该实例中充分运用了曲面建模工具生成复杂的曲面片体，通过回转、拉伸、凸垫、引用、缝合、N 边曲面、修剪片体和加厚片体功能获得具有优美外形的实体表面。

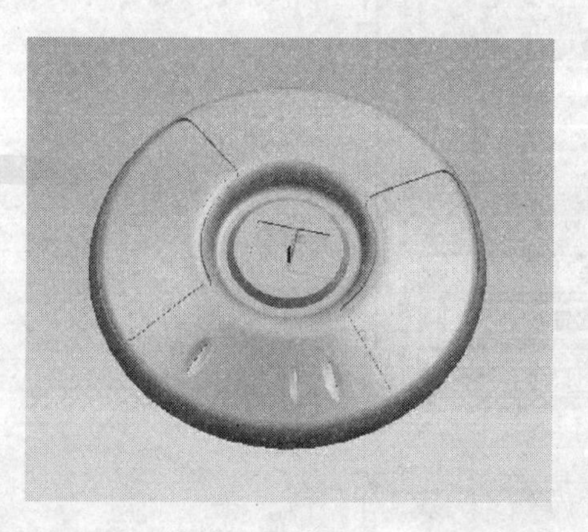

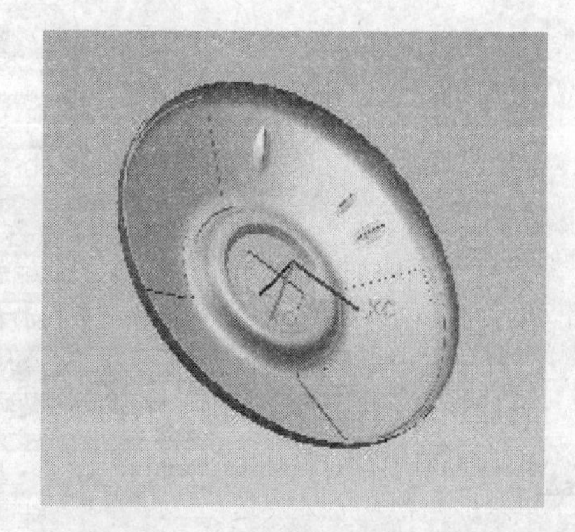

图 5-34 CD 机外壳

相关知识

一、N 边曲面

【N 边曲面】就是创建一组端点相连曲线封闭的曲面。单击【曲面】工具栏上的【N 边曲面】按钮，系统弹出如图5-35所示【N边曲面】对话框，具体选项如下：

(1)【类型】选项组　选择N边曲面类型，包括【已修剪】和【三角形】两种。

1)【已修剪】选项：通过封闭曲面构成一个环，从而创建一个面覆盖在相应的区域上。

2)【三角形】选项：通过中心点连接一定数量的三角片，从而构成新的曲面。

(2)【外部环】选项组　是指创建曲面而选择的曲面封闭边界。

(3)【约束面】选项组　是用以控制N边曲面形状的参照面。

(4)【形状控制】选项组　主要是以选择的约束面来控制N边曲面形状，且N边曲面与约束面相切连续。

1)【位置】选项：通过以中心点为中心位置均匀调整曲面形状。

2)【倾斜】选项：以倾斜的方式调整曲面形状。

可以通过拖动X，Y，Z方向的滑块改变生成曲面的形状。

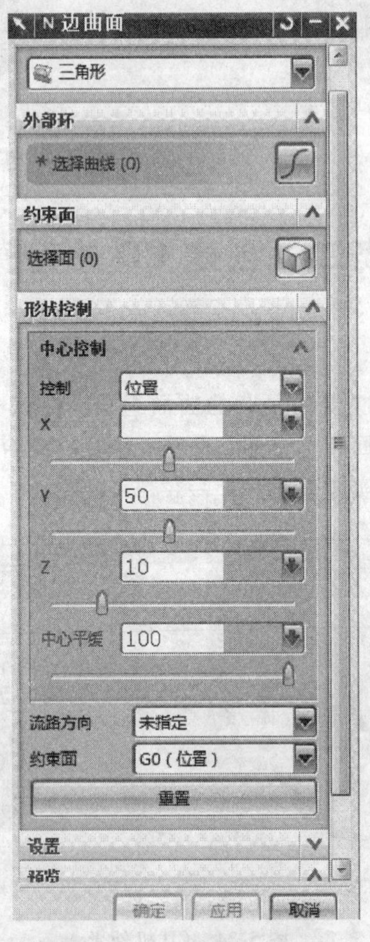

图5-35　【N边曲面】对话框

二、修剪片体

修剪片体是指对已存在的曲面进行裁剪，以满足设计要求，单击【曲面】工具栏上【修剪的片体】按钮，系统弹出【修剪的片体】对话框，如图5-36所示，具体选项如下：

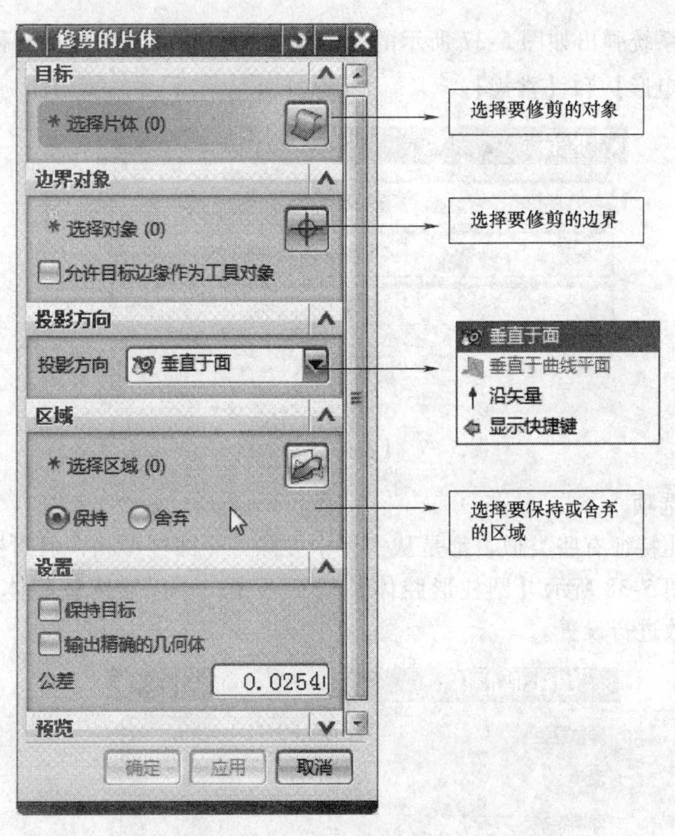

图 5-36 【修剪的片体】对话框

(1)【目标】选项组　指要修剪的片体对象。

(2)【边界对象】选项组　指修剪目标片体的工具，如曲线、曲面或基准平面等。

1)【选择对象】选项：用于选取作为修剪边界的对象。边、曲线、表面、基准平面都可以作为修剪的边界。

2)【允许目标边缘作为工具对象】选项：选择此复选框后，边界对象的边缘可作为修剪工具的一部分，修剪目标片体。

(3)【投影方向】选项组　设置修剪片体的投影方向，包括【垂直于面】、【垂直于曲线平面】、【沿矢量】选项。

(4)【区域】选项组　即要保留或是要移除的那部分片体。

1)【保持】选项：选中此按钮，保留光标选择片体的部分。

2)【舍弃】选项：选中此按钮，移除光标选择片体的部分。

(5)【设置】选项组

1)【保持目标】选项：修剪片体后仍保留原片体。

2)【输出精确的几何体】选项：选择此复选框，最终修剪后片体精确度高。

(6)【公差】选项组　修剪结果与理论结果之间的误差。

三、腔体

腔体是指在实体中通过一定的形状去除材料后得到的形体。单击【特征】工具栏上的

【腔体】按钮，系统弹出如图5-37所示的【腔体】对话框。其中包括三种创建方法，分别是【圆柱形】、【矩形】和【常规】。

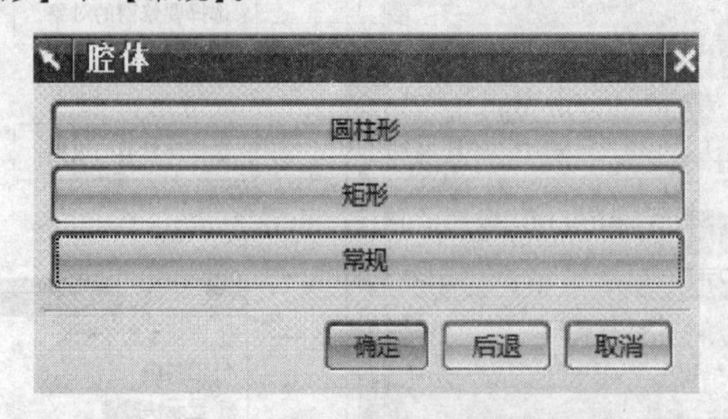

图5-37 【腔体】对话框

1. 【圆柱形】选项

圆柱形腔体与孔特征有些类似，都是从实体中去除一个圆柱形状，但圆柱形腔体可以控制底面半径。在如图5-38所示【圆柱形腔体】对话框中，可以对圆柱腔体的直径、深度、底面半径和锥角参数进行设置。

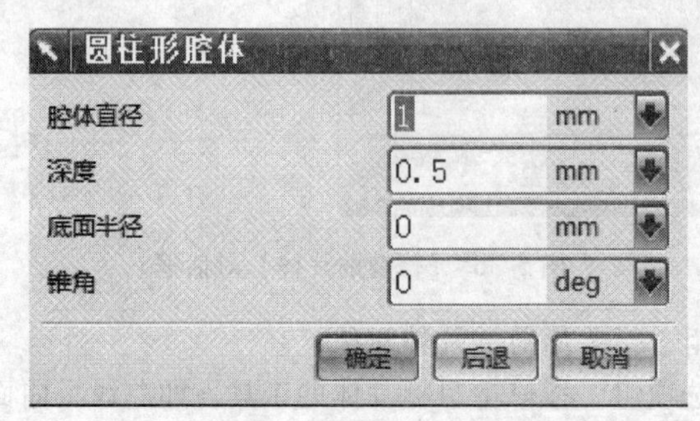

图5-38 所示【圆柱形腔体】的对话框

2. 【矩形】选项

矩形腔体也可以成为直角坐标腔体，它是从实体中去除一个矩形腔体，通过如图5-39所示【矩形腔体】对话框，可以对矩形的长度、宽度、深度、拐角半径、底面半径、锥角参数进行设置。

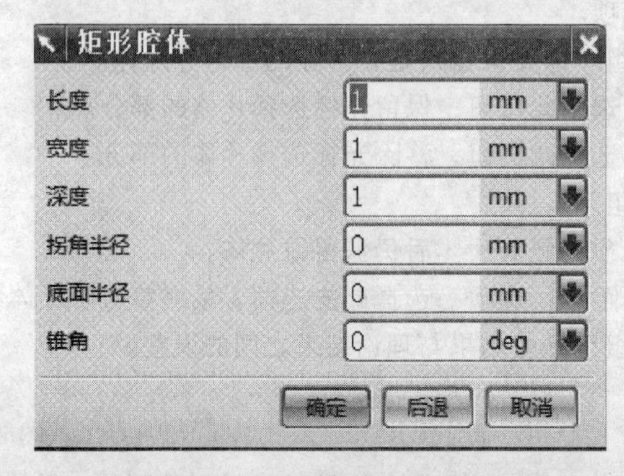

图5-39 【矩形腔体】对话框

3.【常规】选项

常规腔体在尺寸和位置方面更加灵活和方便，【常规腔体】对话框如图 5-40 所示。

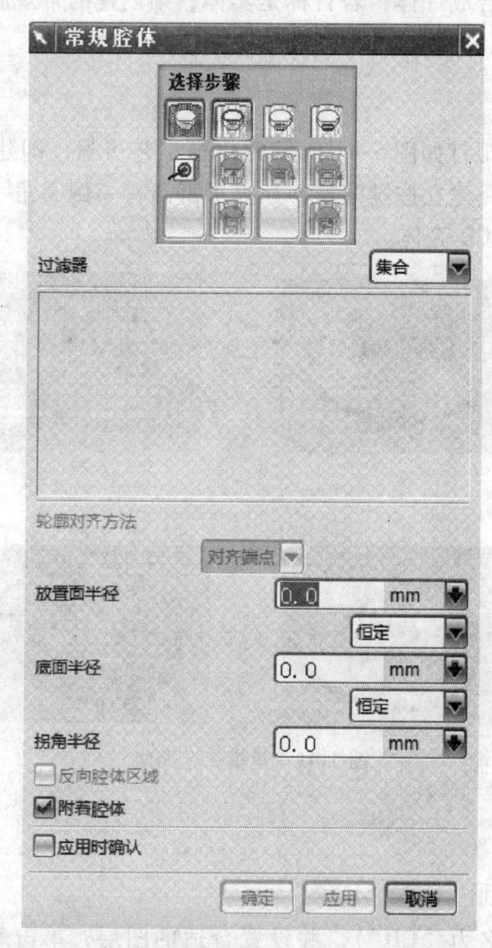

图 5-40 【常规腔体】对话框

(1)【选择步骤】选项组

1)【放置面】选项：用于放置常规腔体顶面的实体表面。

2)【放置面轮廓线】选项：用于定义常规腔体在放置面上的顶面轮廓。

3)【底面】选项：用于定义常规腔体的底面，可通过偏置、转换或在实体中选择底面来定义。

4)【底面轮廓线】选项：用于定义常规腔体的底面轮廓线，可以从实体中选取曲线或边来定义，也可通过转换放置面轮廓线进行定义。

5)【目标体】选项：用于使常规腔体产生在所选取的实体上。

(2)【轮廓对齐方法】选项 用于放置面轮廓线和底面轮廓曲线的对齐方式，只有在放置面轮廓线与底面轮廓曲线都是单独选择的曲线时才被激活。

(3)【放置面半径】选项 用于指定常规腔体的顶面与侧面间的圆角半径。

(4)【底部面半径】选项 用于指定常规腔体的底面与侧面间的圆角半径。

(5)【拐角半径】选项 用于指定常规腔体侧边的拐角半径。

（6）【附着腔体】选项　勾选☑附着腔体复选框，若目标是片体，则创建的常规腔体为片体，并与目标片体缝合成一体；若目标是实体，则创建的常规腔体为实体，并从实体中删除常规腔体。去除勾选，则创建的常规腔体为一个独立的实体。

工艺路线

根据上述分析，可以拟订如图5-41所示的建模工艺步骤，即建立轮廓外形→建立中间N边曲面→建立中间屏幕→建立按键凹槽→建立屏幕凸台→倒圆角→建立表面装饰→镜像表面装饰→建立缺口→建立CD壳体。

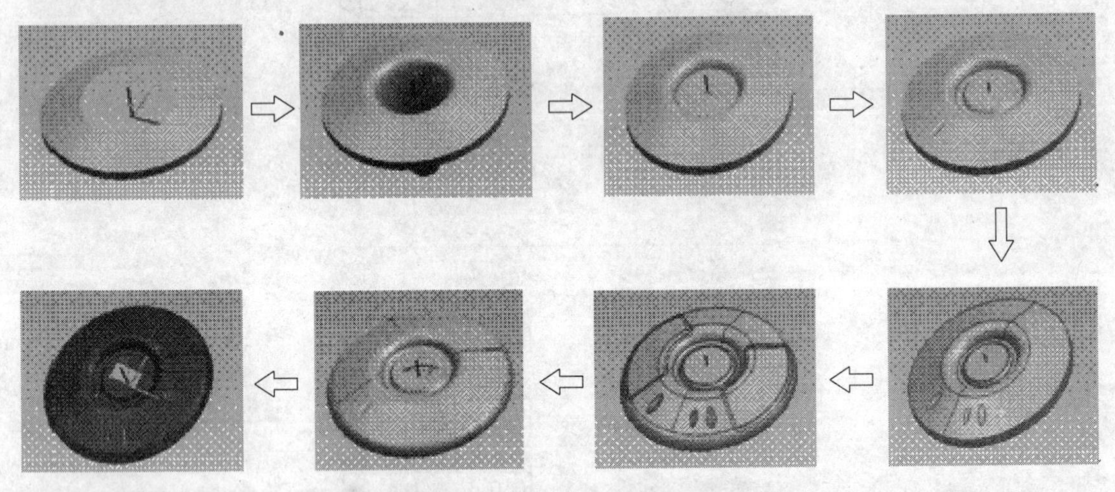

图5-41　建模工艺路线

操作步骤

步骤一　建立轮廓外形

1）新建文件（文件名为“CD”），并设置合适的图层，单击开始按钮边的倒三角形按钮，选择其下拉菜单中的建模按钮，进入建模型组。

2）单击【特征】工具栏上的【草图】按钮，系统弹出如图5-42所示的【创建草图】对话框；选择ZC-YC平面作为草图平面，单击【确定】按钮；绘制如图5-43所示的草图，然后单击【完成草图】按钮退出。

3）单击【特征】工具栏上的【回转】按钮，在弹出的如图5-44所示的【回转】对话框中设置【开始】和【结束】值分别为“0”和“180”，单击选择刚刚绘制的草图作为回转曲线；选择“ZC”轴为回转轴；单击按钮，在如图5-45所示的【点】对话框中设置原点为旋转参考点；单击【确定】，再单击【确定】按钮，得到如图5-46所示的回转曲面。

4）单击【特征操作】工具栏上的【镜像体】按钮，系统弹出如图5-47a所示的【镜像体】对话框，选择刚刚回转创建的曲面作为镜像特征，如图5-47b所示，单击鼠标中键，再选择ZC-YC基准面作为镜像平面，得到图5-48所示的曲面。

5）单击【特征操作】工具栏上的【缝合】按钮，将两曲面缝合为一个整体曲面。

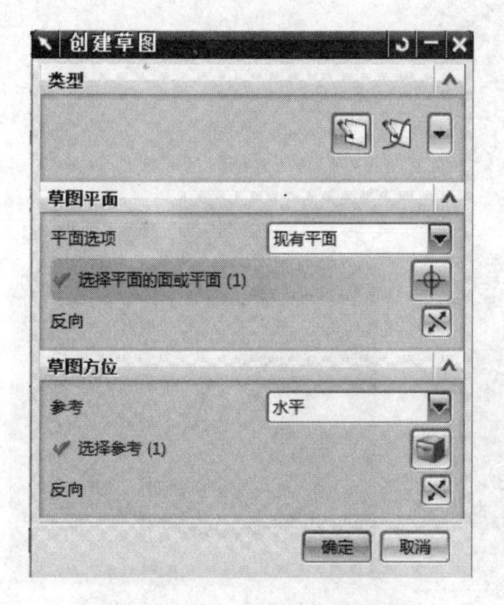

图 5-42 【创建草图】对话框

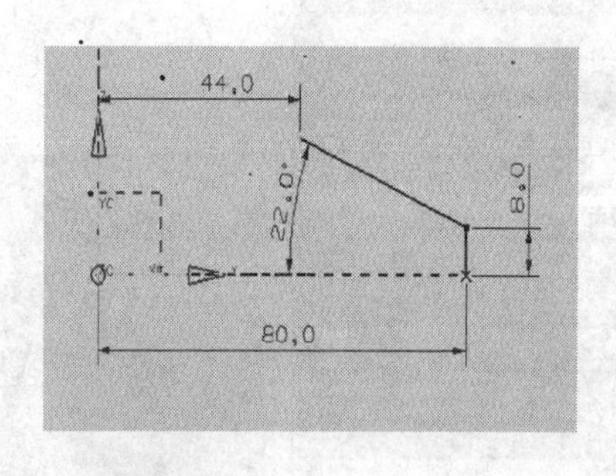

图 5-43 外形草绘

图 5-44 【回转】对话框

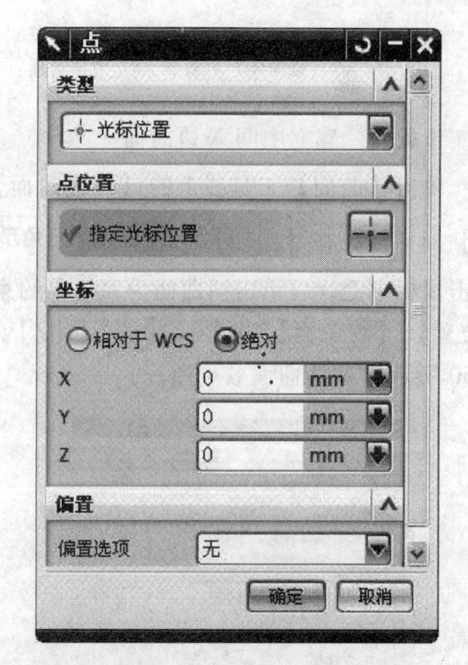

图 5-45 【点】对话框

图 5-46 回转曲面

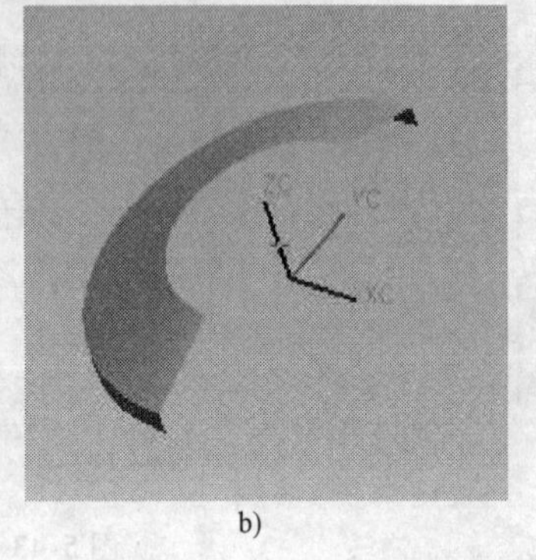

a)　　　　　　　　b)

图 5-47　镜像曲面

a)【镜像体】对话框　b）对象选择

图 5-48　镜像后的曲面

步骤二　建立中间 N 边曲面

单击【曲面】工具栏上的【N 边曲面】按钮，系统弹出如图 5-49 所示的【N 边曲面】对话框，在【类型】中选择三角形按钮；选择刚刚绘制的曲面的边缘曲线为边界，单击鼠标中键，再单击两曲面为面边界约束面；在【形状控制】选项区的【控制】栏选择【位置】,【约束面】为“G1 相切”,【Z】滑块值为“10”，单击【确定】按钮，得到如图 5-50 所示的 N 边曲面效果图。

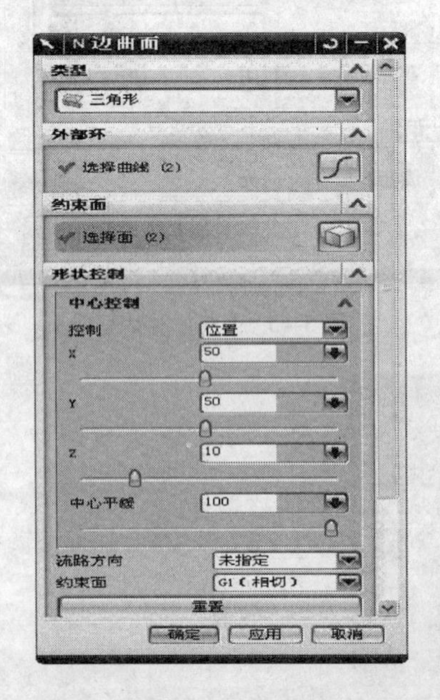

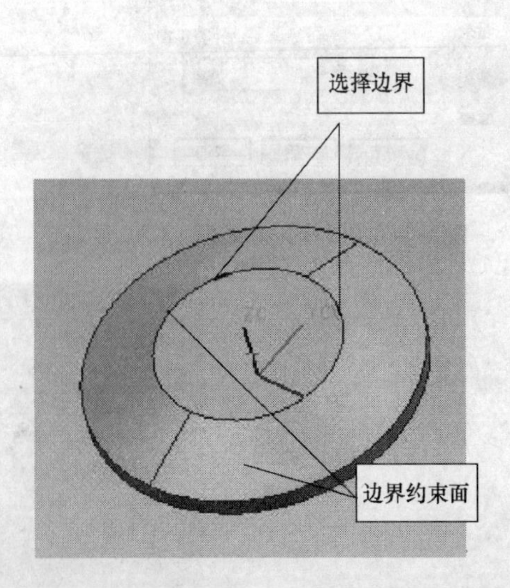

图 5-49　【N 边曲面】操作

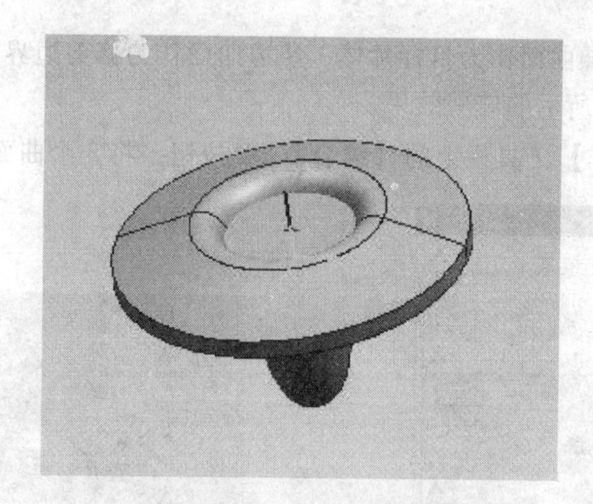

图 5-50 N 边曲面效果图

步骤三 建立中间屏幕

1）单击【特征】工具栏上的【草图】按钮，系统弹出如图 5-42 所示的【创建草图】对话框，选择 ZC-YC 平面作为草图平面，单击【确定】按钮。绘制如图 5-51 所示的草图，单击【完成草图】按钮退出。

2）单击【特征】工具栏上的【拉伸】按钮，在图 5-52a 所示的【拉伸】对话框中设置参数。

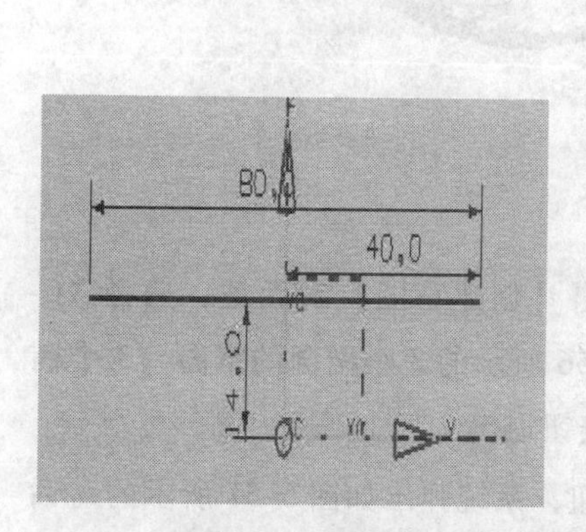

图 5-51 草图

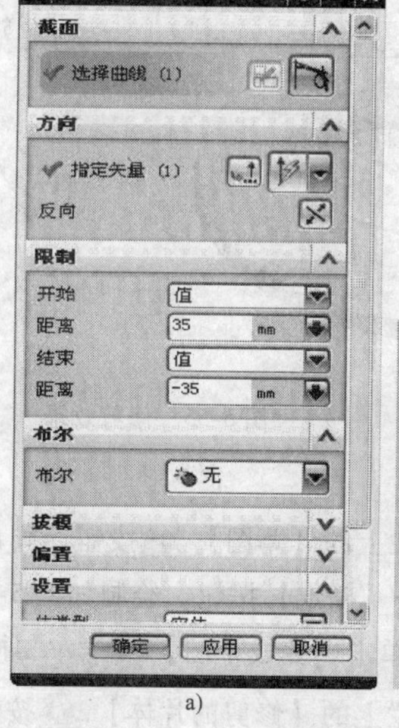

a)

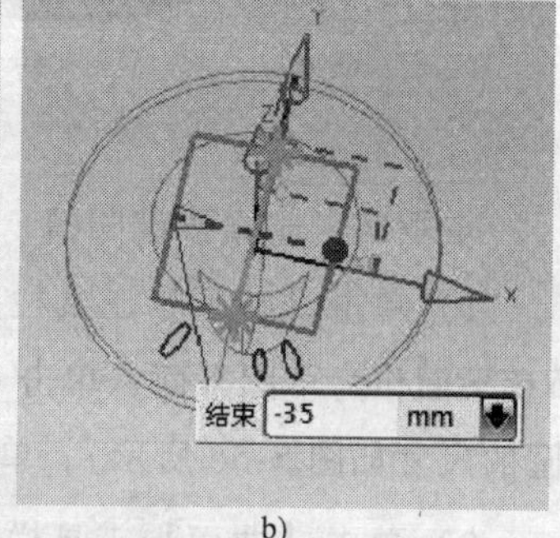

b)

图 5-52 拉伸曲面

a）【拉伸】对话框 b）对象选择

3）单击【曲面】工具栏上的【修剪的片体】按钮，系统弹出如图 5-53 所示的【修剪的片体】对话框，接受默认的参数设置；选择如图 5-54 所示对象，单击选择 N 边曲面为目标片体，再选择拉伸曲面修剪边界，然后单击鼠标中键完成修剪。

同样的方法，将拉伸曲面作为目标片体，N 边曲面作为修剪边界，保留拉伸曲面的中间圆部分，得到如图 5-55 所示的修剪效果。

4）单击【特征操作】工具栏上的【缝合】按钮，将 3 个曲面缝合为一个整体曲面。

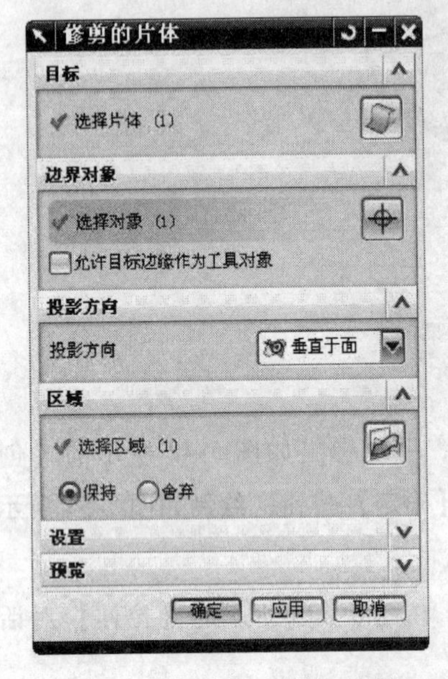

图 5-53 【修剪的片体】对话框

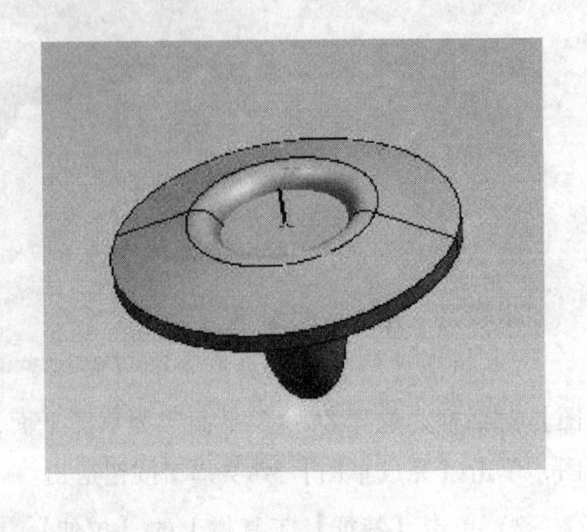

图 5-54 对象选择

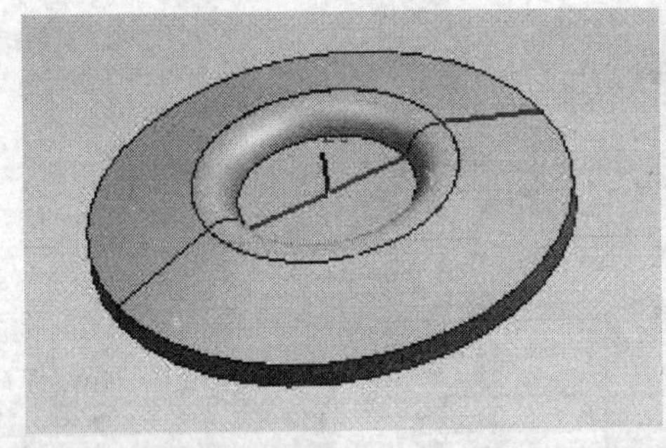

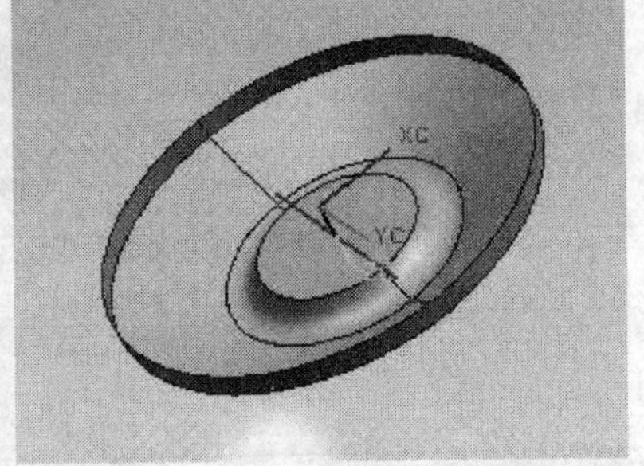

图 5-55 修剪效果

步骤四 建立按键凹槽

1）单击【特征】工具栏上的【草图】按钮，弹出【创建草图】对话框，选择 XC-YC 平面作为草图平面，单击【确定】按钮。绘制如图 5-56 所示的 3 个椭圆的草图（3 个椭圆的尺寸如图 5-56 所示），单击【完成草图】完成草图按钮退出。

2）单击【曲面】工具栏上的【修剪的片体】按钮，系统弹出如图 5-57 所示的对话框，选择曲面为目标片体，选择三个椭圆为修剪对象，得到如图 5-58 所示的效果图。

步骤五 建立屏幕凸台

1）单击【特征】工具栏上的【草图】按钮，系统弹出【创建草图】对话框，选择 XC-YC 平面作为草图平面，单击【确定】按钮。绘制如图 5-59 所示的圆，然后单击【完成草图】完成草图按钮退出。

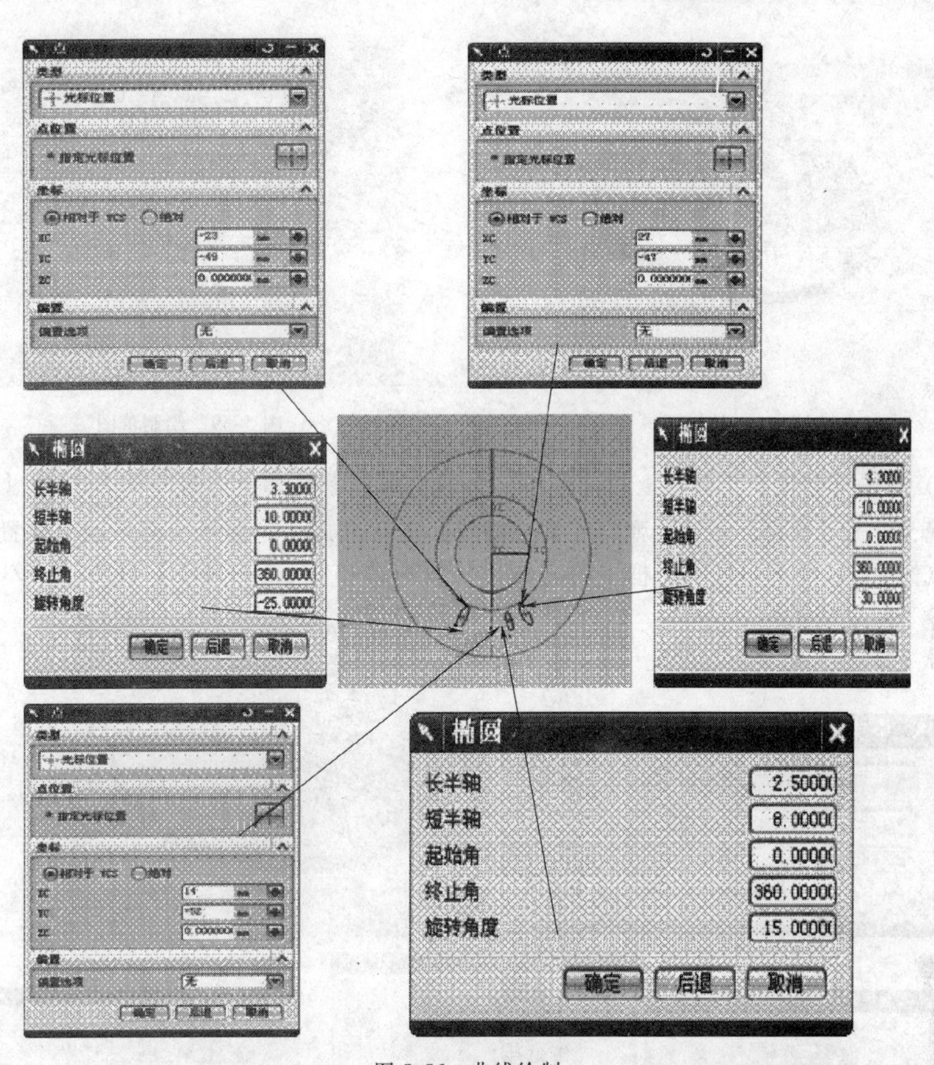

图 5-56　曲线绘制

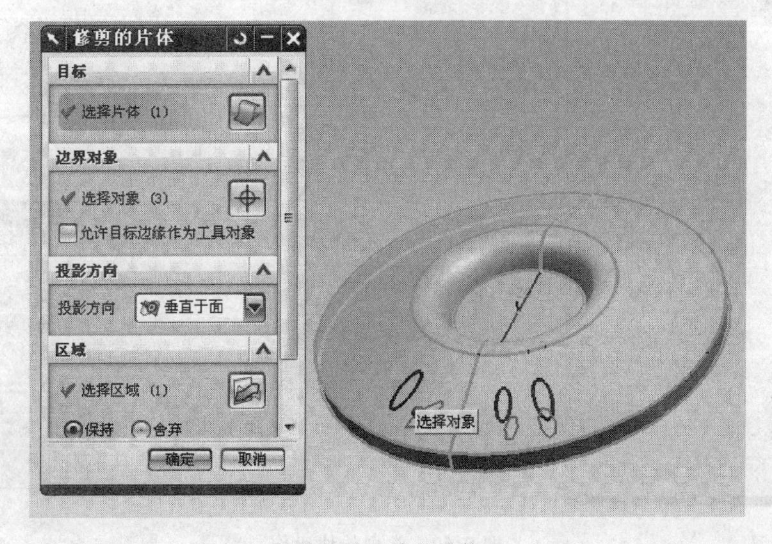

图 5-57　修剪片体

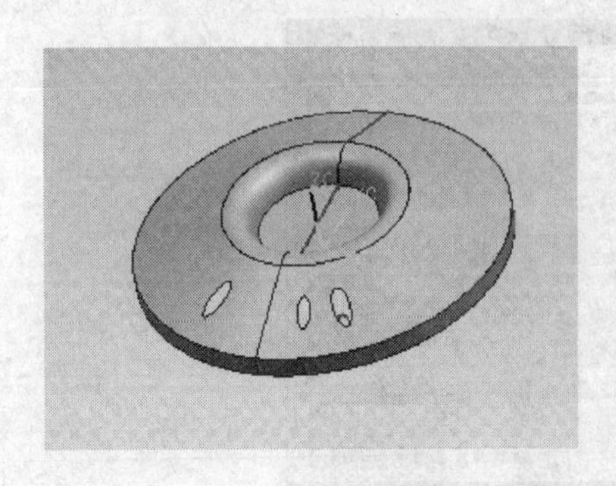

图 5-58　效果图

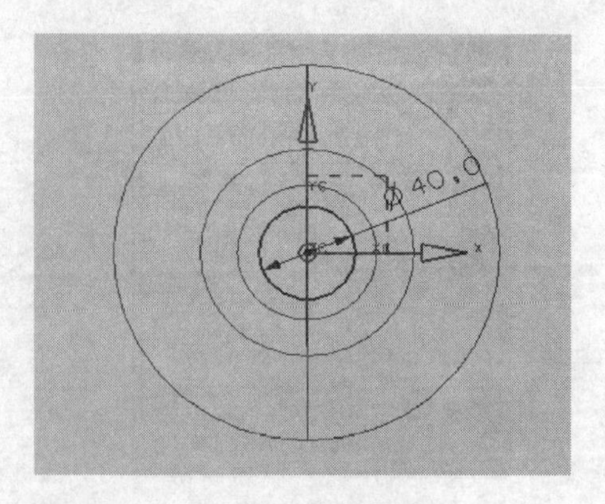

图 5-59　绘制草图

2）单击【特征】工具栏上的【垫块】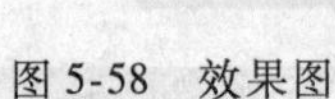按钮，系统弹出如图 5-60 所示的【垫块】对话框，单击【常规】按钮，弹出【常规垫块】对话框之后，选择中间平面为放置平面，单击鼠标中键；将弹出的对话框中的【锥角】设为“45”，【相对于】设为“+ZC 轴”，

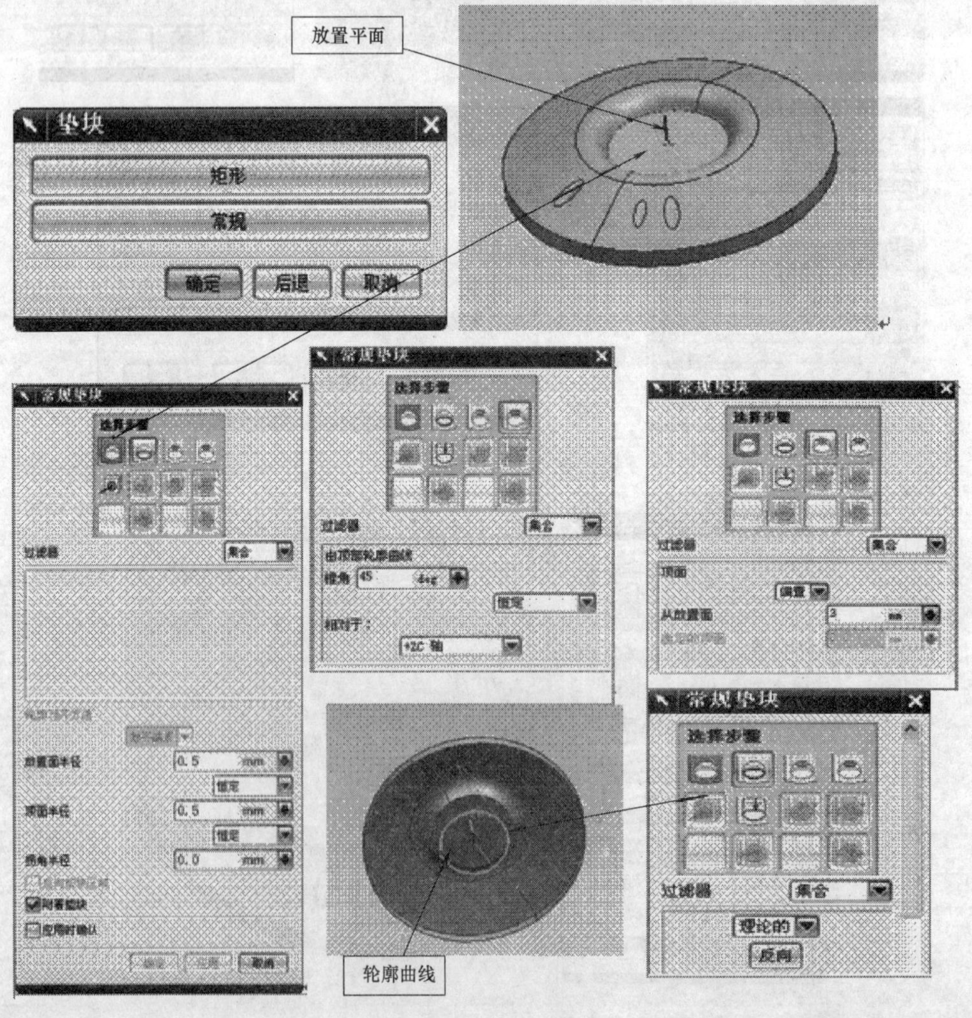

图 5-60　常规垫块操作

【放置面半径】和【顶面半径】均设为“0.5”；单击刚刚绘制的圆为轮廓曲线，单击鼠标中键；在【从放置面】文本框中输入“3”，单击【确定】按钮，得到如图5-61所示的效果图。

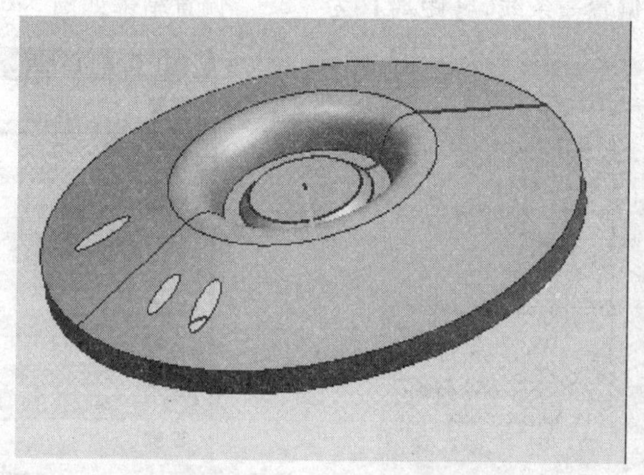

图5-61　垫块效果图

步骤六　倒圆角

单击【特征操作】工具栏上的【倒圆角】按钮，系统弹出【边倒圆】对话框，如图5-62所示，选择两条边线，如图5-63所示，并分别设置【半径】为“4”和“10”，得到如图5-64所示的倒圆效果图。

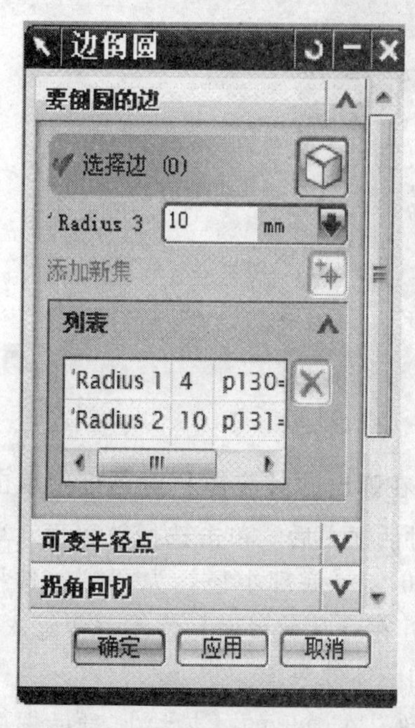

图5-62　【边倒圆】对话框

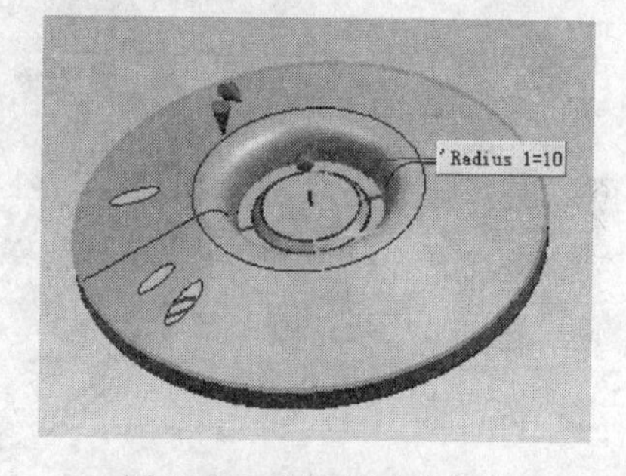

图5-63　选择倒圆的曲线

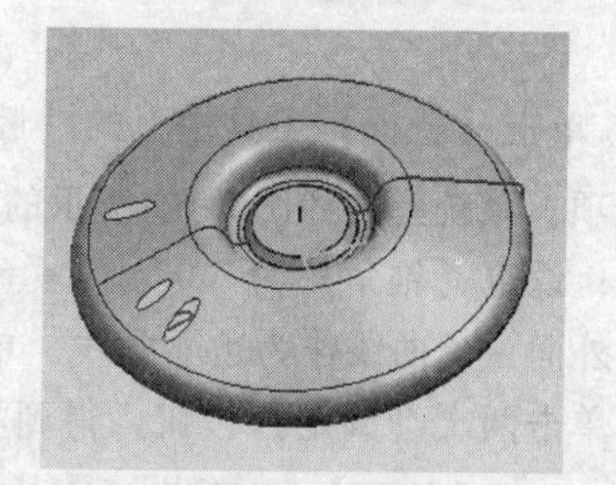

图5-64　倒圆效果图

步骤七　建立表面装饰

1）单击【特征】工具栏上的【草图】按钮，系统弹出【创建草图】对话框，选择XC-YC平面作为草图平面，单击【确定】按钮。绘制如图5-65所示的草图，单击【完成草图】 完成草图按钮退出。

2）单击【曲线】工具栏上的【偏置曲线】按钮，系统弹出【偏置曲线】对话框，如图 5-66 所示。向内偏置一条线，【距离】为“3”。偏置结果如图 5-67 所示。

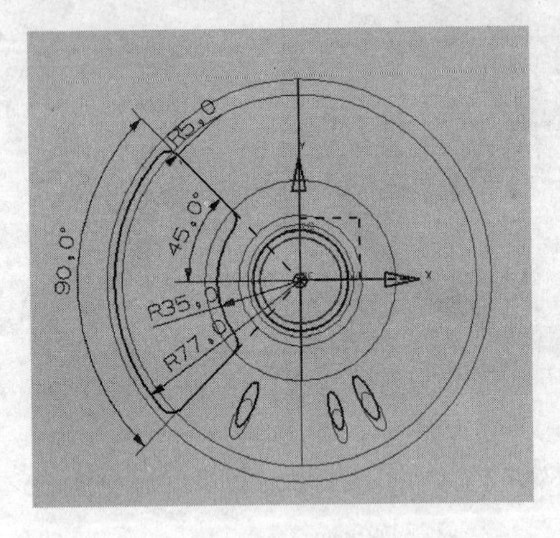

图 5-65　草图

图 5-66　【偏置曲线】对话框

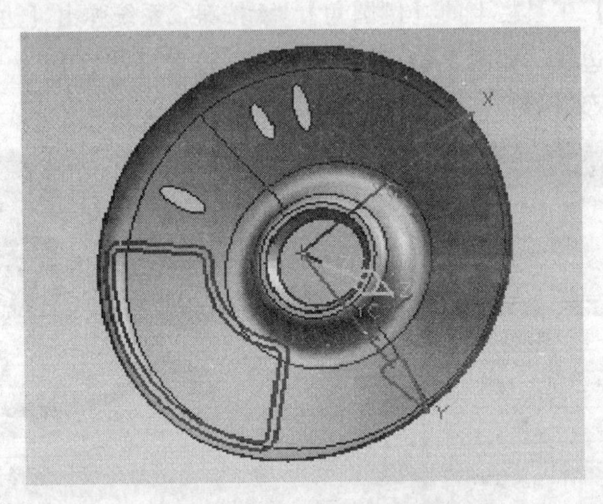

图 5-67　偏置曲线

3）单击【特征】工具栏上的【腔体】按钮，在弹出的【腔体】对话框中单击【常规】选项；系统弹出如图 5-68 所示的【常规腔体】对话框之后，单击选择放置面，单击鼠标中键；设定【锥角】为“0”，【放置面半径】为“0”，【底部半径】为“0”；选择如图所示的外面一条曲线作为边界曲线，单击鼠标中键后，在【从放置面】文本框中输入“1”，再连续单击两次【确定】按钮，得到如图 5-69 所示的腔体效果图。

4）单击【特征】工具栏上的【垫块】按钮，在弹出的【垫块】对话框中单击【常规】按钮；系统弹出如图 5-70 所示的【常规垫块】对话框之后，单击选择放置面，单击鼠标中键；设定【锥角】为“0”，【放置面半径】为“0”，【底部半径】为“0”；选择如图所示的里面一条曲线作为边界曲线，单击鼠标中键后，在【从放置面】文本框中输入“0.5”，再连续单击两次【确定】按钮，即得到如图 5-71 所示的凸台效果图。

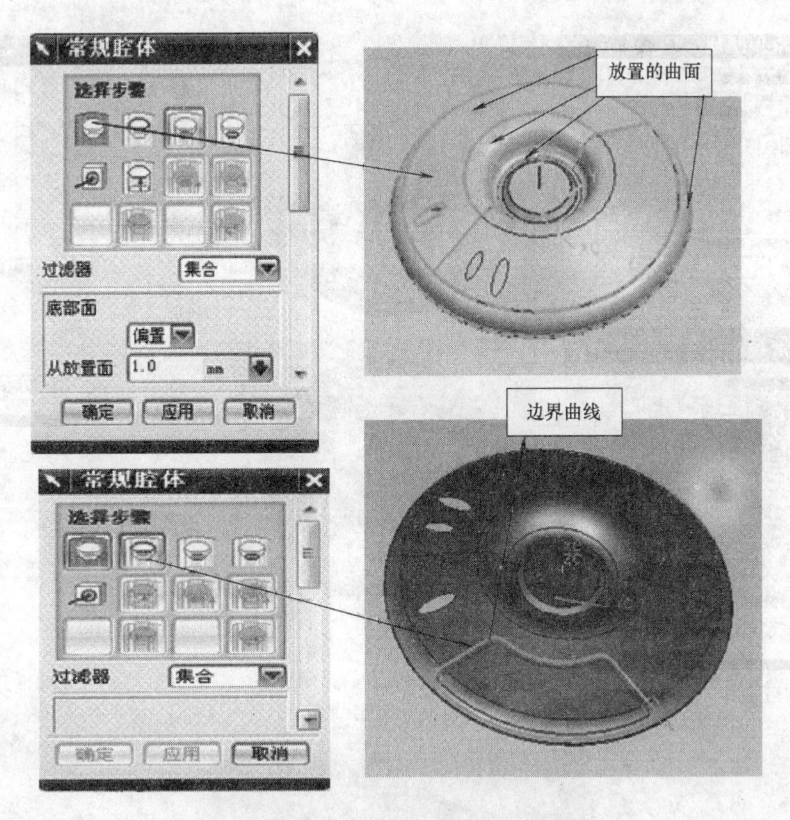

图 5-68 创建腔体

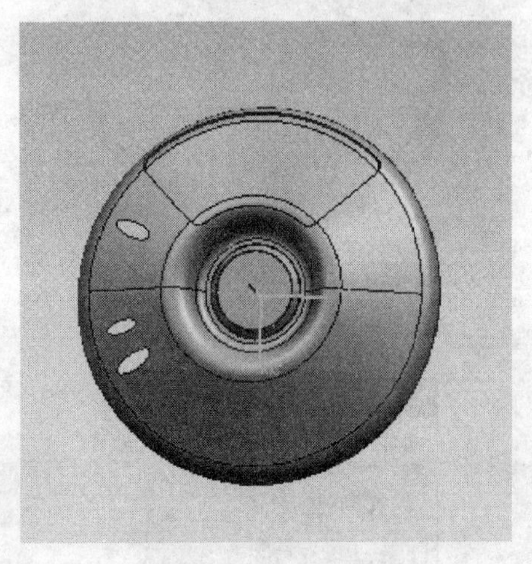

图 5-69 腔体效果图

步骤八 镜像表面装饰

1）单击【特征操作】工具栏上的【基准平面】按钮，系统弹出如图 5-72 所示的【基准平面】对话框，在【类型】选项中选择 ZC-YC 平面。

2）单击【特征操作】工具栏上的【镜像特征】按钮，在弹出如图 5-73 所示的【镜像特征】对话框中选择刚刚建立的腔体和凸台特征，单击鼠标中键，再单击刚刚建立的 ZC-YC 平面，然后单击【确定】按钮，即得到如图 5-74 所示的镜像效果。

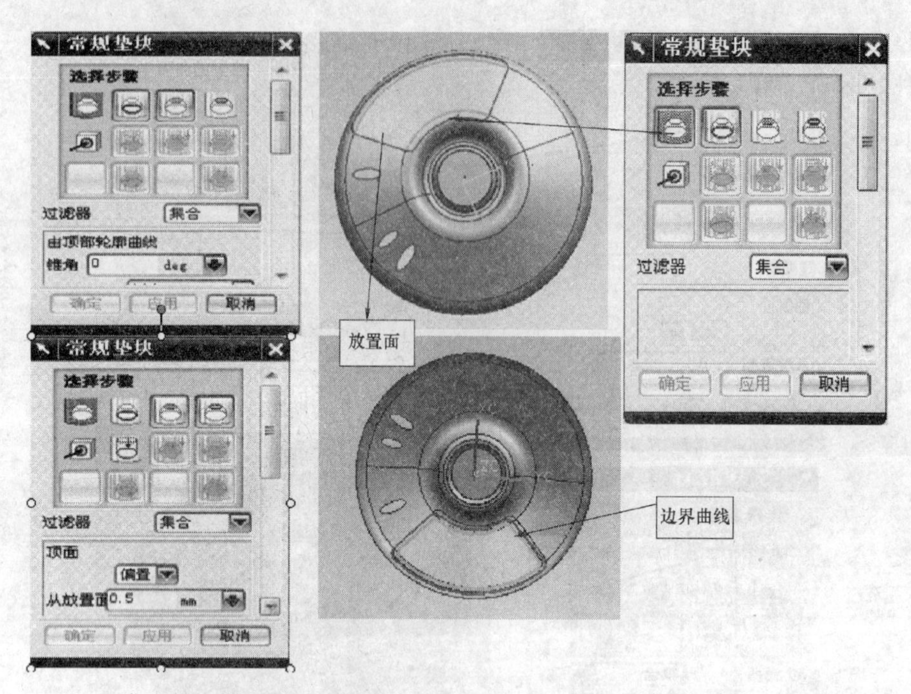

图 5-70 创建凸台

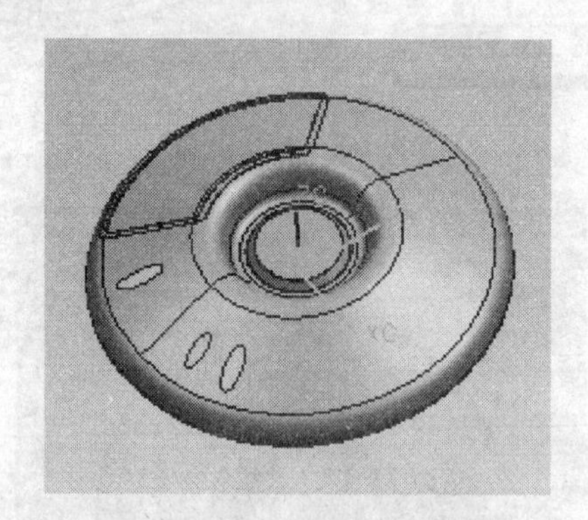

图 5-71 凸台效果图

图 5-72 【基准平面】对话框

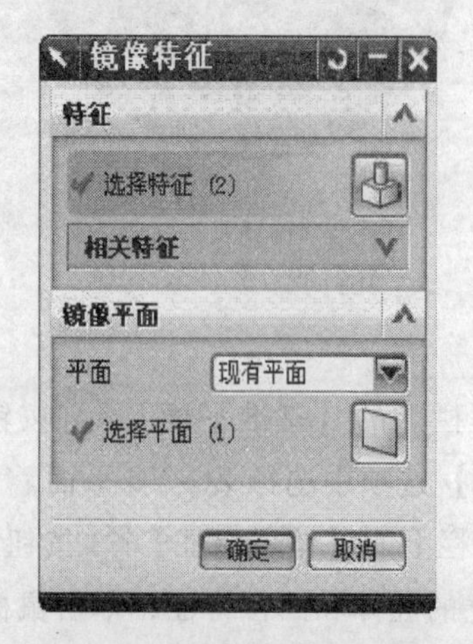

图 5-73 【镜像特征】对话框

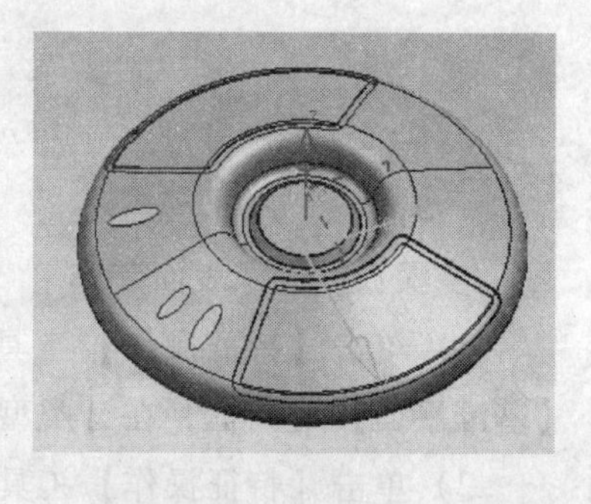

图 5-74 镜像效果图

步骤九 建立缺口

单击【特征】工具栏上的【拉伸】按钮，系统弹出如图 5-75 所示的【拉伸】对话框，输入【开始】和【结束】值分别为“0”和“25”，设置【布尔】为【求差】方式，再单击【绘制截面】按钮，选择 YC—XC 平面为草图平面，并绘制图 5-76 所示的草图，然后单击【完成草图】按钮，再单击【确定】按钮，即得到如图 5-77 所示的修剪屏幕缺口效果图。

图 5-75 对话框

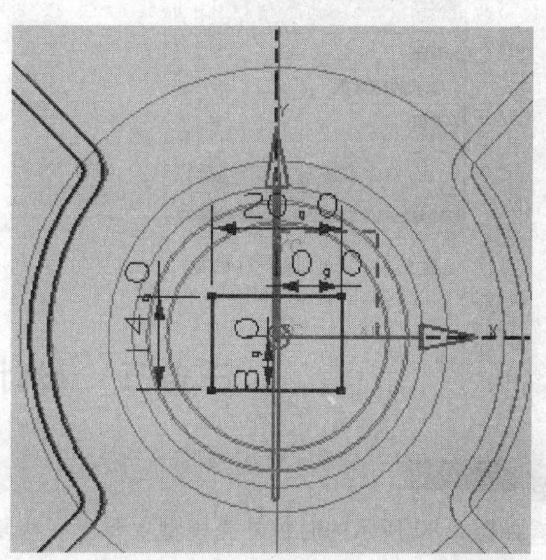
图 5-76 草图

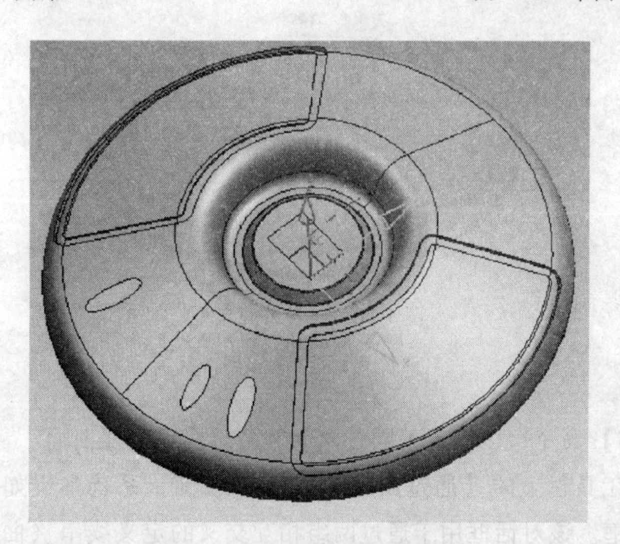
图 5-77 修剪屏幕缺口效果图

步骤十 建立 CD 壳体

单击【特征】工具栏上的【片体加厚】按钮，系统弹出如图 5-78 所示的【加厚】对话框，在【偏置 1】文本框中输入“ -1”，单击【确定】按钮得到图 5-79 所示的壳体效果图。

加厚
面
选择面 (78)
厚度
偏置 1 1 mm
偏置 2 0 mm
反向
布尔
显示故障数据
设置
确定 取消

图 5-78 【加厚】对话框

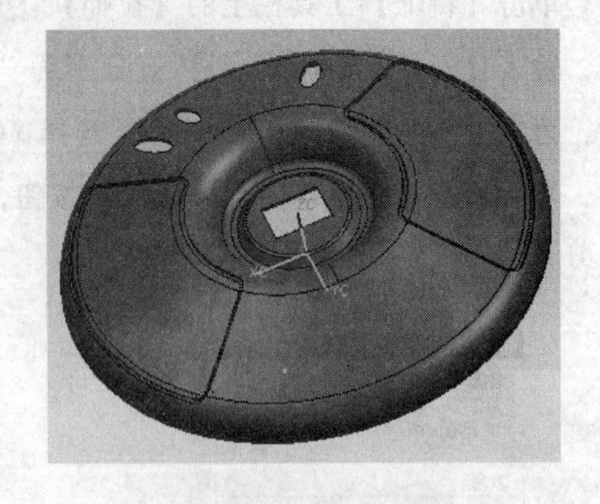

图 5-79 CD 壳体效果图

任务三 设计时钟外壳

实例分析

如图 5-80 所示的时钟外壳模型主要由一些复杂的曲面构成，较多的用到了曲面的构图命令。本例所涉及的命令有回转、投影曲线、网格曲线、修剪片体、引用几何体、加厚等。

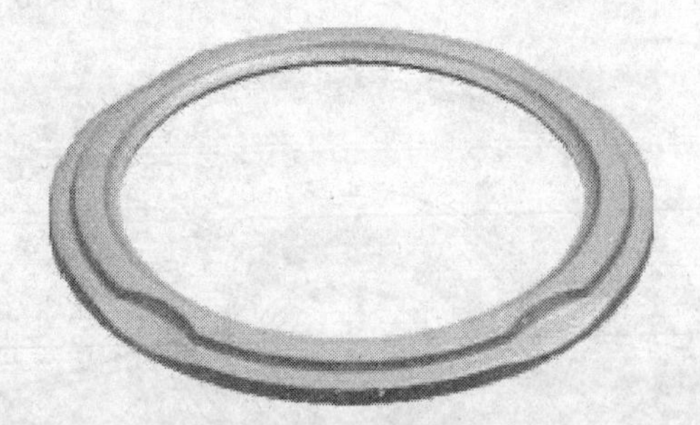

图 5-80 时钟外壳模型

相关知识

【通过曲线网格】命令可以沿着不同方向上的两组线串创建曲面。

单击【曲面】工具栏上的【通过曲线网格】按钮，系统弹出如图 5-81 所示的【通过曲线网格】对话框。该对话框用于通过两组相互交叉的定义线串（曲线、边），创建曲面或实体。使用时，先选取的一组定义线串称为主曲线，后选取的一组定义线串称为交叉曲线。

(1)【输出曲面选项】选项组

1)【着重】下拉列表框：该下拉列表框用于控制系统在生成曲面的时候，更强调主曲线还是交叉曲线，或者两者有同样的效果。

2)【构造】下拉列表框：该下拉列表框与【通过曲线组】对话框中的选项相似，也分为【法向】、【样条点】和【简单】三个选项。

(2)【设置】选项组

1) 【主线串】区域：重新定义主线串的阶次和节点。

2)【重新构建】选项组：使用重建提高曲面品质，方法是重新定义主线串和交叉线串的阶次和节点。该下拉列表包括【无】、【手动】、【自动】。

①【无】：不重新选择或修改曲线。

②【手工】：通过手动重新选取或修改曲线，用户可以在【次数】文本框中输入数值调整曲线。

③【自动】：通过系统自动重新选择或修改曲线，用户可以分别在【最大次数】和【最大分段】文本框中输入数值调整曲线。

3) 【十字】区域：重新定义交叉线串的阶次和节点，具体内容与【主线串】区域相似。

在绘图工作区中依次选取要作为主线串的曲线，每选取一条曲线，即单击中键确认。选取曲线时，光标的位置应在同一侧，然后在绘图工作区依次选取交叉曲线，每选取一条曲线，即单击中键确认。选取后的曲线都会有编号。在【通过曲线网格】对话框中单击【确定】按钮，即生成曲面。

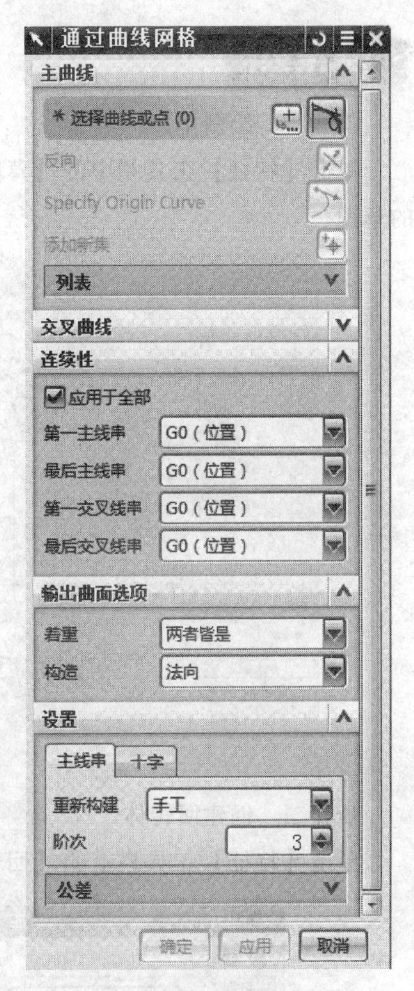

图 5-81 【通过曲线网格】对话框

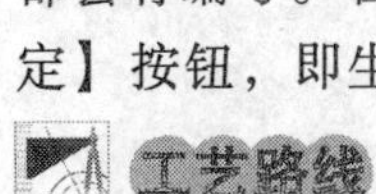

根据上述分析我们可编制工艺路线如图 5-82 所示：回转产生外壳主体→投影产生要修剪的曲线→修剪外壳边缘→修补边缘形状→片体加厚。

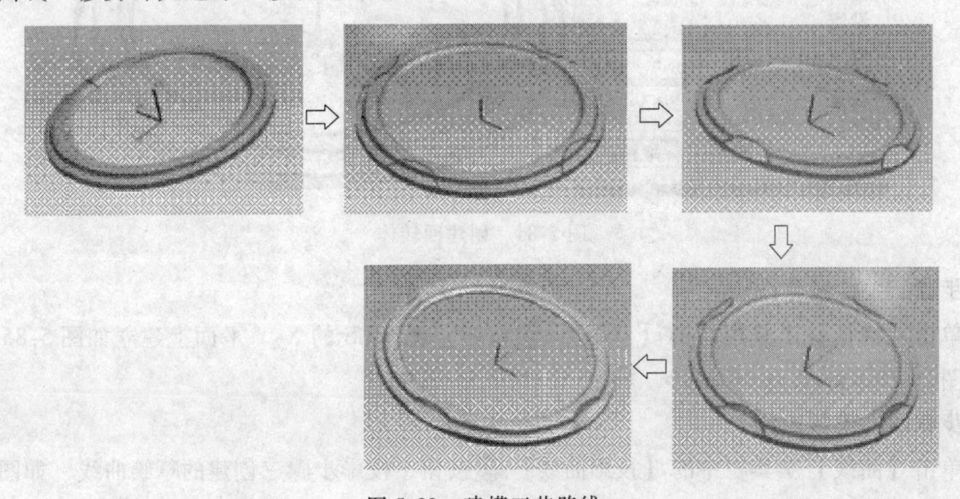

图 5-82 建模工艺路线

操作步骤

步骤一　绘制草图

单击【特征】工具栏中的【草图】按钮，在 WCS 的 Z-X 平面上建立如图 5-83 所示的草图。

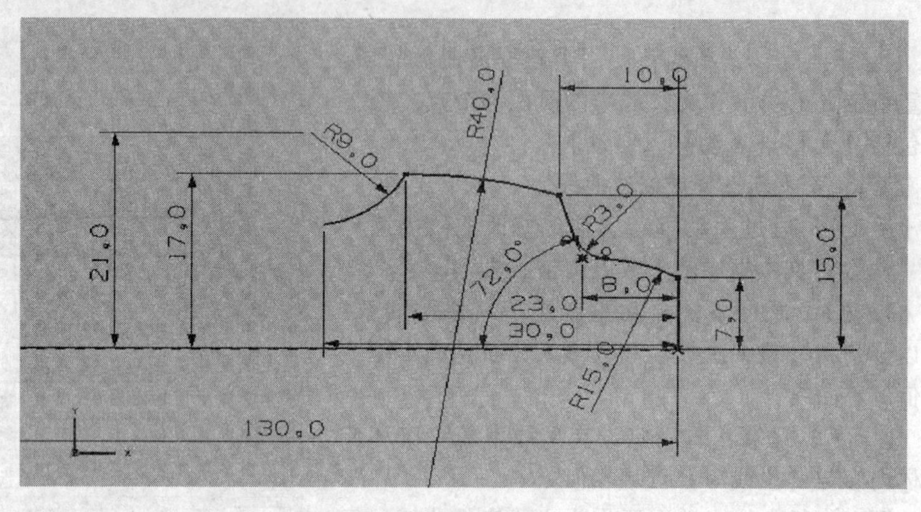

图 5-83　草图

步骤二　创建回转体

单击【特征】工具栏上的【回转】按钮，创建如图 5-84 所示的回转体。

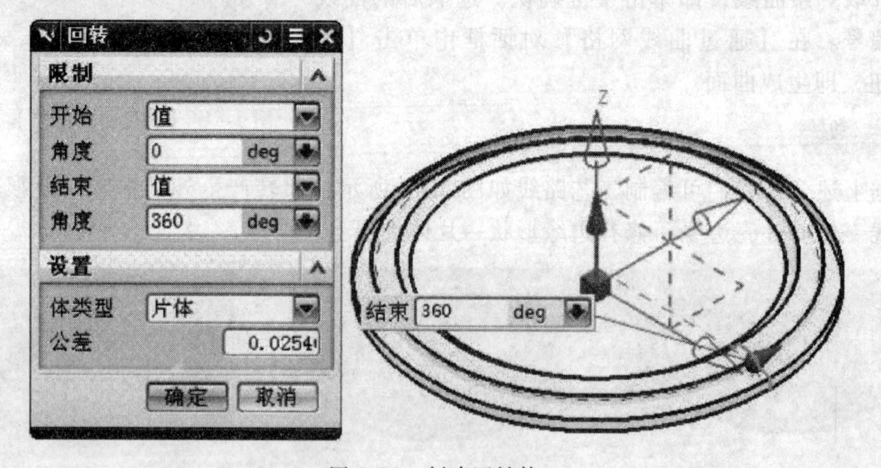

图 5-84　创建回转体

步骤三　绘制草图

单击【特征】工具栏中的【草图】按钮，在 WCS 的 X-Y 平面上建立如图 5-85 所示的草图。

步骤四　投影曲线

单击【曲线】工具栏中的【投影曲线】按钮，投影步骤三创建的草绘曲线，如图 5-86 所示。

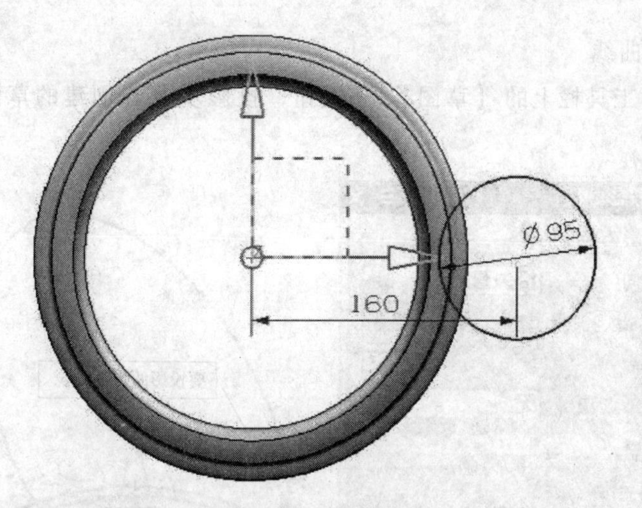

图 5-85　草绘曲线

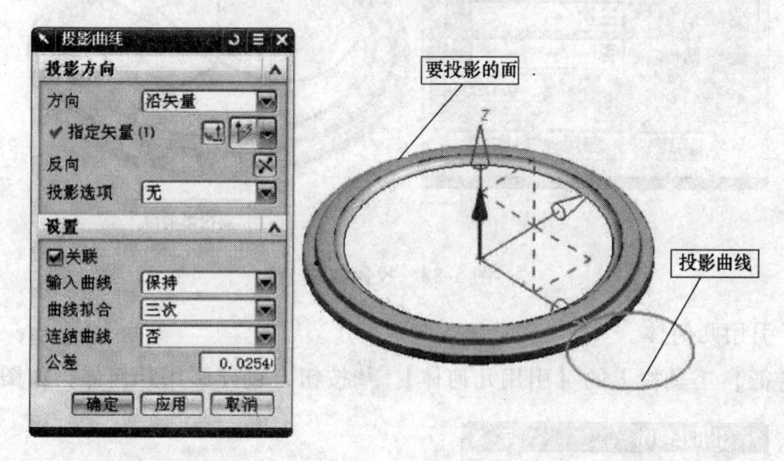

图 5-86　投影曲线

步骤五　绘制草图

单击【特征】工具栏上的【草图】按钮，在 WCS 的 Y-Z 平面上建立如图 5-87 所示的草图。

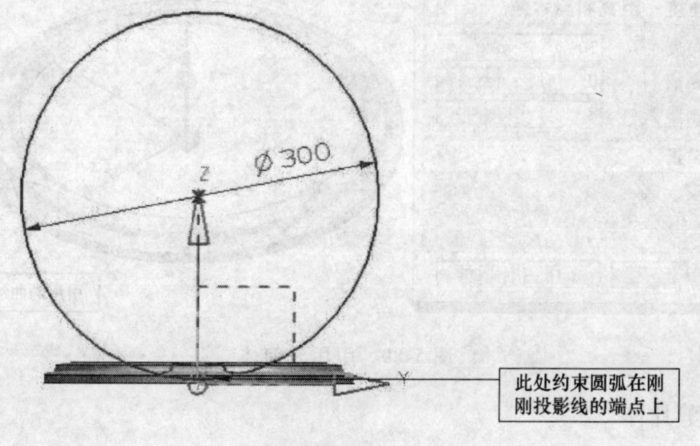

图 5-87　草绘曲线

步骤六　投影曲线

单击【曲线】工具栏上的【草图】按钮，投影步骤五创建的草图曲线，如图 5-88 所示。

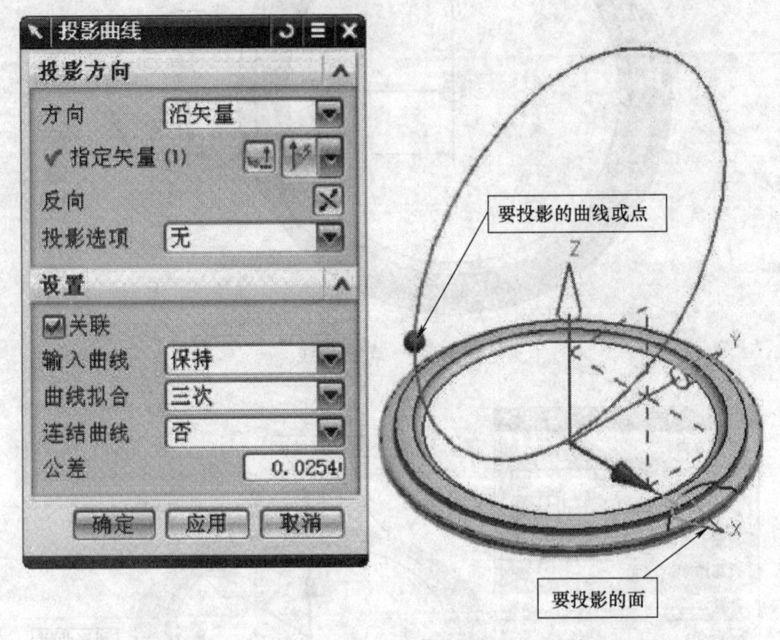

图 5-88　投影曲线

步骤七　引用几何体

单击【特征】工具栏上的【引用几何体】按钮，创建引用几何体，如图 5-89 所示。

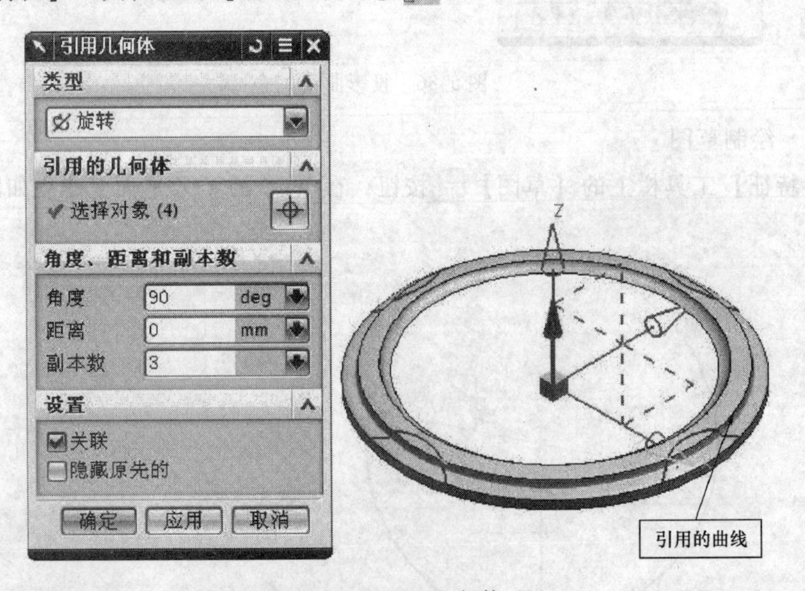

图 5-89　引用几何体

步骤八　修剪片体

单击【曲面】工具栏上的【修剪的片体】按钮，修剪片体，如图 5-90 所示。

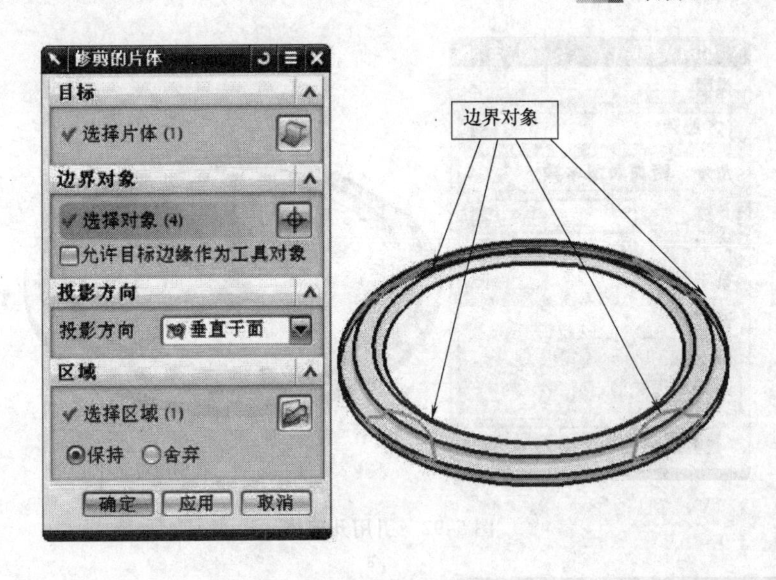

图 5-90　修剪片体

步骤九　创建网格曲面

单击【曲面】工具栏上的【通过曲线网格】按钮，创建网格曲面，如图 5-91 所示。

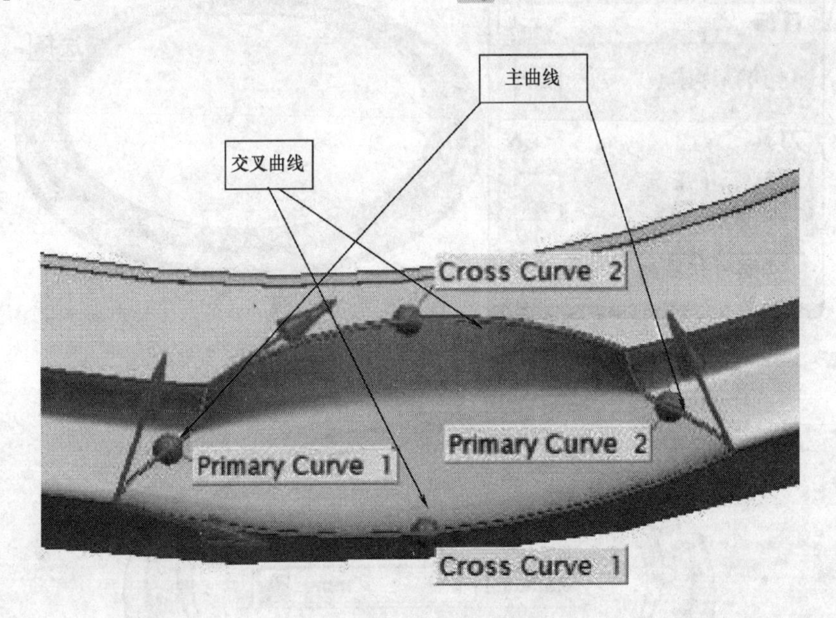

图 5-91　创建网格曲面

步骤十　创建引用几何体

单击【特征】工具栏上的【引用几何体】按钮，创建引用几何体，如图 5-92 所示。

步骤十一　缝合片体

单击【特征操作】工具栏上的【缝合】按钮，缝合所有片体，如图 5-93 所示。

步骤十二　边倒圆

单击【特征操作】工具栏上的【边倒圆】按钮，进行边倒圆，如图 5-94 所示。

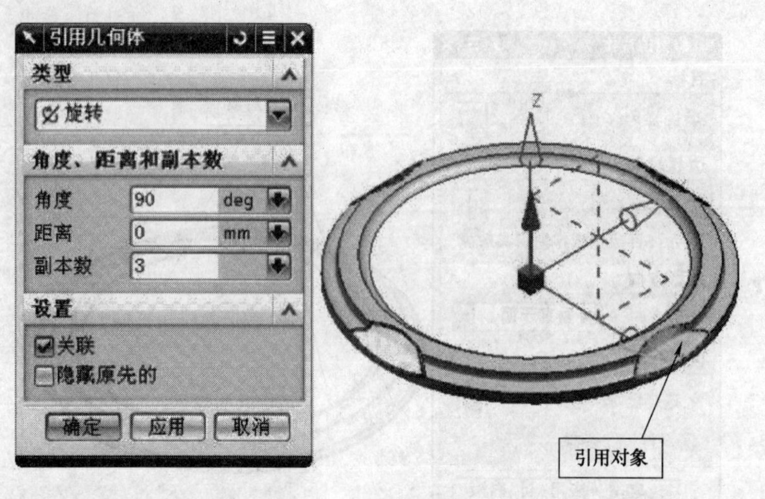

图 5-92 引用几何体

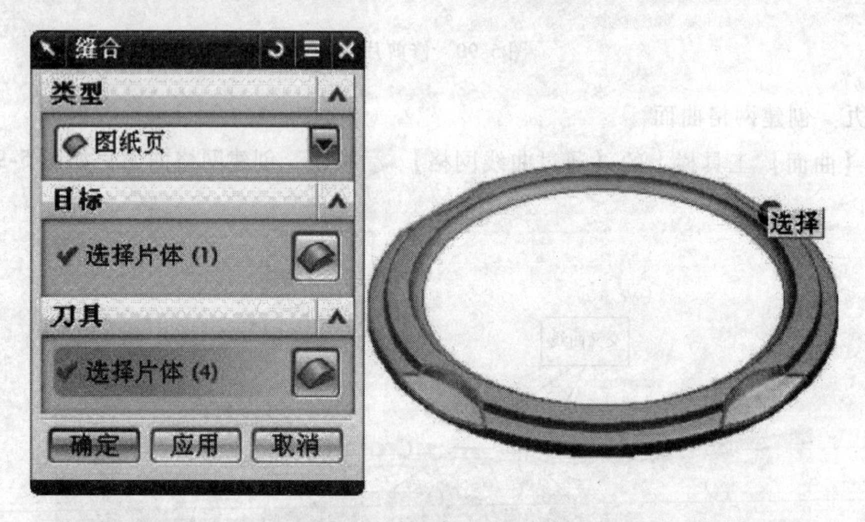

图 5-93 缝合所有片体

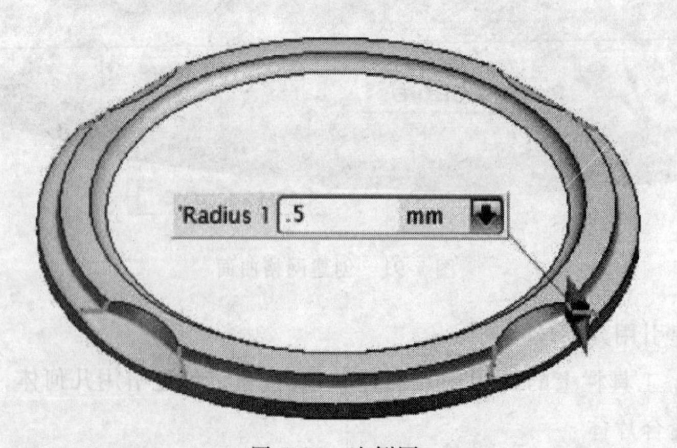

图 5-94 边倒圆

步骤十三 边倒圆

单击【特征操作】工具栏上的【边倒圆】按钮，进行边倒圆，如图 5-95 所示。

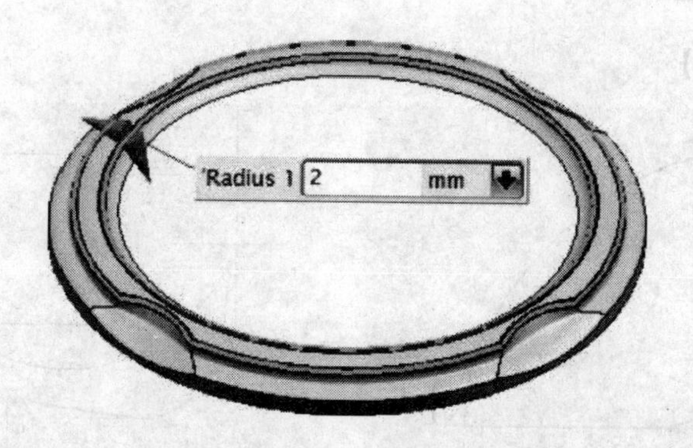

图 5-95 边倒圆

步骤十四 片体加厚

单击【特征】工具栏上的【加厚】按钮，进行片体加厚，如图 5-96 所示。

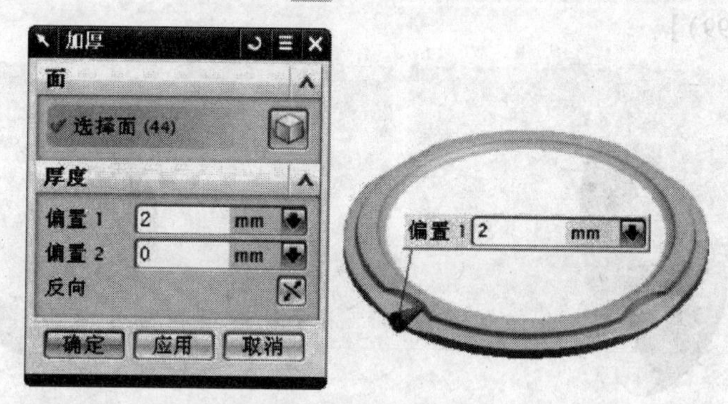

图 5-96 片体加厚

时钟模型最终结果，如图 5-97 所示。

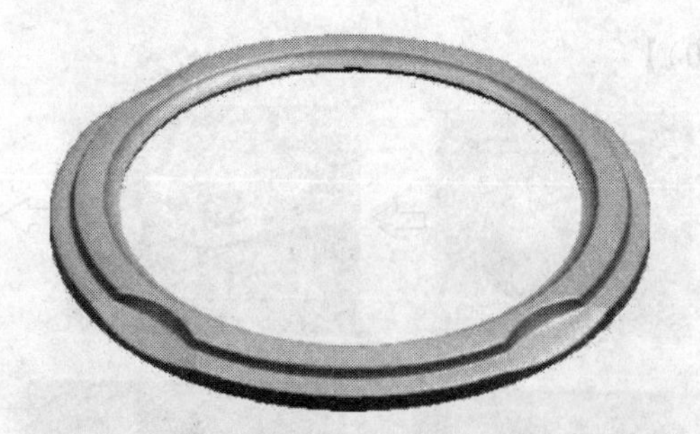

图 5-97 时钟模型最终结果

实训一 绘制按钮零件

【功能模块】

草图	实体	曲面	装配	制图	逆向
√	√	√			

【功能命令】

草图、回转、引用几何体、通过曲线组、镜像、边导圆、抽壳。

【素材（图 5-98）】

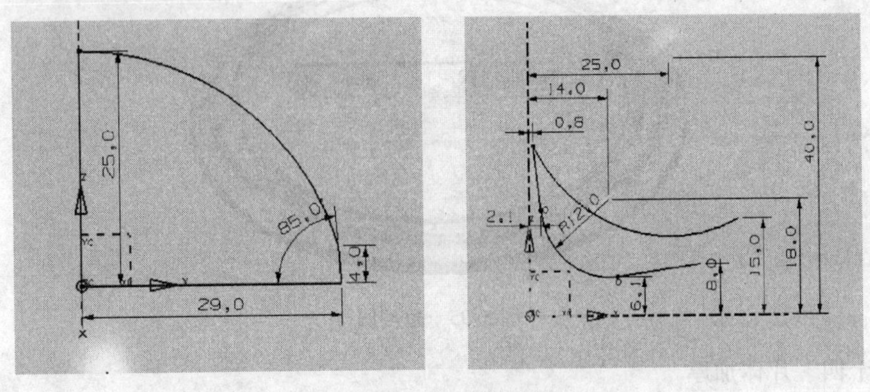

图 5-98　按钮零件图

【结果（图 5-99）】

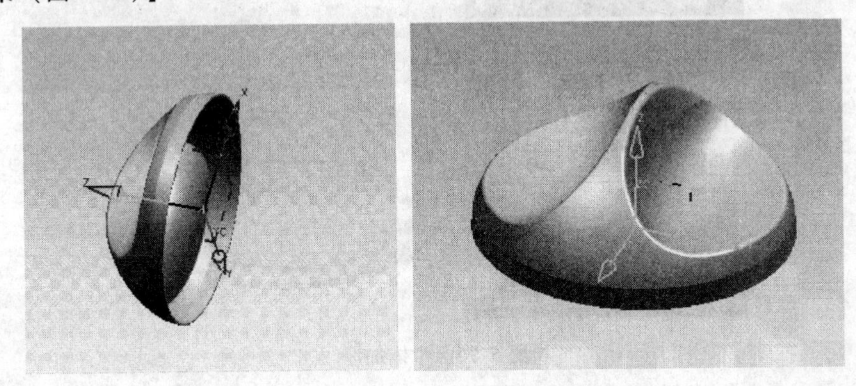

图 5-99　按钮效果图

【操作提示（图 5-100）】

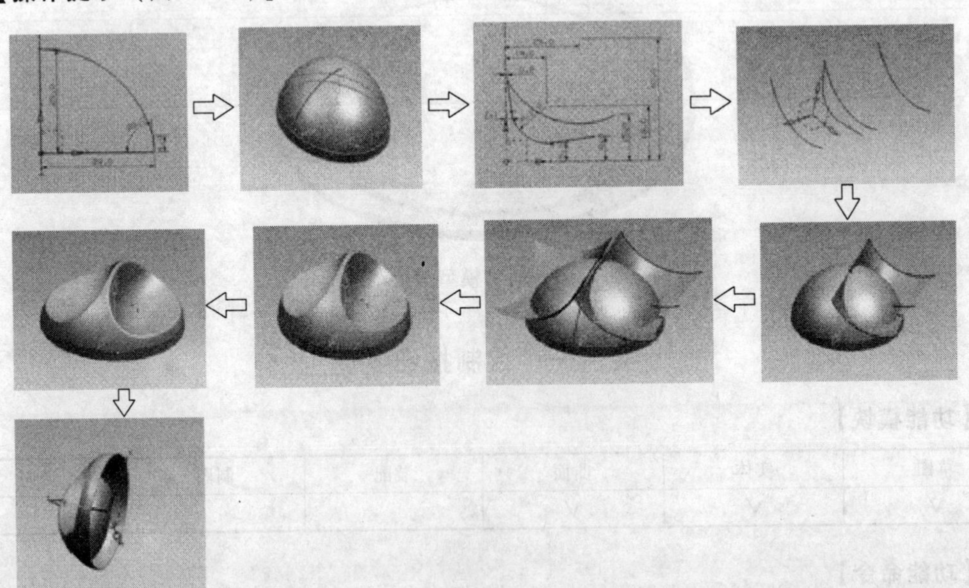

图 5-100　按钮效果图操作过程

实训二　绘制灯罩零件

【功能模块】

草图	实体	曲面	装配	制图	逆向
√	√	√			

【功能命令】

曲线、草图、通过曲线网格、引用几何体、缝合、拉伸、抽壳。

【素材（图 5-101）】

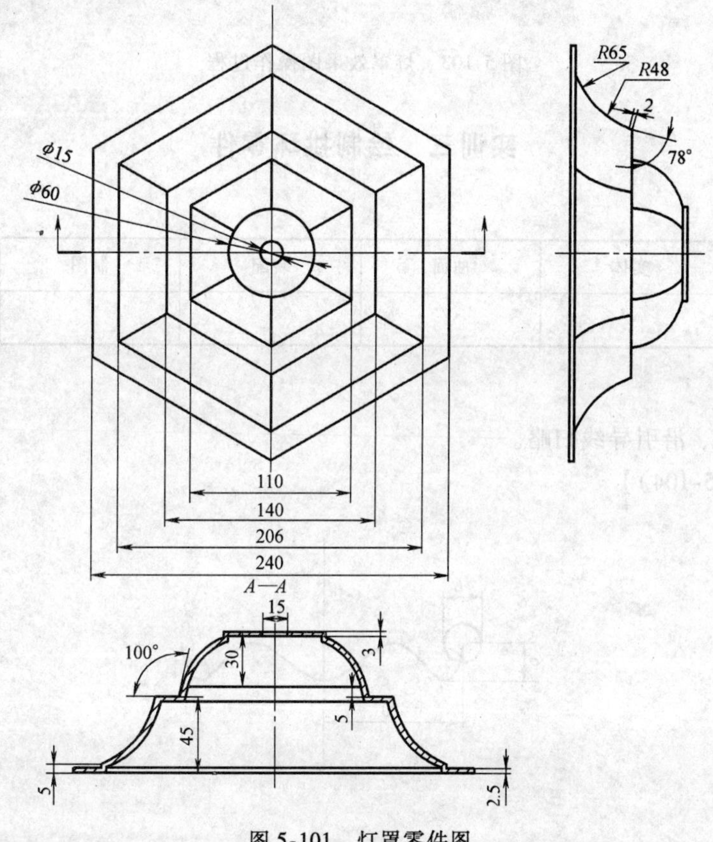

图 5-101　灯罩零件图

【结果（图 5-102）】

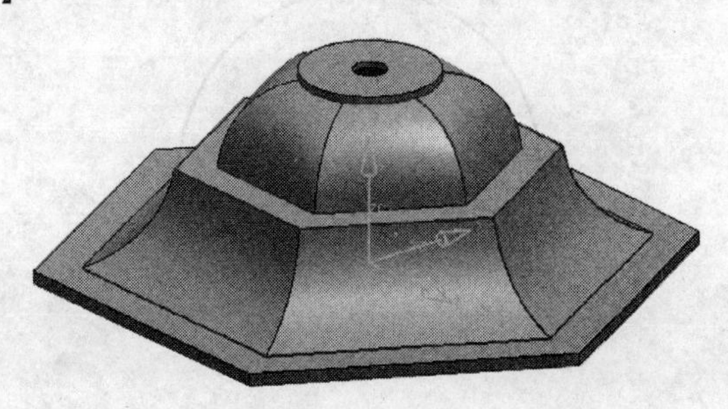

图 5-102　灯罩效果图

【操作提示（图 5-103）】

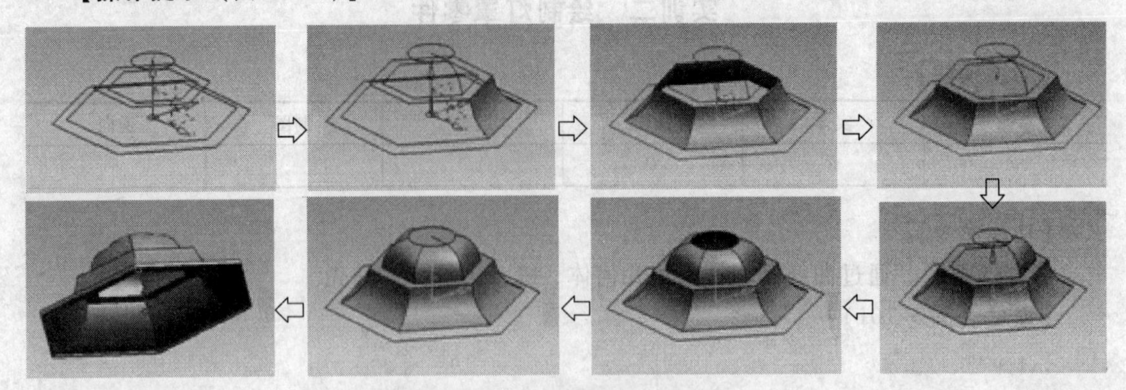

图 5-103　灯罩效果图操作过程

实训三　绘制拱环零件

【功能模块】

草图	实体	曲面	装配	制图	逆向
√	√	√			

【功能命令】

草图、曲线、沿引导线扫略。

【素材（图 5-104）】

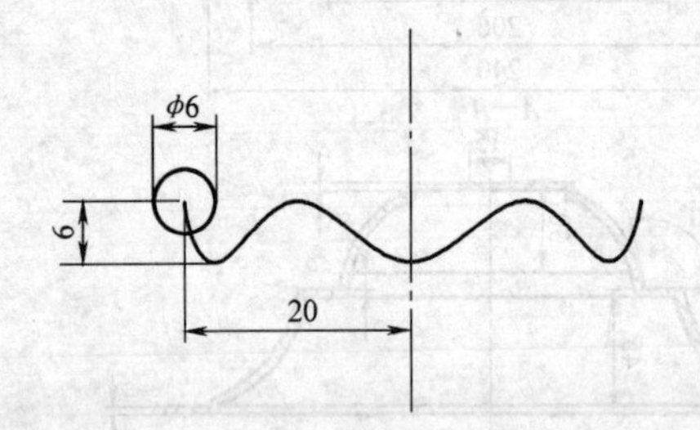

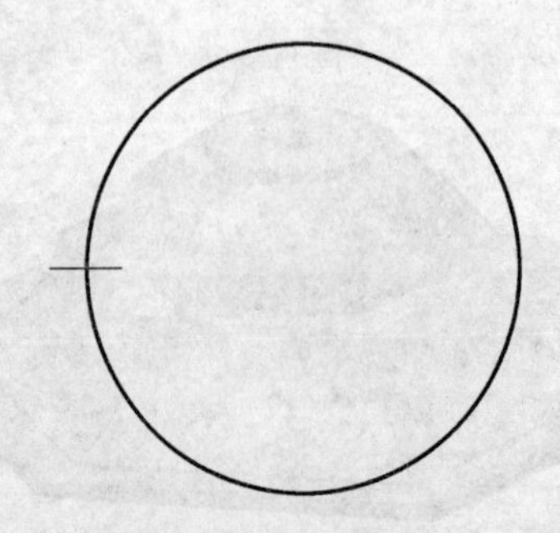

图 5-104　拱环零件图

【结果（图 5-105）】

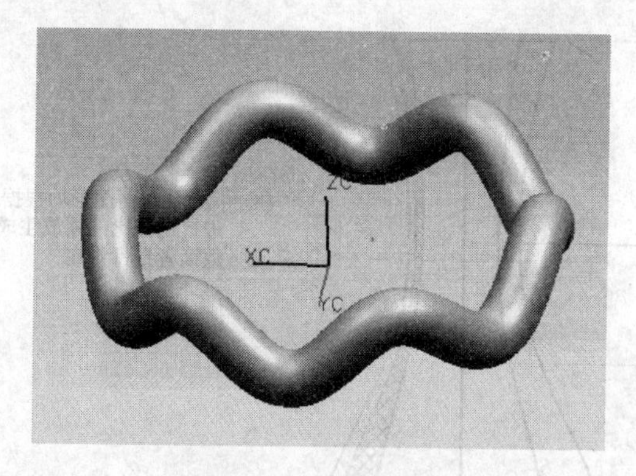

图 5-105 拱环效果图

【操作提示（图 5-106）】

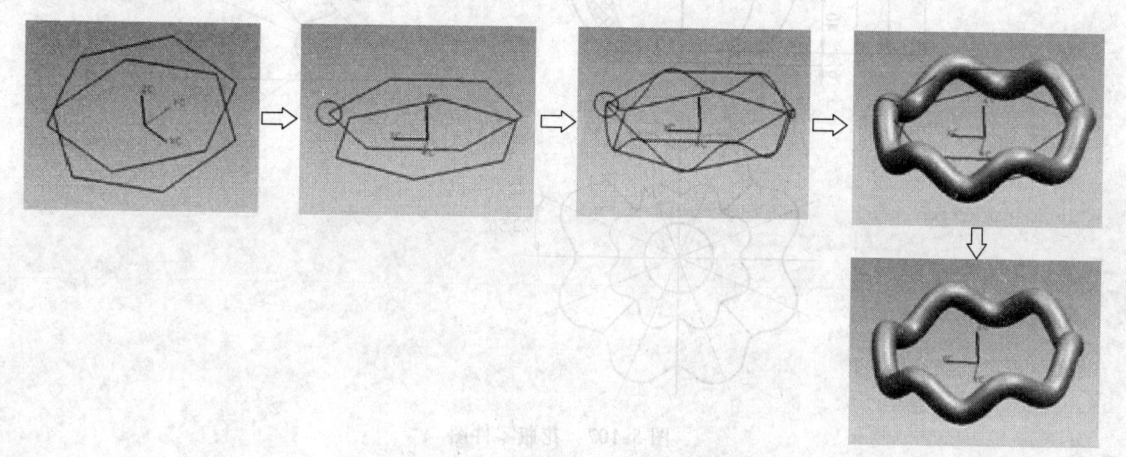

图 5-106 拱环效果图操作过程

项目小结

通过本项目的学习，读者应对 UG NX 6.0 软件的使用具有更深刻的了解，为后续的学习奠定基础。通过本项目的实例训练，读者应熟悉曲面设计界面、外观造型设计环境设置等，并掌握其功能的使用。

思考与练习

1. 花瓶曲面造型

【功能模块】

草图	实体	曲面	曲线	制图	逆向
√	√	√	√		

【功能命令】

通过曲线组、沿引导线扫掠、布尔求和、抽壳。

【素材（图 5-107）】

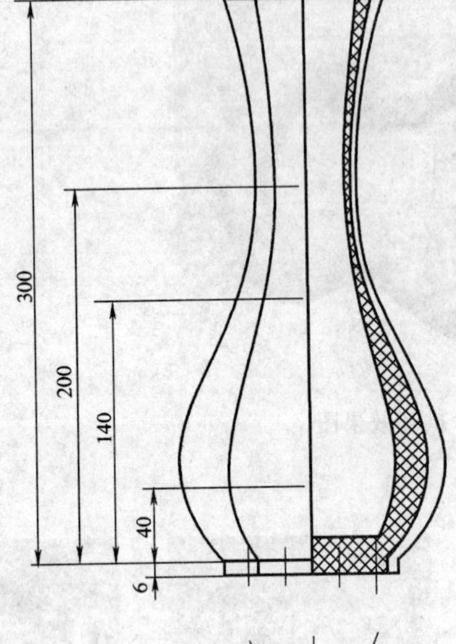

注：花瓶各截面图形均根据最大截面进行适当比例缩放生成，缩放系数读者自行设定。

R10
R18
22.50°
55
R10

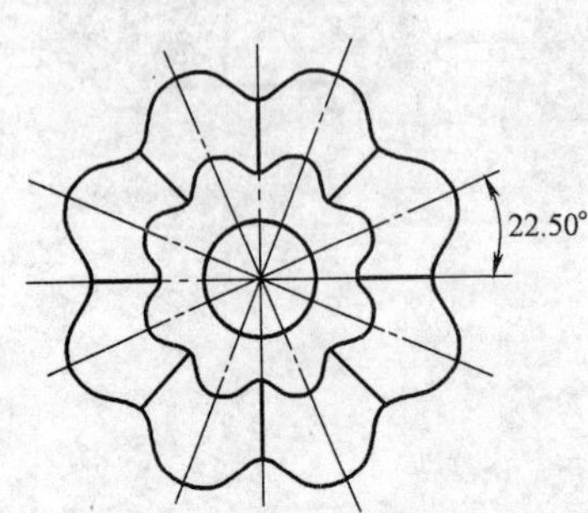

图 5-107 花瓶零件图

【结果（图 5-108）】

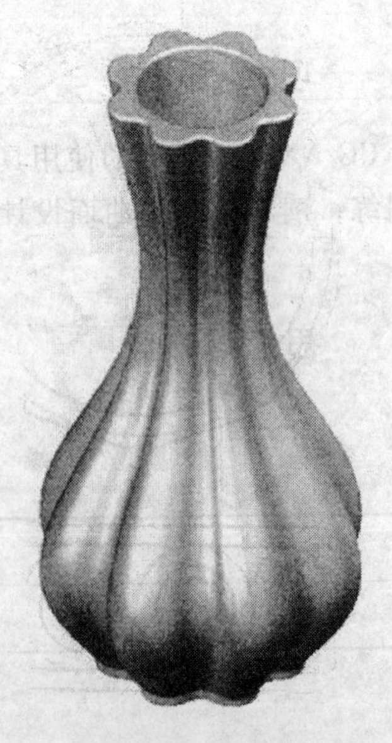

图 5-108 花瓶效果图

2. 菱台

【功能模块】

草图	实体	曲面	装配	制图	逆向
√	√	√			

【功能命令】

曲线、有界平面、引用几何体、缝合。

【素材（图 5-109）】

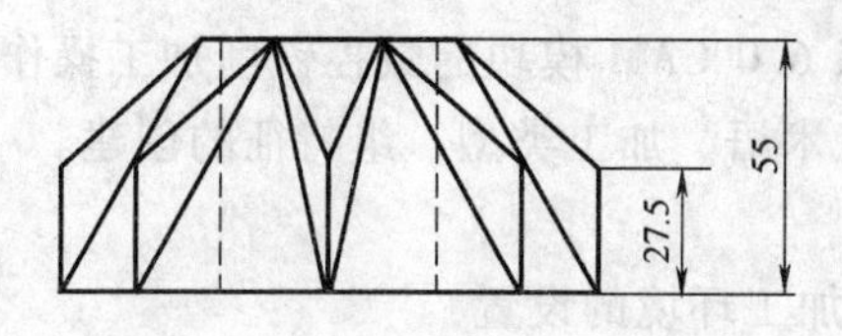

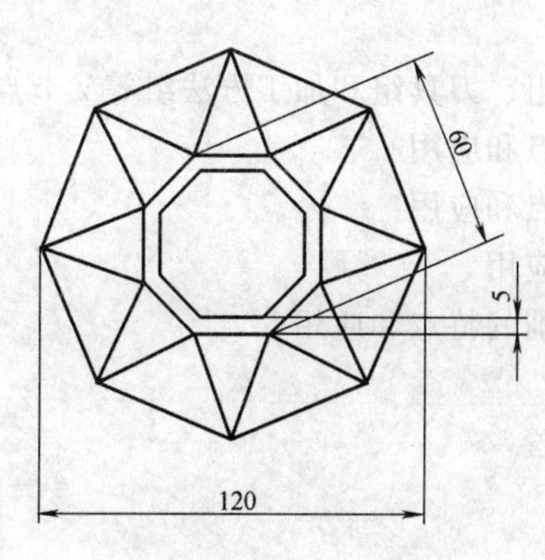

图 5-109　菱台零件图

【结果（图 5-110）】

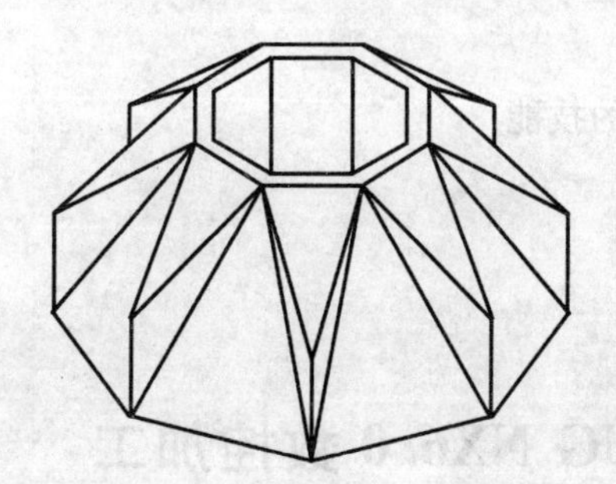

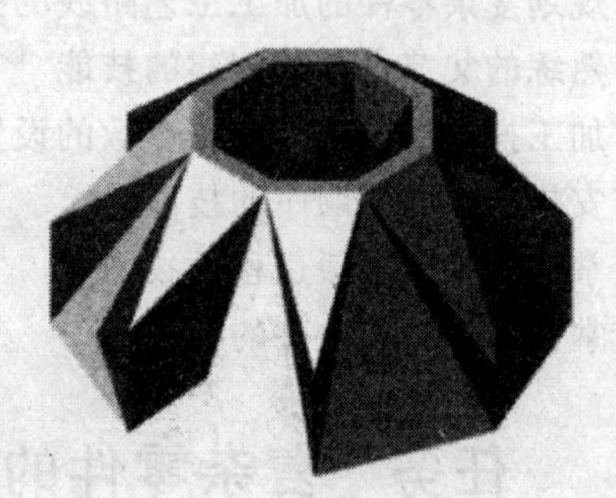

图 5-110　菱台效果图

项目六 UG NX 6.0数控加工

UG NX 6.0 提供了强大的实体建模和造型功能，其 CAM 模块可以根据建立的三维模型直接生成数控代码，用于产品的加工制造。UG NX 6.0 CAM 的强大加工功能由多个加工模块组成。用户应针对所要加工的零件的特点，选择不同的加工模块对零件进行加工制造。本项目将引导读者学习 UG NX 6.0 CAM 模块的数控铣削加工操作的创建，并掌握 UG NX 6.0 CAM 模块的基础知识、加工术语、加工类型、组特征的创建。

知识目标

- 掌握 UGNX6.0 CAM 加工环境的设置
- 掌握使用操作导航器
- 掌握程序组、加工几何组、刀具组和加工方法组等父节点组的创建
- 掌握平面铣削加工的特点和应用
- 掌握型腔铣削加工的特点和应用
- 掌握点位加工的特点和应用
- 掌握固定轴曲面轮廓铣削的特点和应用
- 掌握操作的创建
- 掌握加工参数的相关设置
- 掌握加工仿真与后处理

技能目标

- 具备熟悉 UG NX 6.0 数控加工的一般流程的技能
- 具有规划复杂零件的加工工艺路线的技能
- 具有熟练的父节点组的创建的技能
- 具有加工操作的创建和加工参数的设置的技能
- 具有安排加工方法顺序的技能
- 具有掌握后处理一般过程的技能
- 具有掌握生成车间文件的技能

任务　复杂零件的 UG NX6.0 数控加工

实例分析

根据如图 6-1 所示零件图，结合本书前面的相关知识，完成如图 6-2 所示的复杂零件模型的创建；制订加工工艺规划；使用建立好的模型进入加工环境；设置父节点组；创建操作并设置好相关参数和生产刀路；模拟仿真结果如图 6-3 所示，完成后处理加工程序指令并生成技术文件。

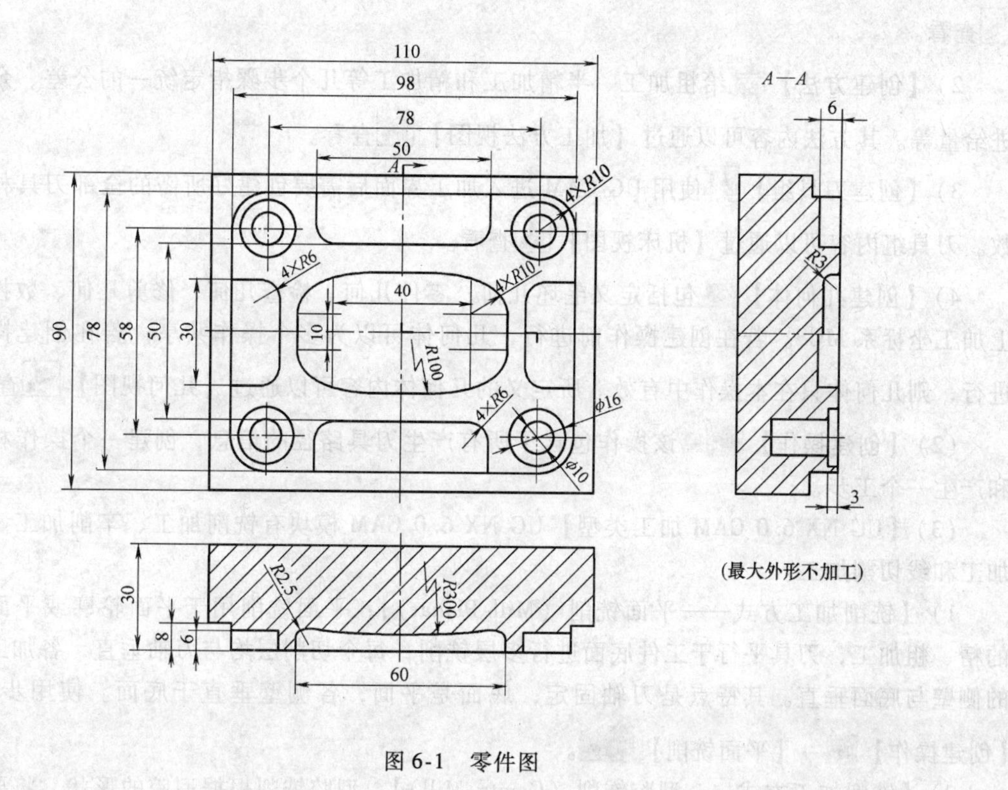

图 6-1 零件图

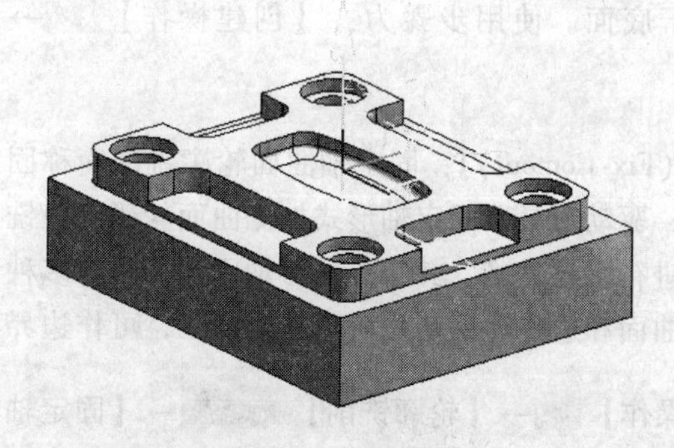
图 6-2 零件模型

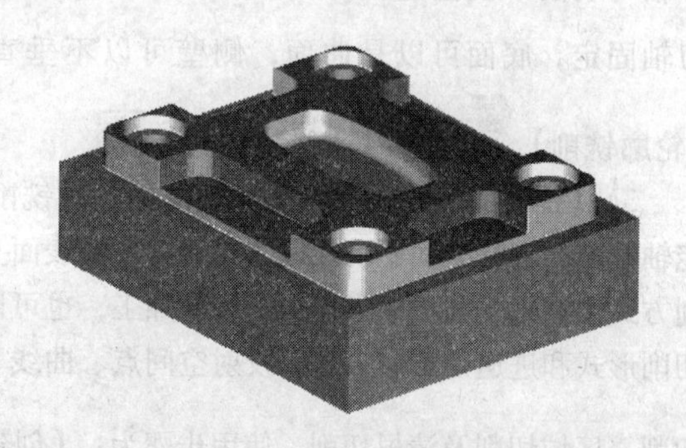
图 6-3 零件加工效果

相关知识

（1）【父节点组】 执行数控编程的第一环节是定义父节点组，包含创建程序、刀具组、方法和几何体四部分数据内容。

1）【创建程序】 程序组主要用来管理各加工操作和排列各操作的次序。管理和后处理程序选择程序父节点组可以依序管理和后处理。程序组内容可以通过【程序顺序视图】

查看。

2)【创建方法】给粗加工、半精加工和精加工等几个步骤指定统一的公差、余量和进给量等。其方法内容可以通过【加工方法视图】查看。

3)【创建刀具组】使用 UG CAM 进入加工界面后需要创建好所需的全部刀具相关参数。刀具组内容可以通过【机床视图】查看。

4)【创建几何体】包括定义毛坯几何、零件几何、检查几何、修剪几何、数控机床上加工坐标系 MCS。若在创建操作前进行，几何体可以为多个操作共享；若在创建操作时进行，则几何体只在本操作中有效。所定义的几何体内容可以通过【几何视图】查看。

(2)【创建操作】 该操作包含了所有产生刀具路径的信息，创建一个操作相当于和产生一个工步。

(3)【UG NX 6.0 CAM 加工类型】UG NX 6.0 CAM 模块有铣削加工、车削加工、点位加工和线切割加工。

1)【铣削加工方式——平面铣削（Mill-Planar)】：平面铣削用于平面轮廓或平面区域的精、粗加工，刀具平行于工件底面进行多层铣削，每个切削层均与刀轴垂直，各加工部位的侧壁与底面垂直。其特点是刀轴固定，底面是平面，各侧壁垂直于底面。使用步骤为：【创建操作】→【平面铣削】类型 mill_planar。

2)【铣削加工方式——型腔铣削（Cavity-Mill)】：型腔铣削根据型腔的形状，将要切除的部位在深度方向上分成多个切削层进行铣削，每个切削层可指定不同的背吃刀量，切削时刀轴与切削平面垂直。型腔铣削可用边界、平面、曲线和实体定义要切除的材料。其特点是刀轴固定，底面可以是曲面，侧壁可以不垂直于底面。使用步骤为：【创建操作】→【轮廓铣削】类型 mill_contour→【型腔铣削】。

3)【铣削加工方式——固定轴曲面轮廓铣削（Fix-Contour)】：固定轴曲面轮廓铣削简称固定轴铣削。它将空间驱动几何体投射到零件表面上，驱动刀具以固定轴形式加工曲面轮廓。该铣削方式主要用于曲面的半精加工和精加工，也可以进行多层铣削。其特点是刀轴固定，具有多种切削形式和进退刀控制，可以投射空间点、曲线、曲面和边界等驱动几何体进行加工，可作边界切削、区域切削及清根切削。使用步骤为：【创建操作】→【轮廓铣削】类型 mill_contour→【固定轴曲面铣削】

工艺路线

根据实例分析，按如图 6-1 所示尺寸建模后进行加工工艺的规划，制定加工工序见表 6-1。

表 6-1 加工工序表

工序	加工对象	加工方式	切削方式	使用刀具
1	粗加工上表面	平面铣削	往复切削	D32R5
2	精加工上表面	平面铣削	单向切削	D10

（续）

工序	加工对象	加工方式	切削方式	使用刀具
3	粗加工工件型腔轮廓	型腔铣削	跟随部件	D10
4	精加工高度为 8mm 的外形轮廓	平面铣削	配置文件	D10
5	精加工深度为 6mm 的四个槽	平面铣削	配置文件	D10
6	精加工中间曲面凹槽	固定轴曲面轮廓铣削	区域铣削	D4R2
7	粗钻 4 个 ϕ10mm 孔	点位加工	标准钻	D9.8
8	粗钻 4 个 ϕ16mm 孔	点位加工	标准钻	D15
9	铰孔 4 个 ϕ10mm 孔	点位加工	铰	D10H7
10	镗孔 4 个 ϕ16mm 孔	点位加工	标准镗	D16

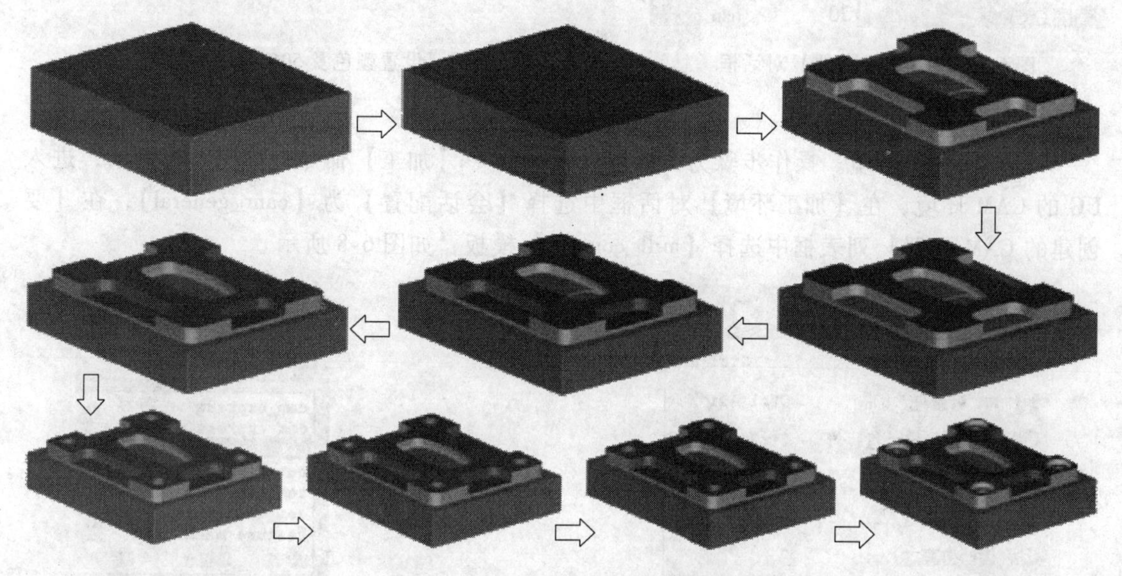

图 6-4　按工艺顺序加工效果简图

操作步骤

步骤一　建立建立模型

1）根据如图 6-1 所示尺寸建立模型，实体建模。最大外形尺寸为 110mm×90mm×30mm。

2）调整工件坐标系位于零件最高面中心位置。操作步骤为：单击【WCS 方向】按钮，选择类型三个面（类型 三平面），X 向平面为 YZ 基准面，Y 向平面为 XZ 基准面，Z 向平面为零件上表面，单击【确定】。

3）建立毛坯。操作步骤为：单击【实用工具】工具栏上的【图层设置】按钮，将工作图层设置为第 10 层；再单击【创建长方体】按钮，如图 6-5 所示，指定类型为【二点和高度】，指定模型底面的左下点为【原点】，模型底面的右上点为【从原点出发的点】，并指定【尺寸】高度为“30”，单击【确定】；【编辑显示对象】设置颜色及 50% 透明度，效果如图 6-6 所示。

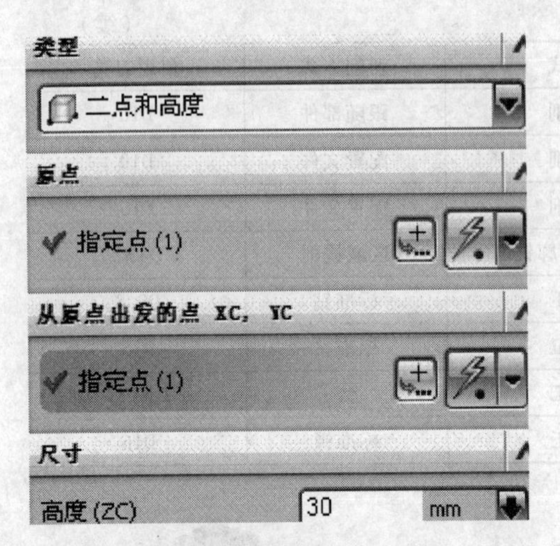

图6-5 【创建长方体】对话框

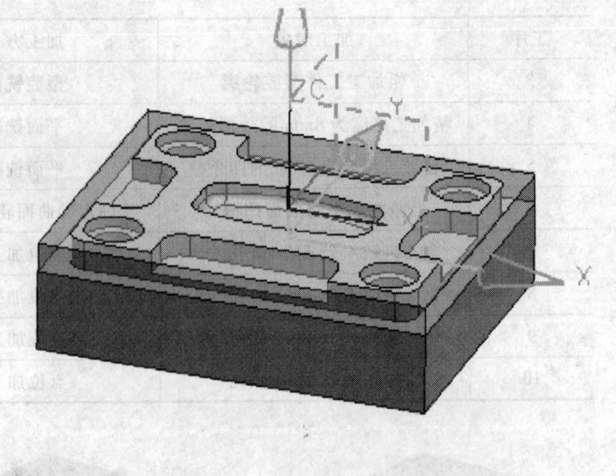

图6-6 设置颜色及50%透明度效果

步骤二 创建操作准备

1）进入加工环境。操作步骤为：执行【开始】→【加工】命令，如图6-7所示，进入UG的CAM环境，在【加工环境】对话框中选择【会话配置】为【cam_general】，在【要创建的CAM设置】列表框中选择【mill_contour】模板，如图6-8所示。

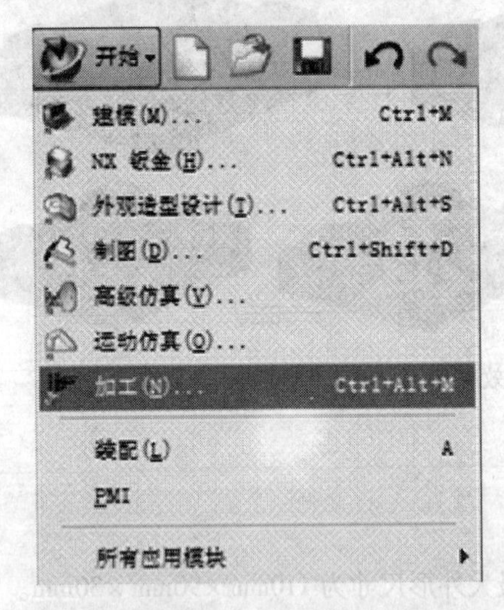

图6-7 【加工】命令

图6-8 【加工环境】对话框

2）创建程序。操作步骤为：单击【程序顺序视图】按钮，进入程序操作视图，在工具栏上单击【创建程序】按钮，弹出【创建程序】对话框，进行如图6-9所示的设置。

3）创建刀具节点组。依次按加工工序创建8把刀具，完成后的【机床视图】列表如图6-10所示。

创建第一把刀具。操作步骤为：单击【机床视图】按钮，进入机床视图，在工具栏单击【创建刀具组】按钮，弹出【创建刀具】对话框，如图6-11所示；在系统弹出的

【铣刀-5 参数】对话框输入刀具直径和刀号和补偿号，如图 6-12 所示。

图 6-9 【创建程序】对话框

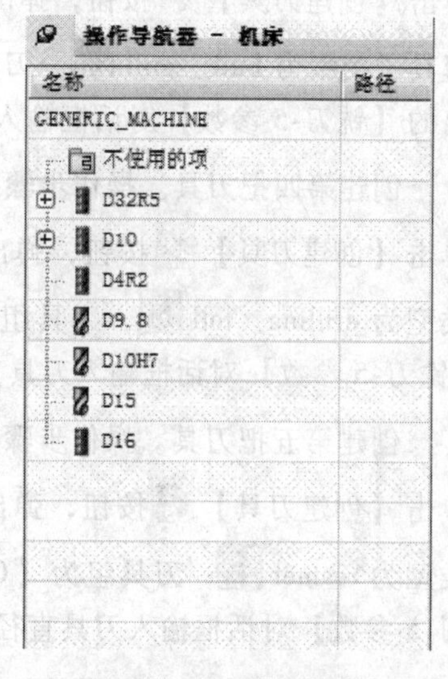

图 6-10 机床视图列表

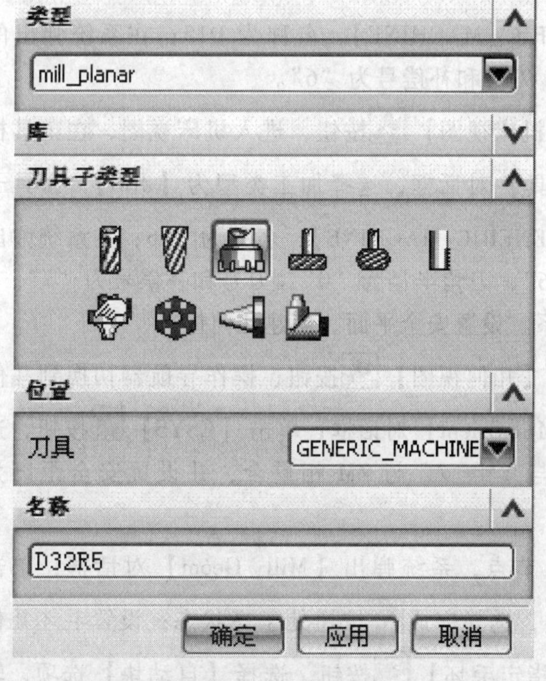

图 6-11 设置铣刀参数

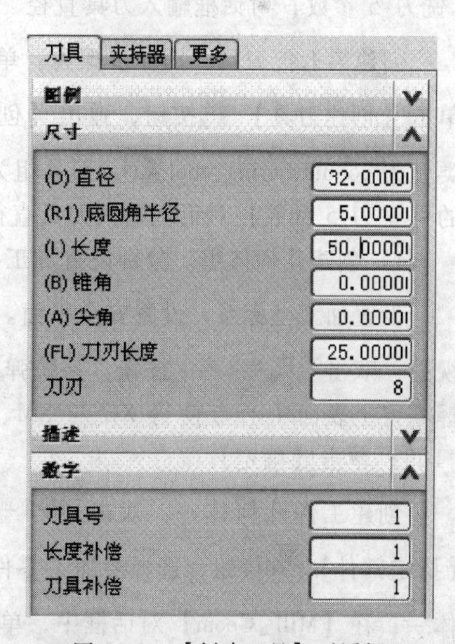

图 6-12 【创建刀具】对话框

创建第二把刀具。操作步骤为：单击【机床视图】按钮，进入机床视图，在工具栏单击【创建刀具】按钮，弹出【创建刀具】对话框，选择加工类型为【mill_ contour】，刀具子类型为 mill ，刀具组为【GENERIC_ MACHINE】，名称为 D10；在系统弹出的【铣刀-5 参数】对话框输入刀具直径“10”，刀号和补偿号为“2”。

创建第三把刀具。操作步骤为：单击【机床视图】按钮，进入机床视图，在工具栏单击【创建刀具】按钮，弹出【创建刀具】对话框，选择加工类型为【mill_ contour】，刀具子类型为 ball_ mill ，刀具组为【GENERIC_ MACHINE】，名称为 D4R2；在系统弹出的【铣刀-5 参数】对话框输入刀具直径“3”，刀号和补偿号为“3”。

创建第四把刀具。操作步骤为：单击【机床视图】按钮，进入机床视图，在工具栏单击【创建刀具】按钮，弹出【创建刀具】对话框，选择加工类型为【drill】，刀具子类型为 drilling_ toll ，刀具组为【GENERIC_ MACHINE】，名称为 D9.8；在系统弹出的【铣刀-5 参数】对话框输入刀具直径“9.8”，刀号和补偿号为“4”。

创建第五把刀具。操作步骤为：单击【机床视图】按钮，进入机床视图，在工具栏单击【创建刀具】按钮，弹出【创建刀具】对话框，选择加工类型为【drill】，刀具子类型为 reamer ，刀具组为【GENERIC_ MACHINE】，名称为 D10H7；在系统弹出的【铣刀-5 参数】对话框输入刀具直径“10”，刀号和补偿号为“5”。

创建第六把刀具。操作步骤为：单击【机床视图】按钮，进入机床视图，在工具栏单击【创建刀具】按钮，弹出【创建刀具】对话框，选择加工类型为【drill】，刀具子类型为 drilling_ toll ，刀具组为【GENERIC_ MACHINE】，名称为 D15；在系统弹出的【铣刀-5 参数】对话框输入刀具直径“17”，刀号和补偿号为“6”。

创建第七把刀具。操作步骤为：单击【机床视图】按钮，进入机床视图，在工具栏单击【创建刀具】按钮，弹出【创建刀具】对话框，选择加工类型为【drill】，刀具子类型为 counterboring_ tool ，刀具组为【GENERIC_MACHINE】，名称为 D16；在系统弹出的【铣刀-5 参数】对话框输入刀具直径“16”，刀角半径为“0”，刀号和补偿号为“7”。

4）创建几何体组。分别设置加工坐标系、设置安全平面、创建几何体。

设置加工坐标系、设置安全平面。单击【几何视图】按钮，操作导航器切换到几何视图；双击 MCS_MILL 按钮，系统弹出【Mill Orient】对话框；单击【CSYS】按钮，选择零件上表面中心点使得 XC 与 XM、YC 与 YM、ZC 与 ZM 相重合，并设置安全距离为“10”，单击【确定】。

创建工件几何体一：双击 WORKPIECE 节点，系统弹出【Mill_ Geom】对话框；单击【指定部件】按钮，选择要加工零件模型，选择完成按钮处于亮状态；设置毛坯几何体一；在【Mill_Geom】对话框中，单击【指定毛坯】按钮，选择【自动块】选项，输入 ZM + 值为“4”，单击确定完成创建（提示：毛坯也可选择建立在第 10 层的长方体块上）。

创建工件几何体二：单击【创建几何体】按钮，系统弹出【创建几何体】对话框，

【类型】选择 mill_contour、【几何体子类型】选择、【位置】选择 MCS_MILL、【名称】设为 WORKPIECE_1；单击【指定部件】按钮，选择要加工的零件模型，单击【指定毛坯】按钮；选择图层10的长方体，单击确定完成创建。

5）设置加工方法：有设置粗加工方法、设置半精加工方法、设置精加工方法等。

粗加工方法：在【操作导航器】工具栏单击【加工方法视图】按钮，将操作导航器切换到加工方法视图，双击 MILL_ROUGH 节点，系统弹出【铣削方法】对话框，设置部件余量值为“0.5”，内外公差值均为“0.03”，如图6-13所示；单击【进给】按钮，完成如图6-14所示参数，单击【确定】；再单击【铣削方法】对话框的【确定】，完成粗加工方法设置。

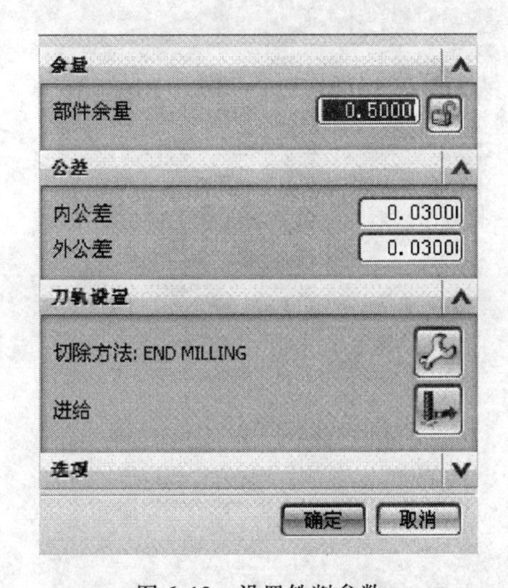

图6-13 设置铣削参数

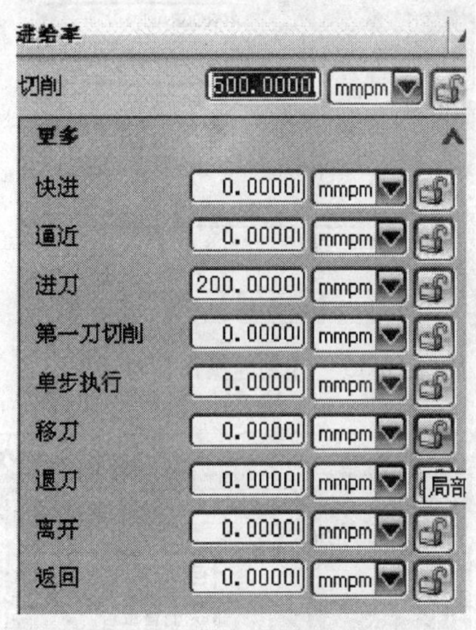

图6-14 设置进给参数

半精加工方法：在操作导航器的加工方法视图中双击 MILL_SEMI_FINISH 节点，系统弹出【铣削方法】对话框，设置部件余量值为“0.2”，内外公差值均为“0.03”；单击【进给】按钮，【切削】值设为“700”，【进刀】值设为“300”，完成半精加工方法设置。

精加工方法：在操作导航器的加工方法视图中双击 MILL_FINISH 节点，系统弹出【铣削方法】对话框，设置部件余量值为“0”，内外公差值均为“0.01”；单击【进给】按钮，【切削】值设为“1000”，【进刀】值设为“400”，完成精加工方法设置。

孔加工方法。在操作导航器的加工方法视图中双击 DRILL_METHOD 节点，系统弹出【铣削方法】对话框，单击【进给】按钮，【切削】值设为“40”，完成孔加工方法设置。

步骤三 创建操作

1）粗加工上表面。单击【创建操作】按钮，设置对话框参数如图6-15所示，单击【确定】，进入【平面铣】对话框；单击【指定面边界】按钮，单击【选择和编辑面几何体】按钮，指定图层10的长方体上表面，如图6-16所示；设置刀轨参数如图6-17所示，单击【生成】按钮，形成刀轨如图 6-18 所示，分别单击【确认】按钮、重播 3D 动态 2D 动态，单击【播放】按钮，即可看到仿真效果如图 6-18 所示。

图 6-15 【创建操作】对话框

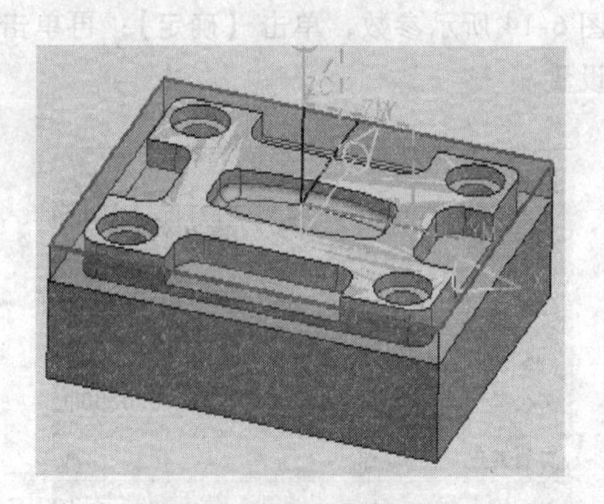

图 6-16 加工面几何体

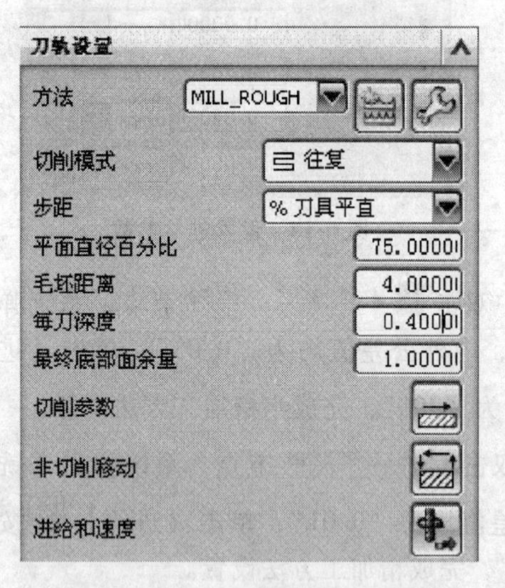

图 6-17 【刀轨设置】对话框

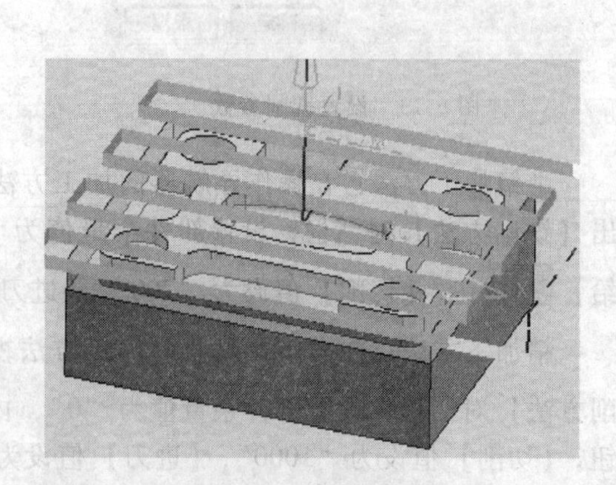

图 6-18 平面铣削刀轨

2）精加工上表面。单击【创建操作】按钮，设置对话框参数如图 6.19 所示，单击【确定】；进入【平面铣】对话框；单击【指定面边界】按钮，【选择和编辑面几何体】，指定图层 10 的长方体上表面，同上一工序；设置刀轨参数如图 6-20 所示，单击【生成】按钮，形成刀轨如图 6-21 所示；分别单击【确认】、重播 3D 动态 2D 动态，单击【播放】按钮，即可看到仿真效果如图 6-22 所示。

图 6-19 【创建操作】对话框

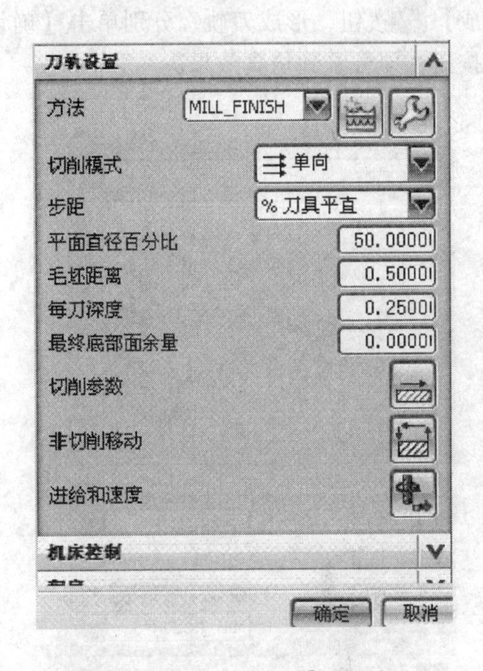

图 6-20 【刀轨设置】对话框

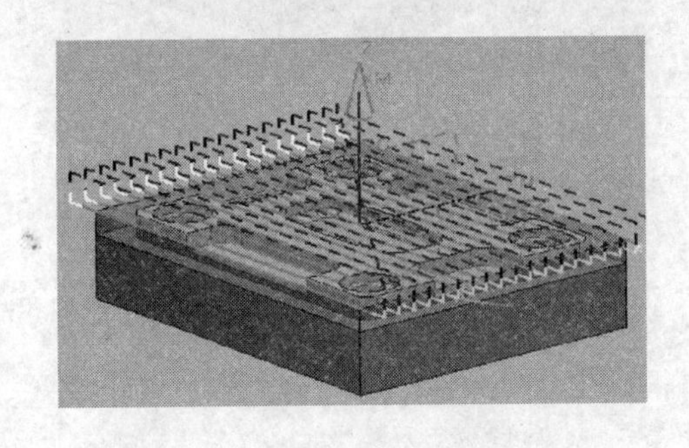

图 6-21 精加工平面铣削刀轨

图 6-22 仿真效果

3）粗加工工件型腔轮廓。单击【创建操作】按钮，设置对话框参数如图 6-23 所示；单击【确定】，进入【型腔铣】对话框；单击【指定切削区域】按钮，选择加工面如图 6-24 所示；单击【确定】，设置刀轨参数如图 6-25 所示；单击【生成】按钮，形成刀轨；分别单击【确认】按钮，重播 3D 动态 2D 动态，单击【播放】按钮，即可看到仿真效果如图 6-26 所示。

4）精加工高度为“8”的外形轮廓。单击【创建操作】按钮，设置对话框参数如图 6-27 所示；单击【确定】，进入【平面铣】对话框；单击【指定部件边界】按钮，进入【边界几何体】对话框，设【模式】为曲线/边...，进入【创建边界】对话框如图 6-28 所示，单击成链按钮，选择边，如图 6-29 所示；单击【确定】，单击【指定底面】按钮，选择深度为“8”的加工底面，单击【确定】，设置刀轨参数如图 6-30 所示；单击【生成】按钮，形成刀轨；分别单击【确认】按钮，重播 3D动态 2D动态，单击【播放】按钮，即可看到仿真效果。

图 6-23 【创建操作】对话框

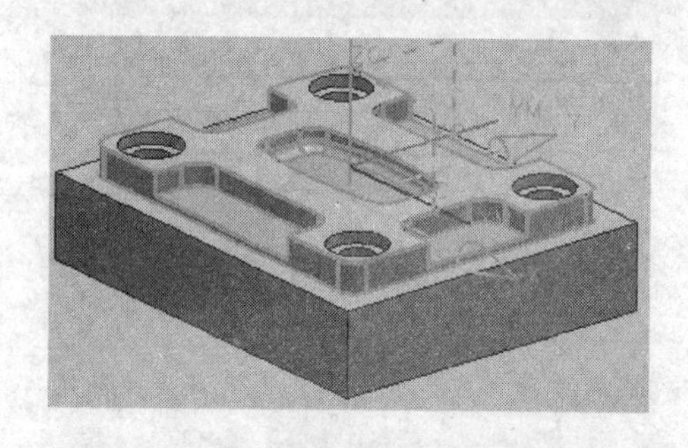

图 6-24 轮廓加工面几何体

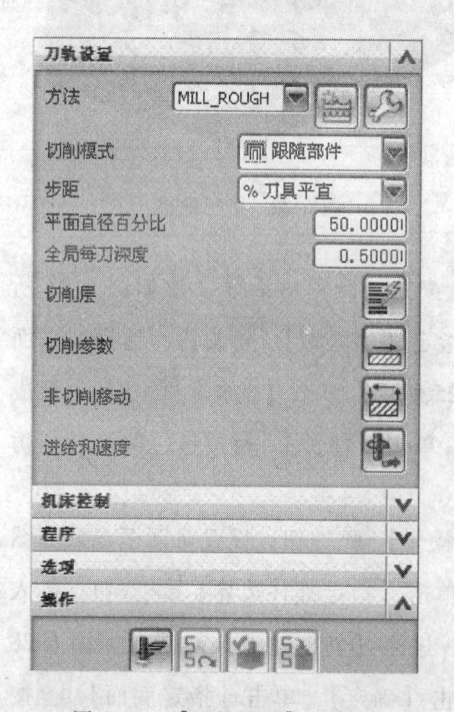

图 6-25 【刀轨设置】对话框

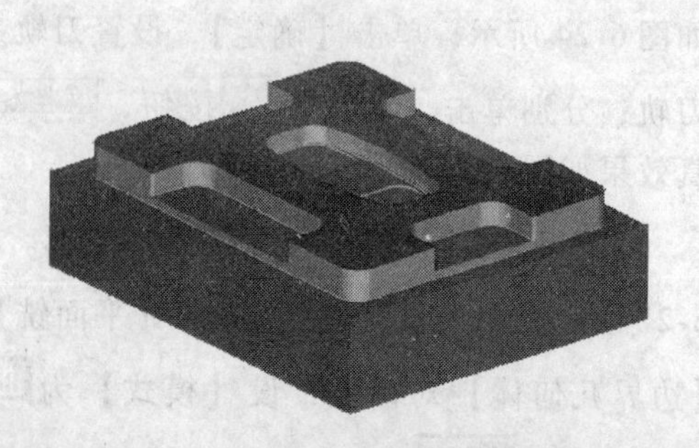

图 6-26 仿真效果

图 6-27　【创建操作】对话框

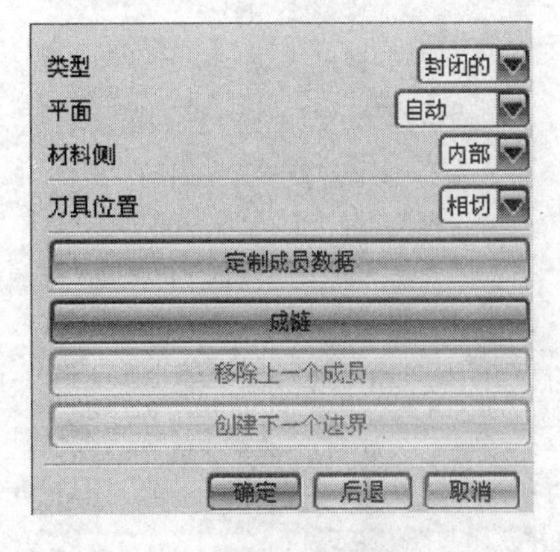

图 6-28　【创建边界】对话框

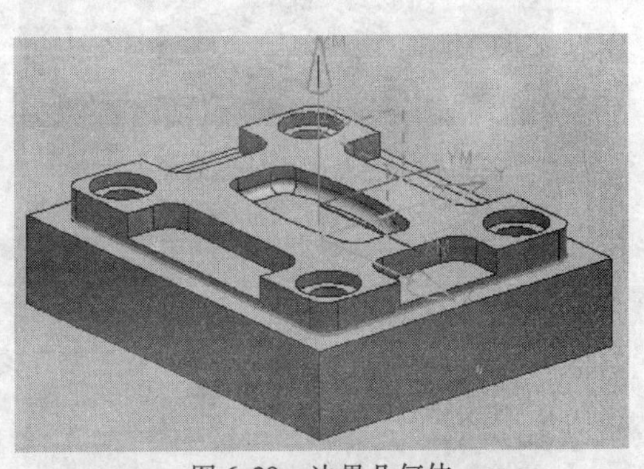

图 6-29　边界几何体

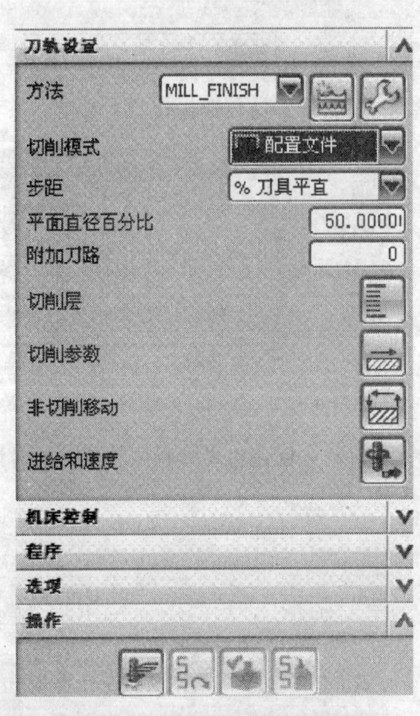

图 6-30　【刀轨设置】对话框

5）精加工深度为“6”的四个槽。单击【创建操作】按钮，设置对话框参数如图6-31所示，单击【确定】；进入【平面铣】对话框，单击【指定部件边界】按钮，进入【边界几何体】对话框，设【模式】为曲线/边...，进入【创建边界】对话框，设置平面为【用户定义】，如图6-32所示；在弹出的平面对话框中，单击按钮，单击【确定】；

【创建边界】对话框设置如图6-33所示，并依次选择槽内五条边界，如图6-34所示；调整对话框中的【刀具位置】为【对中】，如图6-35所示，并选择外面一条边形成封闭边界，如图6-36所示：依次单击【确定】、【确定】、【指定底面】按钮，选择槽加工底面；单

图6-31 【创建操作】对话框

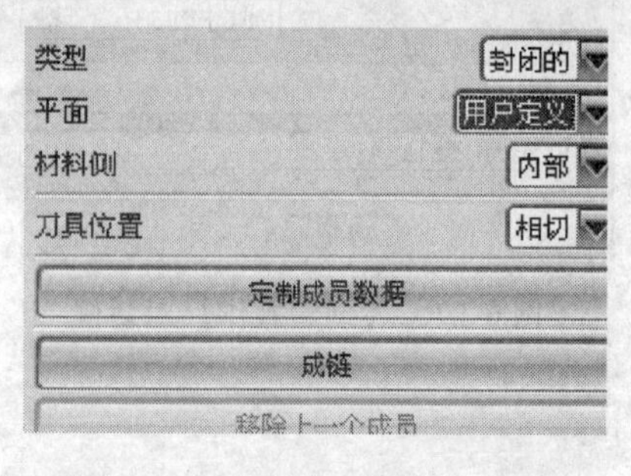

图6-32 【创建边界】对话框

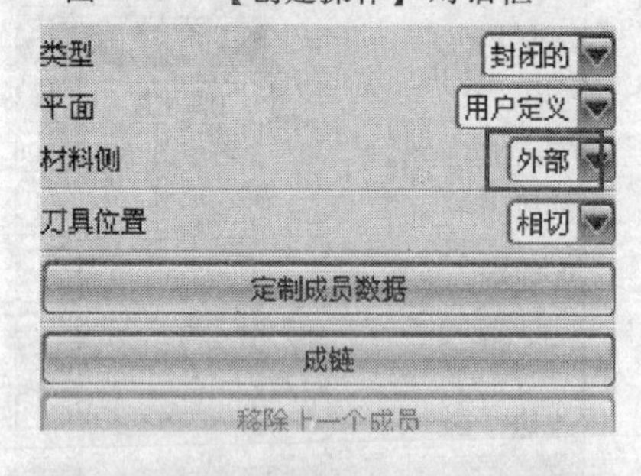

图6-33 创建边界材料侧为外部的对话框

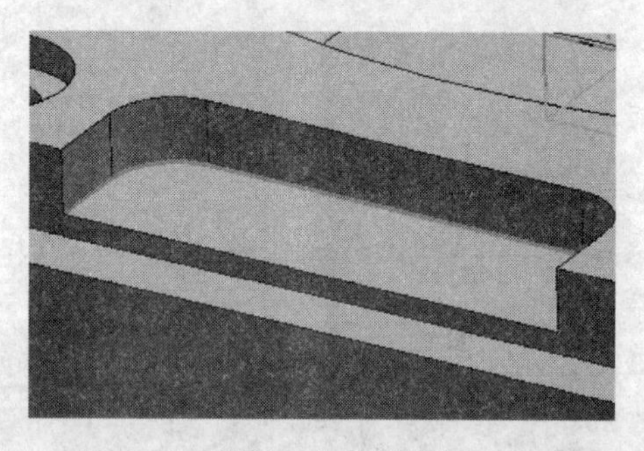

图6-34 材料侧为外部的加工边界

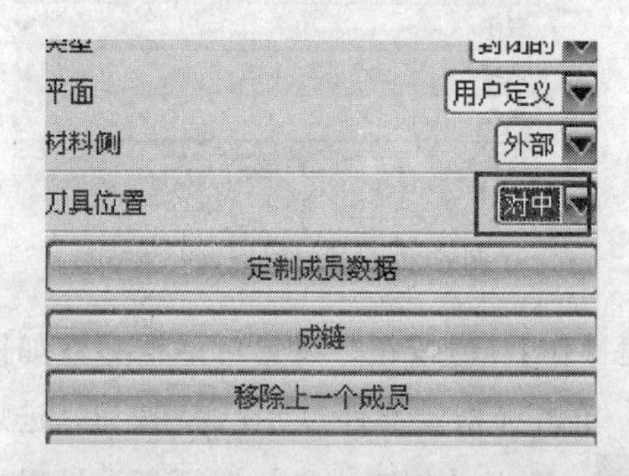

图6-35 创建边界材料侧为对中的对话框

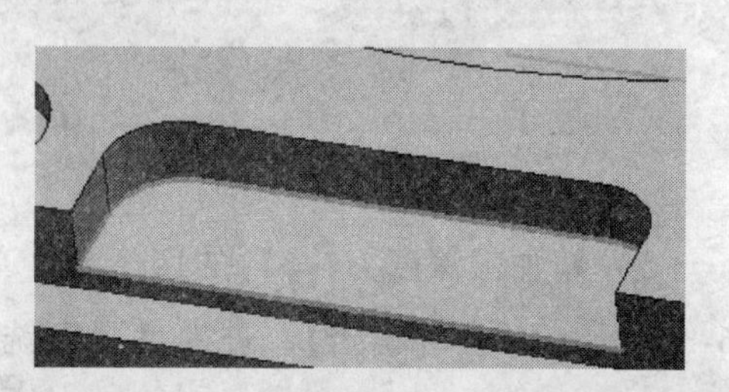

图6-36 材料侧为对中的加工边界

击【确定】，设置刀轨参数，如图 6-37 所示，单击【生成】按钮，形成刀轨分别单击【确认】按钮、重播 3D 动态 2D 动态；单击【播放】按钮，即可看到仿真效果。使用相同步骤依次创建另外三个槽。

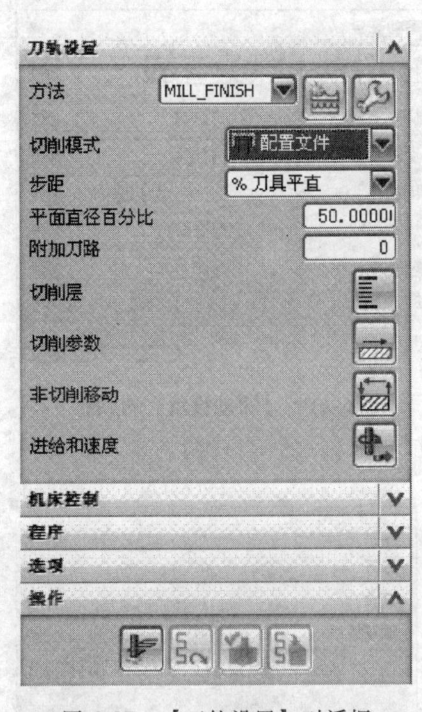

图 6-37　【刀轨设置】对话框

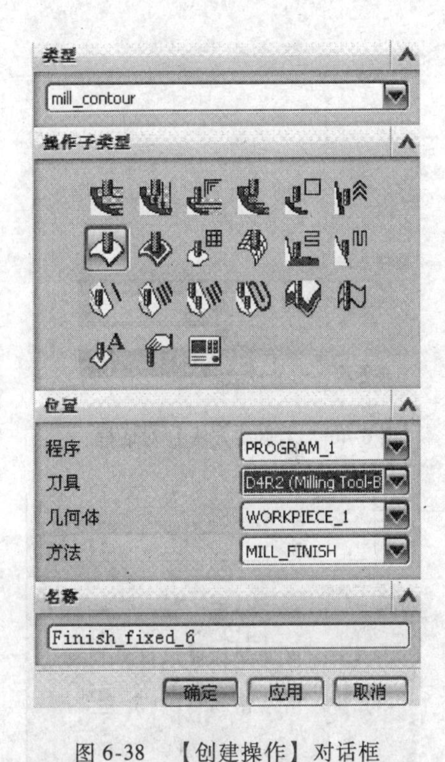

图 6-38　【创建操作】对话框

6）精加工中间曲面凹槽。单击【创建操作】按钮，设置对话框参数如图 6-38 所示；单击【确定】，进入【固定轮廓铣】对话框；单击【指定切削区域】按钮，选择加工面如图 6-39 所示；分别单击【确定】、【驱动方法】为【区域铣削】如图 6-40 所示，【驱动设置】如图 6-41 所示，【确定】，设置刀轨参数【生成】按钮，形成刀轨，分别单击【确认】按钮、重播 3D 动态 2D 动态，单击【播放】按钮，即可看到仿真效果。

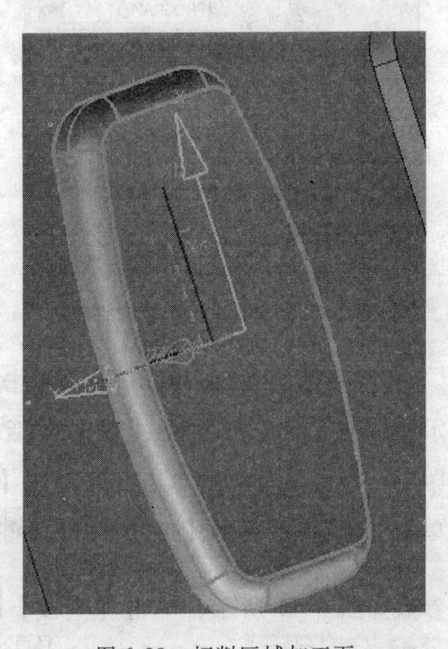

图 6-39　切削区域加工面

7）粗钻“4 个 $\phi10$”孔。单击【创建操作】按钮，设置对话框参数如图 6-42 所示；单击【确定】，进入【钻】对话框；单击【指定孔】按钮，单击选择按钮，选择“4 个 $\phi10$”孔；依次单击【确定】、【确定】、【指定部件表面】按钮，选择零件上表面，单击【确定】；单击【指定底面】按钮，选择"4 个 ϕ10"孔底面；单击【确定】，设置参数如图 6-43 所示，单击【生成】按钮，形成刀轨；分别单击【确认】按钮、重播 3D 动态 2D 动态，单击【播放】按钮，即可看到仿真效果。

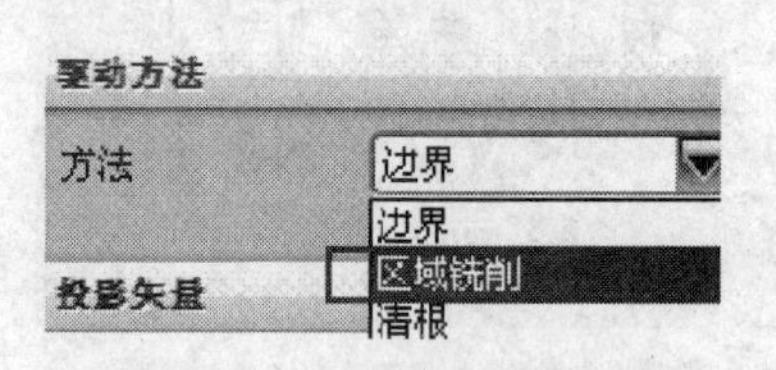

图 6-40 【驱动方法】对话框

图 6-41 【驱动设置】对话框

图 6-42 【创建操作】对话框

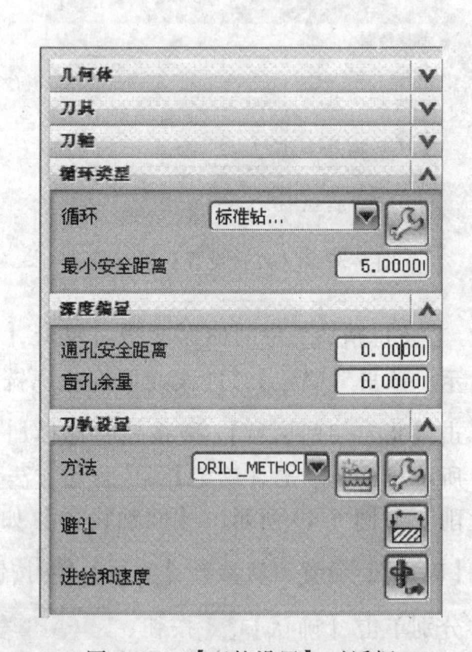

图 6-43 【刀轨设置】对话框

8）粗钻"4 个 ϕ16"沉孔。单击【创建操作】按钮，设置对话框参数如图 6-44 所示；单击【确定】，进入【钻】对话框；单击【指定孔】按钮，单击选择按钮，选择"4 个 ϕ16"孔；依次单击【确定】、【确定】、【指定部件表面】按钮，选择零件上表面，单击【确定】；单击【指定底面】按钮，选择"4 个 ϕ16"孔底面；单击【确定】，设置参数如图 6-45 所示；单击【生成】按钮，形成刀轨；分别单击【确认】按钮、重播 3D 动态 2D 动态，单击【播放】按钮，即可看到仿真效果。

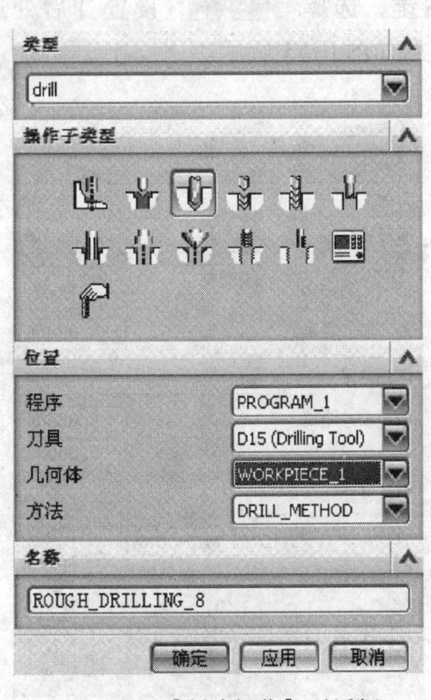

图 6-44　【创建操作】对话框

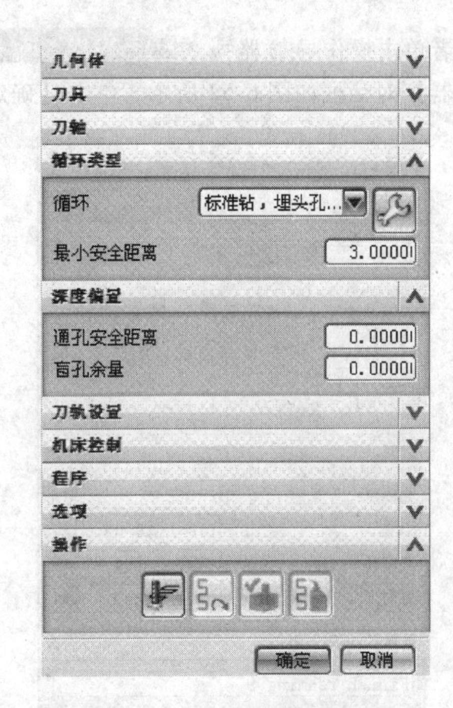

图 6-45　【刀轨设置】对话框

9）铰“4 个 $\phi10$”孔。单击【创建操作】按钮，设置对话框参数，如图 6-46 所示；单击【确定】，进入【铰】对话框；单击【指定孔】按钮，单击选择按钮，选择“4 个 $\phi10$”孔，分别单击【确定】，【确定】，再单击【指定部件表面】按钮，选择零件上表面，单击【确定】；单击【指定底面】按钮，选择“4 个 $\phi10$”孔底面，单击【确定】，设置参数如图 6-47 所示；单击【生成】按钮，形成刀轨，分别单击【确认】按钮，重播 3D 动态 2D 动态，单击【播放】按钮，即可看仿真效果。

10）镗“4 个 $\phi16$”孔。单击【创建操作】按钮，设置对话框参数，如图 6-48 所示；单击【确定】，进入【镗孔】对话框；单击【指定孔】按钮；单击选择按钮，选择“4 个 $\phi16$”孔，分别单击【确定】，【确定】，再单击【指定部件表面】按钮，选择零件上表面，单击【确定】；单击【指定底面】按钮，选择“4-$\Phi16$”孔底面，单击【确定】，设置参数如图 6-49 所示，单击【生成】按钮，形成刀轨，分别单击【确认】按钮、重播 3D 动态 2D 动态，单击【播放】按钮，即可看仿真效果。

步骤四　铣削仿真

单击操作导航器工具栏上的【程序顺序视图】按钮，选择操作导航器【程序顺序视图】内所有创建好的“操作”，如图 6-50 所示，依次单击工具栏上的【确认】按钮，重播 3D 动态 2D 动态、【播放】按钮，按钮得到仿真效果如图 6-51 所示。

步骤五　后处理

单击操作导航器工具栏上的【程序顺序视图】按钮，单击【后处理】按钮；或者单击操作导航器 PROGRAM_1，点击鼠标右键，选择 后处理，设置【后处理器】对话框如图 6-52 所示，单击【确定】，形成程序信息如图 6-53 所示。

图 6-46 【创建操作】对话框

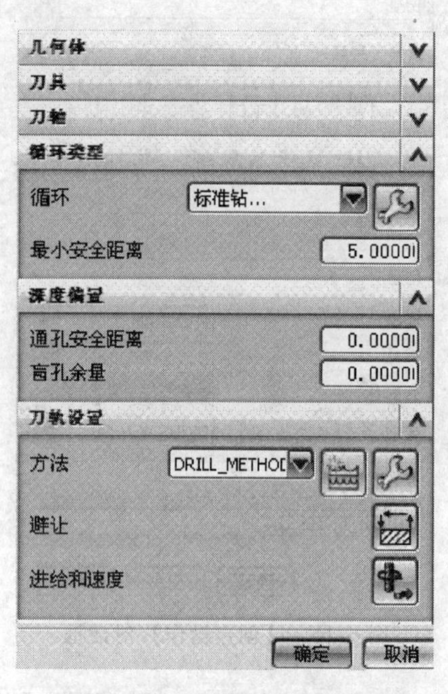

图 6-47 【刀轨设置】对话框

图 6-48 【创建操作】对话框

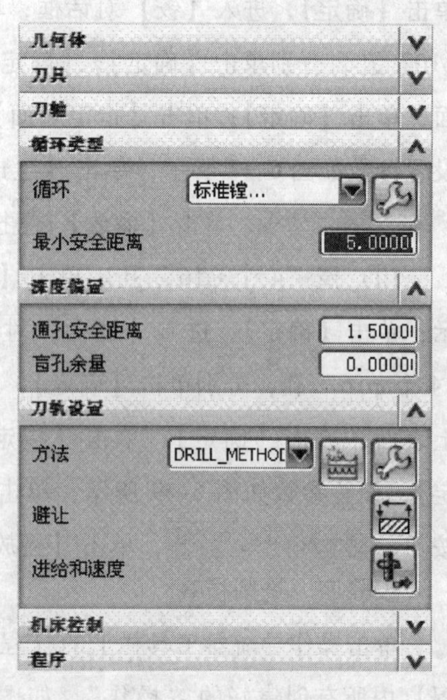

图 6-49 【刀轨设置】对话框

步骤六 生成技术文件

1）单击工具栏上的【车间文档】按钮，设置【车间文档】对话框如图 6-54 所示，单击【确定】，形成操作文件如图 6-55 所示。此文件用于指导加工操作和换刀，阅读后可将其关闭。

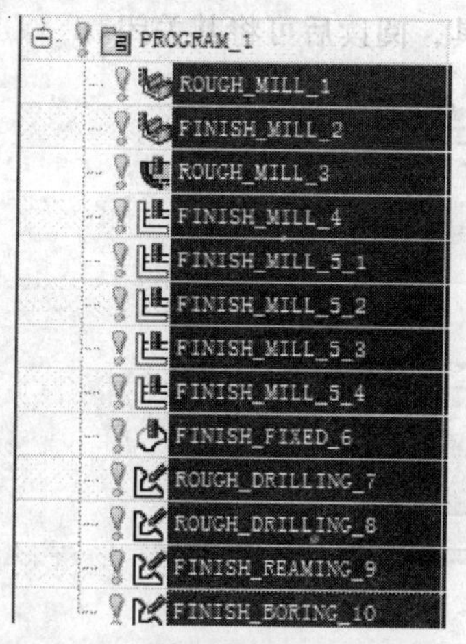

图 6-50 程序顺序视图所有操作

图 6-51 仿真效果

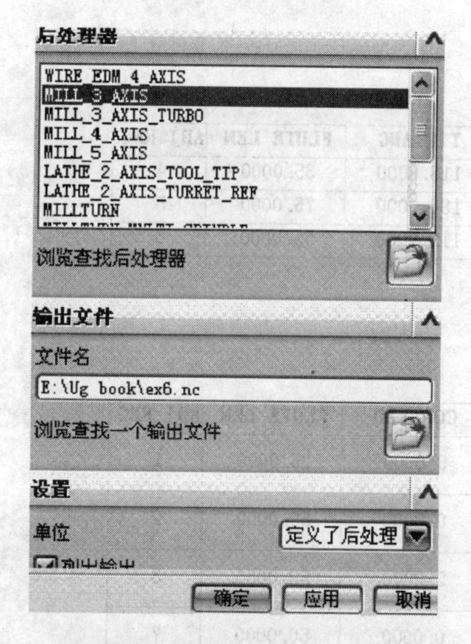

图 6-52 【后处理器】对话框

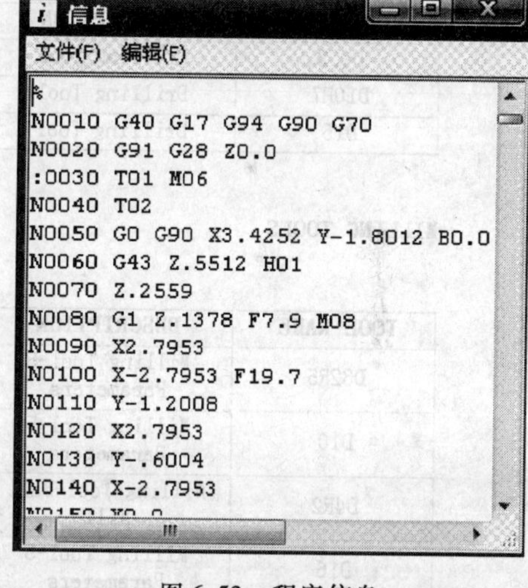

图 6-53 程序信息

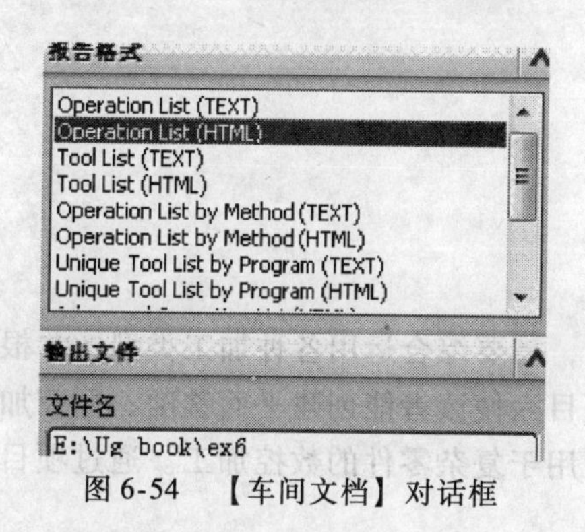

图 6-54 【车间文档】对话框

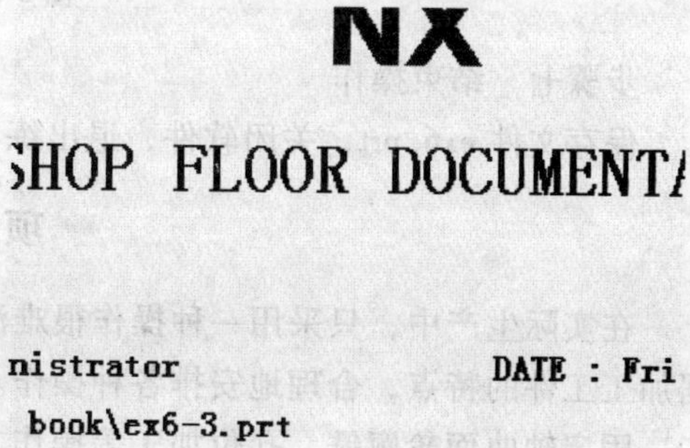

NX

SHOP FLOOR DOCUMENTA

nistrator DATE : Fri

book\ex6-3.prt

图 6-55 操作文件

2）单击工具栏上的【车间文档】按钮，设置【车间文档】对话框，【报告形式】选项选择【TollList（HTML）】，【文件名】指定文件的保存路径，如图6-56所示，单击【确定】，形成刀具文件如图6-57所示。此文件用于指导准备刀具，阅读后可将其关闭。

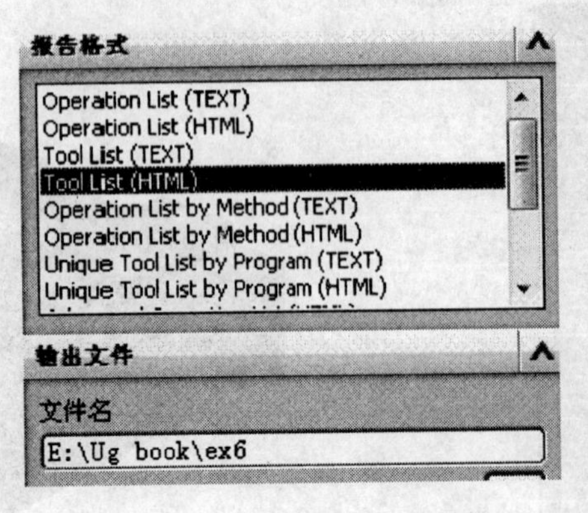

图6-56 【车间文档】对话框

TOOLING LIST

DRILLING TOOLS

TOOL NAME	DESCRIPTION	DIAMETER	TIP ANG	FLUTE LEN	ADJ REG
D9.8	Drilling Tool	9.8000	118.0000	35.0000	4
D10H7	Drilling Tool	10.0000	180.0000	75.0000	5
D15	Drilling Tool	15.0000	118.0000	35.0000	6

MILLING TOOLS

TOOL NAME	DESCRIPTION	DIAMETER	COR RAD	FLUTE LEN	ADJ REG
D32R5	Milling Tool-5 Parameters	32.0000	5.0000	25.0000	1
D10	Milling Tool-5 Parameters	10.0000	0.0000	50.0000	2
D4R2	Milling Tool-Ball Mill	4.0000	2.0000	50.0000	3
D16	Milling Tool-5 Parameters	16.0000	0.0000	50.0000	7

图6-57 刀具文件

步骤七 结束操作

保存文件ex6.prt，关闭软件，退出练习。

项目小结

在实际生产中，只采用一种操作很难满足加工要求，需要综合运用各种加工类型，并根据加工工件的特点，合理地安排各种操作。本书通过项目六使读者能创建平面铣削、型腔加工、固定轴曲面轮廓铣、孔位加工等操作方法并综合运用于复杂零件的数控加工。通过项目学习，读者既能掌握各种操作的特点和应用，又能掌握 UG 数控加工中父节点组的创建、后处理程序、技术文件的生成等。

思考与练习

1. 平面铣削

【功能模块】

加工环境	创建几何体	创建刀具	创建程序	创建平面铣削操作	刀轨参数	仿真
√	√	√	√	√	√	√

【功能命令】

创建毛坯、设置加工原点、设置加工环境、创建程序、创建刀具、几何体设置、创建操作、刀轨生成、铣削仿真。

【素材（图 6-58）】　　　　【结果（图 6-59）】

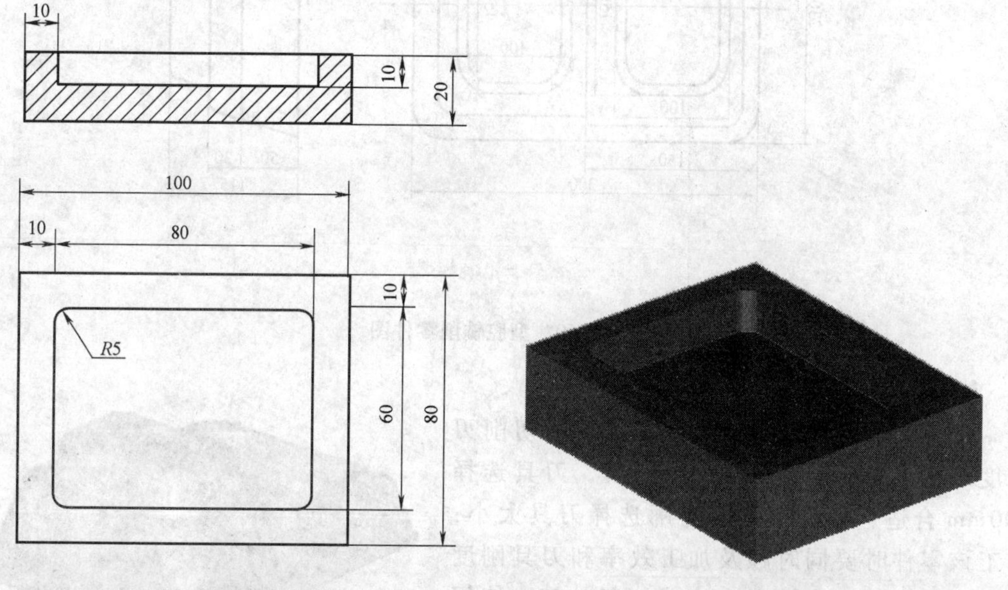

图 6-58　平面铣削零件图

图 6-59　平面铣削零件图

【操作提示】

创建毛坯→设置加工原点在工件顶面→设置加工环境 “cam-general—mill_ planar”→创建程序→创建刀具 END6 →铣削几何体设置→创建操作→刀轨生成及铣削仿真。

2. 型腔铣削

【功能模块】

加工环境	创建几何体	创建刀具	创建程序	创建型腔铣削操作	刀轨参数	仿真
√	√	√	√	√	√	√

【功能命令】

型腔加工环境的设置、创建刀库、创建刀柄、创建刀具、创建型腔铣削加工几何体、创建型腔铣削加工操作、型腔铣削切削层的设置、型腔铣削切削参数的设置、型腔铣削非切削移动的设置、型腔铣削与主轴转速的设置、型腔铣削过程中的毛坯、仿真验证。

【素材（图6-60）】　　　　　　　　　　　【结果（图6-61）】

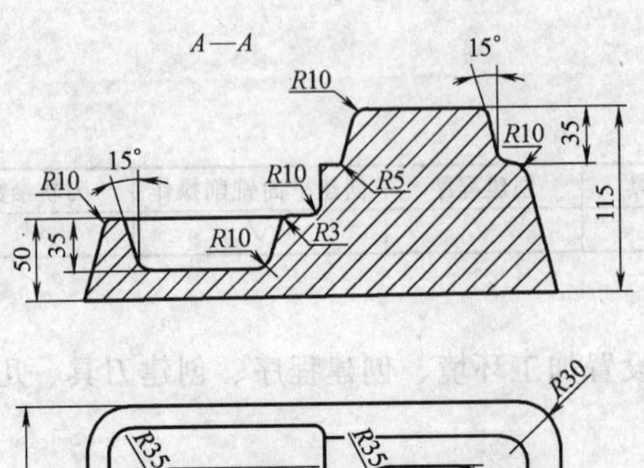

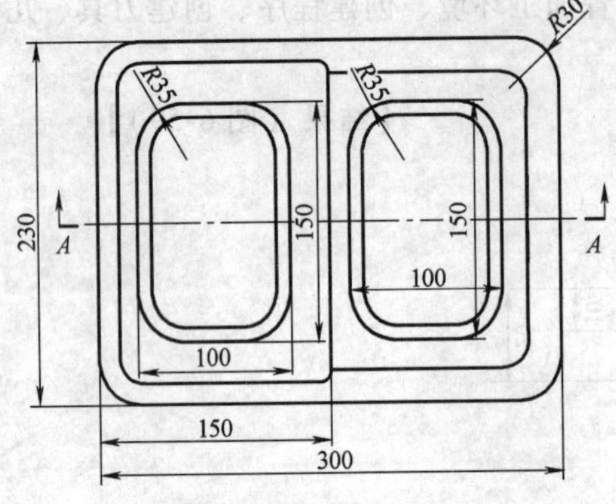

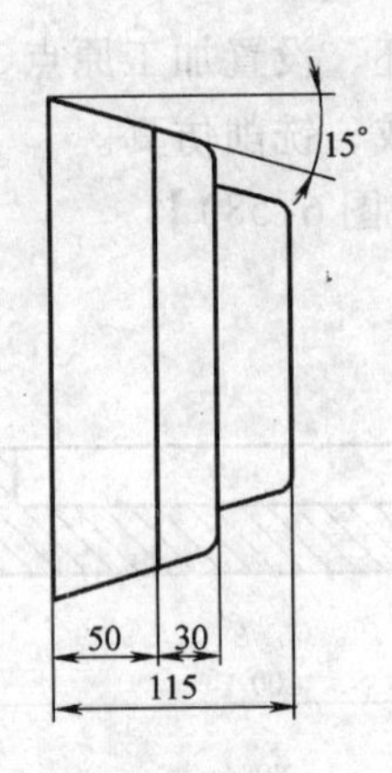

图6-60　型腔铣削零件图

【操作提示】

该凹模深度为35mm，所以刀具的切削刃长度不能小于35mm；由于有凸模，刀具选择100mm合适；根据零件内轮廓选择刀具大小；加工该零件时要同时顾及加工效率和刀具刚度问题，可采用三次加工来完成：粗加工—使用直径32mm平底铣刀，半精加工—使用直径16mm平底铣刀，精加工—使用直径10mm球头铣刀。

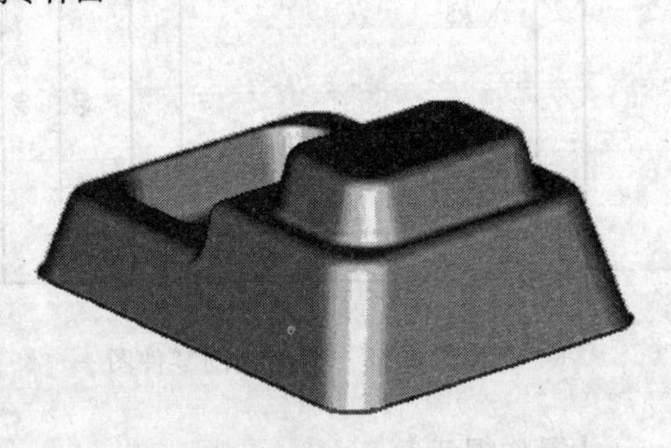

图6-61　型腔铣削零件图

步骤：进入加工环境→创建刀具→创建编辑几何体→型腔粗加工→型腔半精加工→清根精加工→后处理。

3. 固定轴曲面铣削

【功能模块】

加工环境	创建几何体	创建刀具	固定轴曲面铣削	驱动方式	刀轨参数	仿真
√	√	√	√	√	√	√

【功能命令】

进入加工环境、创建刀具、创建编辑几何体、创建固定轴曲面轮廓铣削操作、铣削参数设置、驱动方式、仿真。

【素材（图6-62）】

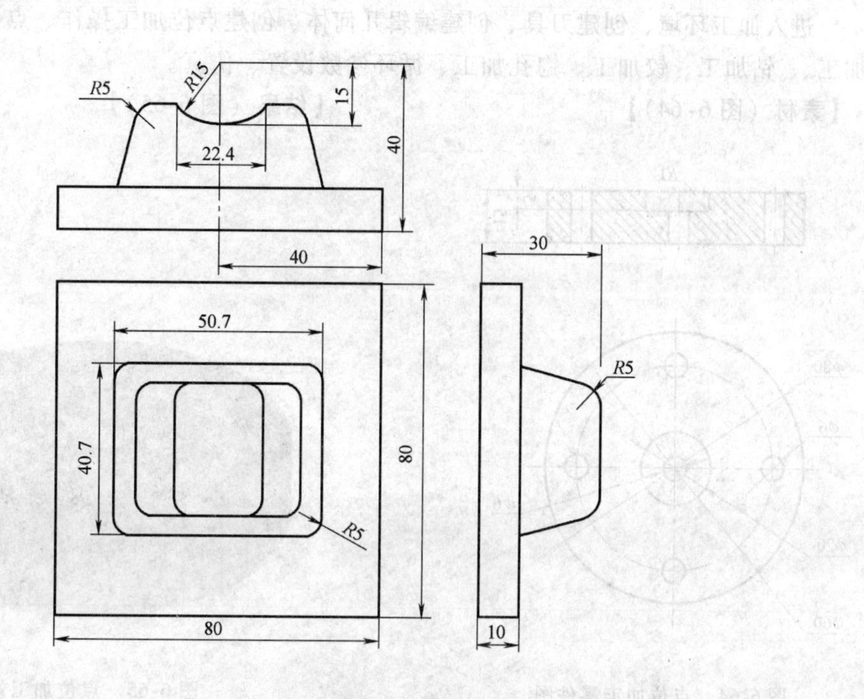

图6-62 固定轴曲面铣削零件图

【结果（图6-63）】

【操作提示】

从工件构成的几何类型分析，此零件需要型腔铣削和固定轴曲面轮廓铣削共同进行加工。取毛坯上平面的一个顶点作为加工坐标原点，先加工出凸台、凸台顶部的下凹曲面。由于四周侧壁带拔模角度，可以按陡斜轮廓面进行加工。工步：用12mm端铣刀进行型腔铣粗加工；用直径4mm的球头铣刀对拔模面进行陡峭区域等高轮廓精加工；用直径4mm的球头铣刀固定轴轮廓铣削精加工顶部下凹曲面；用直径4mm球头铣刀采用陡峭区域等高轮廓铣对顶部圆角进行精加工。

图6-63 固定轴曲面铣削效果图

步骤：进入加工环境→创建刀具→创建编辑几何体→创建操作及仿真。

4. 点位加工

【功能模块】

加工环境	创建几何体	创建刀具	点位加工	循环参数	仿真	后处理
√	√	√	√	√	√	√

【功能命令】

进入加工环境、创建刀具、创建编辑几何体、创建点位加工操作、点钻加工、钻沉头孔加工、、钻加工、铰加工、锪孔加工、循环参数设置、仿真。

【素材（图6-64）】　　【结果（图6-65）】

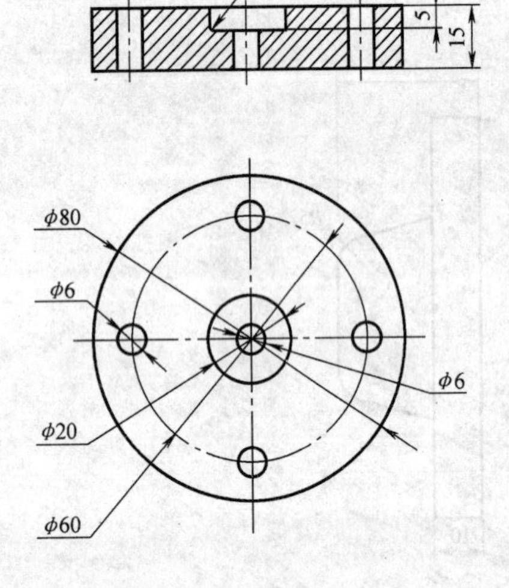

图6-64　点位加工零件图

图6-65　点位加工效果图

【操作提示】

进入加工环境→创建刀具→创建编辑几何体（毛坯在建模功能下建立与毛坯重合的柱体）→创建点位加工操作→点钻5个ϕ6mm孔→钻沉头孔，标准钻→5个ϕ6孔钻加工，标准钻→5个ϕ6mm孔铰削加工，标准镗孔→锪孔加工，沉头孔，孔底暂停5s→仿真→后处理。

参 考 文 献

[1] 欧阳波仪. UG NX5 中文版项目教程 [M]. 北京：人民邮电出版社，2009.

[2] 黄成. UG NX6 完全自学手册 [M]. 北京：电子工业出版社，2009.

[3] 戎斌，栗东永. UG NX6 产品设计 [M]. 北京：清华大学出版社，2009.

[4] 单岩，蔡娥，罗晓晔，等. CAD/CAM/CAE 立体词典（UG NX6.0） [M]. 杭州：浙江大学出版社，2009.

[5] 刘江涛，陈仁越，谢龙汉. UG NX 6 中文版数控加工视频精讲 [M]. 北京：人民邮电出版社，2009.